建设工程预算员速查速算便携手册丛书

# 市政工程预算员

## 速查速算便携手册

## （第二版）

王学军　陈　莹　樊文靖　主编

中国建筑工业出版社

图书在版编目（CIP）数据

市政工程预算员速查速算便携手册/王学军，陈莹，樊文靖主编．—2版．—北京：中国建筑工业出版社，2014.6
（建设工程预算员速查速算便携手册丛书）
ISBN 978-7-112-16677-0

Ⅰ.①市… Ⅱ.①王…②陈…③樊… Ⅲ.①市政工程-建筑预算定额-技术手册 Ⅳ.①TU723.3-62

中国版本图书馆 CIP 数据核字(2014)第 064637 号

建设工程预算员速查速算便携手册丛书
**市政工程预算员速查速算便携手册**
**（第二版）**
王学军　陈　莹　樊文靖　主编
*
中国建筑工业出版社出版、发行（北京西郊百万庄）
各地新华书店、建筑书店经销
北京红光制版公司制版
北京圣夫亚美印刷有限公司印刷
*
开本：850×1168 毫米 1/64 印张：9¼ 字数：212 千字
2014 年 11 月第二版 2014 年 11 月第二次印刷
定价：**25.00** 元
ISBN 978-7-112-16677-0
（25132）

本书根据《市政工程工程量计算规范》GB 50857—2013、《建设工程工程量清单计价规范》GB 50500—2013 编写，主要内容包括：市政工程清单工程量计算说明与规则；常规工程量计算公式汇总；常用面积、体积计算公式；造价员常用数据汇总；工程计价常用表格；常用图例及符号汇总。

本书为市政工程预算常用简明工具手册，可供市政工程预算编制人员、施工技术人员参考使用。

责任编辑：郭　栋　岳建光　张　磊
责任设计：李志立
责任校对：陈晶晶　张　颖

# 第二版前言

《市政工程预算员速查速算便携手册》自2011年问世以来，深受广大工程预算人员的喜爱，全体参编人员倍感欣慰。2013年7月1日起，我国工程建设领域执行《建设工程工程量清单计价规范》GB 50500—2013及《市政工程工程量计算规范》GB 50857—2013，为此，本书修订、更新了第一版中的这些内容，以便于广大工程预算人员查阅使用。

本书第二版由重庆交通大学王学军、陈莹、樊文靖主编。全书在编写及改编过程中得到了秦磊、张志敏、王银燕、梁雷、许亚丽、唐璐的协助，在此一并表示谢意。

**2014年3月于重庆交通大学**

# 第一版前言

为方便造价人员进行市政工程造价的编制工作，本书将市政工程造价编制的一些计算规定、常用数据、计算公式、相关计算表格、图例及符号等进行了汇编，目的是便于编制人员的查阅。本书可以作为市政工程造价编制人员的参考书籍。

本书由重庆交通大学王学军、陈莹主编。

全书在编写过程中得到了秦磊、张志敏、王银燕和梁雷的协助，在此一并表示谢意。

我国的工程造价理论与实践的不断发展，新的内容和问题不断出现，加上受主客观条件的限制，书的内容可能不尽完善，难免出现不妥之处，敬请广大读者批评指正。

**2011 年 5 月于重庆交通大学**

# 目　录

# 第一章 市政工程清单工程量计算说明与规则

## 第一节 土石方工程工程量计算

### 一、清单工程量计算说明

土石方工程清单工程量计算说明，见表1-1。

土石方工程清单工程量计算说明 **表1-1**

| 序号 | 项目 | 内容 |
| --- | --- | --- |
| 1 | 清单项目的划分 | 土（石）方工程按施工工艺分为土方工程、石方工程、回填方及土石方运输等项目 |

续表

| 序号 | 项目 | 内　容 |
| --- | --- | --- |
| 2 | 适用范围说明 | 1. 竖井挖土方，指在土质隧道、地铁中除用盾构法挖竖井外，其他方法挖竖井土方用此项目。<br>2. 暗挖土方，指在土质隧道、地铁中除用盾构掘进和竖井挖土方外，用其他方法挖洞内土方工程用此项目。<br>3. 填方，包括用各种不同的填筑材料填筑的填方均用此项目 |
| 3 | 工程量计算说明 | 1. 填方以压实（夯实）后的体积计算，挖方以自然密实度体积计算。<br>2. 挖一般土石方的清单工程量按原地面线与开挖达到设计要求线间的体积计算。<br>3. 挖沟槽和基坑土石方的清单工程量，按原地面线以下构筑物最大水平投影面积乘以挖土深度（原地面平均标高至坑、槽底平均标高的高度）以体积计算，如图 1-1 所示 |

续表

| 序号 | 项目 | 内　　容 |
| --- | --- | --- |
| 3 | 工程量计算说明 | 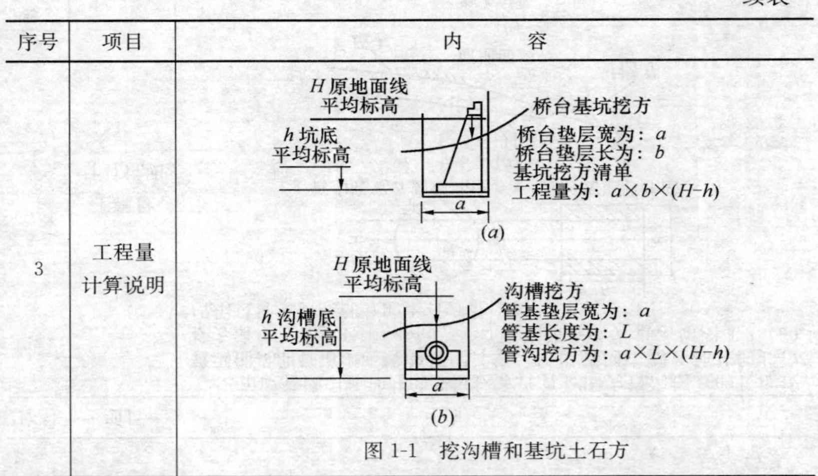 |



图 1-1　挖沟槽和基坑土石方

续表

| 序号 | 项目 | 内　　容 |
| --- | --- | --- |
| 3 | 工程量计算说明 | 4. 市政管网中各种井的井位挖方计算。因为管沟挖方的长度按管网铺设的管道中心线的长度计算，所以管网中的各种井的井位挖方清单工程量必须扣除与管沟重叠部分的方量，如图 1-2（*a*）所示只计算斜线部分的土石方量。<br>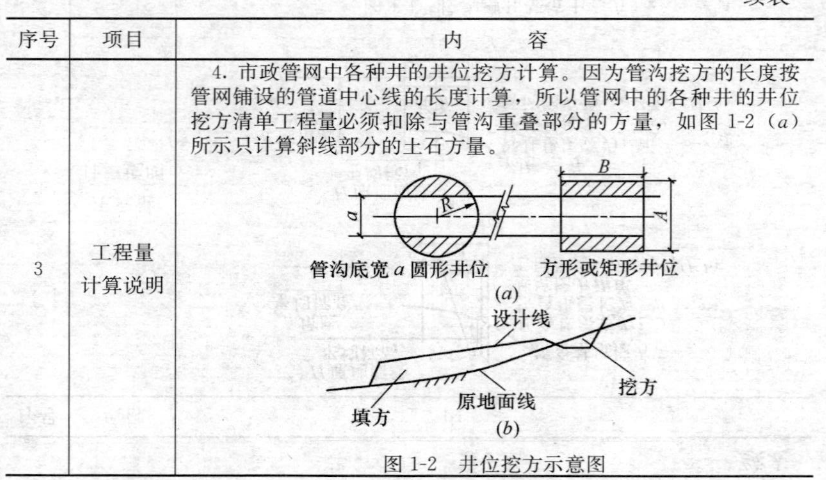<br><br>图 1-2　井位挖方示意图 |

续表

| 序号 | 项目 | 内　　容 |
|---|---|---|
| 3 | 工程量计算说明 | 5. 填方清单工程量计算：<br>（1）道路填方按设计线与原地面线之间的体积计算，如图 1-2（*b*）所示。<br>（2）沟槽及基坑填方按沟槽或基坑挖方清单工程量减埋入构筑物的体积计算，如有原地面以上填方则再加上这部分体积即为填方量 |
| 4 | 工程内容说明 | 1. 工程内容仅指可能发生的主要内容。工作内容中场内运输是指土石方挖、填平衡部分的运输和临时堆放所需的运输。<br>2. 挖方的临时支撑围护和安全所需的放坡及工作面所需的加宽部分的挖方，在组价时要考虑在其中（即挖方的清单工程量和实际施工工程量是不等的，施工工程量取决于施工措施的方法），如图 1-3 所示 |

续表

| 序号 | 项目 | 内　　容 |
|---|---|---|
| 4 | 工程内容说明 | 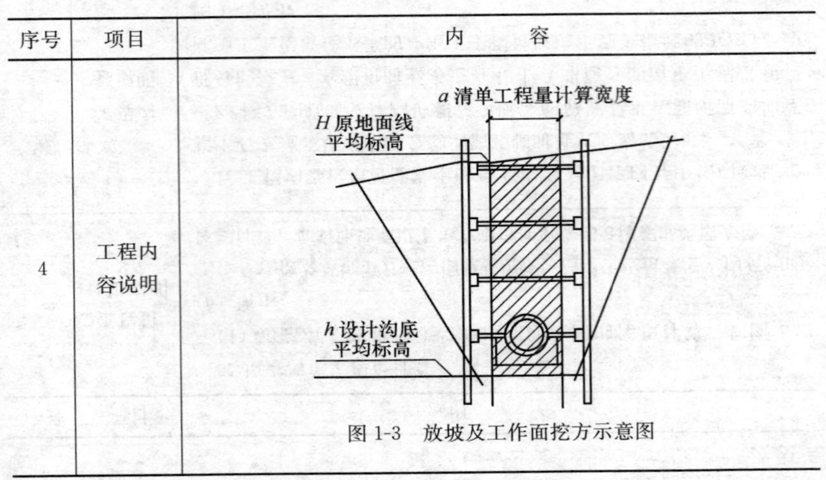<br><br>图 1-3　放坡及工作面挖方示意图 |

续表

| 序号 | 项目 | 内　　容 |
| --- | --- | --- |
| 5 | 有关问题说明 | 1. 管沟沟槽和基坑挖方的清单工程量按原地面线以下的构筑物最大水平投影面积乘以平均挖方深度计算。<br>2. 路基填方按路基设计线与原地面线之间的体积计算。<br>3. 沟槽、基坑填方的清单工程量，按相关的挖方清单工程量减包括垫层在内的构筑物埋入体积计算；如设计填筑线在原地面以上的话，还应加上原地面线至设计线之间的体积。<br>4. 每个单位工程的挖方与填方应进行平衡，多余部分应列余方弃置的项目。如招标文件中指明弃置地点的，应列明弃置点及运距；如招标文件中没有列明弃置点的，将由投标人考虑弃置点及运距。缺少部分（即缺方部分）应列缺方内运清单项目。如招标文件中指明取方点的，则应列明到取方点的平均运距；如招标文件和设计图及技术文件中，对填方材料品种、规格有要求的也应列明，对填方密实度有要求的应列明密实度 |

## 二、清单项目设置及工程量计算规则

### 1. 土方工程（编码 040101）

土方工程工程量清单项目设置及工程量计算规则，见表 1-2。

**土方工程（编码：040101）** **表 1-2**

| 项目编码 | 项目名称 | 项目特征 | 计量单位 | 工程量计算规则 | 工作内容 |
|---|---|---|---|---|---|
| 040101001 | 挖一般土方 | 1. 土壤类别<br>2. 挖土深度 | $m^3$ | 按设计图示尺寸以体积计算 | 1. 排地表水<br>2. 土方开挖<br>3. 围护（挡土板）及拆除<br>4. 基底钎探<br>5. 场内运输 |
| 040101002 | 挖沟槽土方 | | | 按设计图示尺寸以基础垫层底面积乘以挖土深度计算 | |
| 040101003 | 挖基坑土方 | | | | |

续表

| 项目编码 | 项目名称 | 项目特征 | 计量单位 | 工程量计算规则 | 工作内容 |
|---|---|---|---|---|---|
| 040101004 | 暗挖土方 | 1. 土壤类别<br>2. 平洞、斜洞（坡度）<br>3. 运距 | $m^3$ | 按设计图示断面乘以长度以体积计算 | 1. 排地表水<br>2. 土方开挖<br>3. 场内运输 |
| 040101005 | 挖淤泥、流砂 | 1. 挖掘深度<br>2. 运距 | $m^3$ | 按设计图示的位置及界限以体积计算 | 1. 开挖<br>2. 运输 |

2. 石方工程（编码 040102）

石方工程工程量清单项目设置及工程量计算规则，见表 1-3。

石方工程（编码：040102）　　表 1-3

| 项目编码 | 项目名称 | 项目特征 | 计量单位 | 工程量计算规则 | 工作内容 |
|---|---|---|---|---|---|
| 040102001 | 挖一般石方 | 1. 岩石类别<br>2. 开凿深度 | $m^3$ | 按设计图示尺寸以体积计算 | 1. 排地表水<br>2. 石方开凿<br>3. 修整底、边<br>4. 场内运输 |
| 040102002 | 挖沟槽石方 | | | 按设计图示尺寸以基础垫层底面积乘以挖石深度计算 | |
| 040102003 | 挖基坑石方 | | | | |

3. 回填方及土石方运输（编码：040103）

回填方及土石方运输工程量清单项目设置及工程量计算规则，见表 1-4。

**回填方及土石方运输**（编码：040103）　　**表 1-4**

| 项目编码 | 项目名称 | 项目特征 | 计量单位 | 工程量计算规则 | 工作内容 |
|---|---|---|---|---|---|
| 040103001 | 回填方 | 1. 密实度要求<br>2. 填方材料品种<br>3. 填方粒径要求<br>4. 填方来源、运距 | $m^3$ | 1. 按挖方清单项目工程量加原地面线至设计要求标高间的体积，减基础、构筑物等埋入体积计算<br>2. 按设计图示尺寸以体积计算 | 1. 运输<br>2. 回填<br>3. 压实 |
| 040103002 | 余方弃置 | 1. 废弃料品种<br>2. 运距 | | 按挖方清单项目工程量减利用回填方体积（正数）计算 | 余方点装料运输至弃置点 |

## 第二节　道路工程工程量计算

### 一、清单工程量计算说明

道路工程清单工程量计算说明，见表 1-5。

**道路工程清单工程量计算说明　　表 1-5**

| 序号 | 项　目 | 内　容 |
| --- | --- | --- |
| 1 | 清单项目的划分 | 道路工程分为路基处理、道路基层、道路面层、人行道及其他、交通管理设施等项目 |
| 2 | 有关问题说明 | （1）道路各层厚度均以压实后的厚度为准。<br>（2）道路的基层和面层的清单工程量均以设计图示尺寸以面积计算，不扣除各种井所占面积。<br>（3）道路基层和面层均按不同结构分别分层设立清单项目。<br>（4）路基处理、人行道及其他、交通管理设施等的不同项目分别按《市政工程工程量计算规范》规定的计量单位和计算规则计算清单工程量 |

## 二、清单项目设置及工程量计算规则

### 1. 路基处理（编码：040201）

路基处理工程量清单项目设置及工程量计算规则，见表1-6。

**路基处理**（编码：040201） **表 1-6**

| 项目编码 | 项目名称 | 项目特征 | 计量单位 | 工程量计算规则 | 工作内容 |
|---|---|---|---|---|---|
| 040201001 | 预压地基 | 1. 排水竖井种类、断面尺寸、排列方式、间距、深度<br>2. 预压方法<br>3. 预压荷载、时间<br>4. 砂垫层厚度 | $m^2$ | 按设计图示尺寸以加固面积计算 | 1. 设置排水竖井、盲沟、滤水管<br>2. 铺设砂垫层、密封膜<br>3. 堆载、卸载或抽气设备安拆、抽真空<br>4. 材料运输 |

续表

| 项目编码 | 项目名称 | 项目特征 | 计量单位 | 工程量计算规则 | 工作内容 |
| --- | --- | --- | --- | --- | --- |
| 040201002 | 强夯地基 | 1. 夯击能量<br>2. 夯击遍数<br>3. 地耐力要求<br>4. 夯填材料种类 | $m^2$ | 按设计图示尺寸以加固面积计算 | 1. 铺设夯填材料<br>2. 强夯<br>3. 夯填材料运输 |
| 040201003 | 振冲密实（不填料） | 1. 地层情况<br>2. 振密深度<br>3. 孔距<br>4. 振冲器功率 | | | 1. 振冲加密<br>2. 泥浆运输 |

续表

| 项目编码 | 项目名称 | 项目特征 | 计量单位 | 工程量计算规则 | 工作内容 |
|---|---|---|---|---|---|
| 040201004 | 掺石灰 | 含灰量 | $m^3$ | 按设计图示尺寸以体积计算 | 1. 掺石灰<br>2. 夯实 |
| 040201005 | 掺干土 | 1. 密实度<br>2. 掺土率 | | | 1. 掺干土<br>2. 夯实 |
| 040201006 | 掺石 | 1. 材料品种、规格<br>2. 掺石率 | | | 1. 掺石<br>2. 夯实 |
| 040201007 | 抛石挤淤 | 材料品种、规格 | | | 1. 抛石挤淤<br>2. 填塞垫平、压实 |

续表

| 项目编码 | 项目名称 | 项目特征 | 计量单位 | 工程量计算规则 | 工作内容 |
|---|---|---|---|---|---|
| 040201008 | 袋装砂井 | 1. 直径<br>2. 填充料品种<br>3. 深度 | m | 按设计图示尺寸以长度计算 | 1. 制作砂袋<br>2. 定位沉管<br>3. 下砂袋<br>4. 拔管 |
| 040201009 | 塑料排水板 | 材料品种、规格 | | | 1. 安装排水板<br>2. 沉管插板<br>3. 拔管 |

续表

| 项目编码 | 项目名称 | 项目特征 | 计量单位 | 工程量计算规则 | 工作内容 |
| --- | --- | --- | --- | --- | --- |
| 040201010 | 振冲桩（填料） | 1. 地层情况<br>2. 空桩长度、桩长<br>3. 桩径<br>4. 填充材料种类 | 1. m<br>2. $m^3$ | 1. 以米计量，按设计图示尺寸以桩长计算<br>2. 以立方米计量，按设计桩截面乘以桩长以体积计算 | 1. 振冲成孔，填料、振实<br>2. 材料运输<br>3. 泥浆运输 |
| 040201011 | 砂石桩 | 1. 地层情况<br>2. 空桩长度、桩长<br>3. 桩径<br>4. 成孔方法<br>5. 材料种类、级配 | | | 1. 成孔<br>2. 填充、振实<br>3. 材料运输 |

续表

| 项目编码 | 项目名称 | 项目特征 | 计量单位 | 工程量计算规则 | 工作内容 |
| --- | --- | --- | --- | --- | --- |
| 040201012 | 水泥粉煤灰碎石桩 | 1. 地层情况<br>2. 空桩长度、桩长<br>3. 桩径<br>4. 成孔方法<br>5. 混合料强度等级 | m | 按设计图示尺寸以桩长（包括桩尖）计算 | 1. 成孔<br>2. 混合料制作、灌注、养护<br>3. 材料运输 |
| 040201013 | 深层水泥搅拌桩 | 1. 地层情况<br>2. 空桩长度、桩长<br>3. 桩径<br>4. 桩截面尺寸<br>5. 水泥强度等级、掺量 | m | 按设计图示尺寸以桩长计算 | 1. 预搅下钻、水泥浆制作、喷浆搅拌提升成桩<br>2. 材料运输 |

续表

| 项目编码 | 项目名称 | 项目特征 | 计量单位 | 工程量计算规则 | 工作内容 |
| --- | --- | --- | --- | --- | --- |
| 040201014 | 粉喷桩 | 1. 地层情况<br>2. 空桩长度、桩长<br>3. 桩径<br>4. 粉体种类、掺量<br>5. 水泥强度等级、石灰粉要求 | m | 按设计图示尺寸以桩长计算 | 1. 预搅下钻、喷粉搅拌提升成桩<br>2. 材料运输 |

续表

| 项目编码 | 项目名称 | 项目特征 | 计量单位 | 工程量计算规则 | 工作内容 |
| --- | --- | --- | --- | --- | --- |
| 040201015 | 高压水泥旋喷桩 | 1. 地层情况<br>2. 空桩长度、桩长<br>3. 桩截面<br>4. 旋喷类型、方法<br>5. 水泥强度等级、掺量 | m | 按设计图示尺寸以桩长计算 | 1. 成孔<br>2. 水泥浆制作、高压旋喷注浆<br>3. 材料运输 |
| 040201016 | 石灰桩 | 1. 地层情况<br>2. 空桩长度、桩长<br>3. 桩径<br>4. 成孔方法<br>5. 掺合料种类、配合比 | m | 按设计图示尺寸以桩长（包括桩尖）计算 | 1. 成孔<br>2. 混合料制作、运输、夯实 |

续表

| 项目编码 | 项目名称 | 项目特征 | 计量单位 | 工程量计算规则 | 工作内容 |
|---|---|---|---|---|---|
| 040201017 | 灰土（土）挤密桩 | 1. 地层情况<br>2. 空桩长度、桩长<br>3. 桩径<br>4. 成孔方法<br>5. 灰土级配 | m | 按设计图示尺寸以桩长（包括桩尖）计算 | 1. 成孔<br>2. 灰土拌合、运输、填充、夯实 |
| 040201018 | 柱锤冲扩桩 | 1. 地层情况<br>2. 空桩长度、桩长<br>3. 桩径<br>4. 成孔方法<br>5. 桩体材料种类、配合比 | m | 按设计图示尺寸以桩长计算 | 1. 安拔套管<br>2. 冲孔、填料、夯实<br>3. 桩体材料制作、运输 |

续表

| 项目编码 | 项目名称 | 项目特征 | 计量单位 | 工程量计算规则 | 工作内容 |
|---|---|---|---|---|---|
| 040201019 | 地基注浆 | 1. 地层情况<br>2. 成孔深度、间距<br>3. 浆液种类及配合比<br>4. 注浆方法<br>5. 水泥强度等级、用量 | 1. m<br>2. $m^3$ | 1. 以米计量，按设计图示尺寸以深度计算<br>2. 以立方米计量，按设计图示尺寸以加固体积计算 | 1. 成孔<br>2. 注浆导管制作、安装<br>3. 浆液制作、压浆<br>4. 材料运输 |

续表

| 项目编码 | 项目名称 | 项目特征 | 计量单位 | 工程量计算规则 | 工作内容 |
| --- | --- | --- | --- | --- | --- |
| 040201020 | 褥垫层 | 1. 厚度<br>2. 材料品种、规格及比例 | 1. $m^2$<br>2. $m^3$ | 1. 以平方米计量，按设计图示尺寸以铺设面积计算<br>2. 以立方米计量，按设计图示尺寸以铺设体积计算 | 1. 材料拌合、运输<br>2. 铺设<br>3. 压实 |
| 040201021 | 土工合成材料 | 1. 材料品种、规格<br>2. 搭接方式 | $m^2$ | 按设计图示尺寸以面积计算 | 1. 基层整平<br>2. 铺设<br>3. 固定 |

续表

| 项目编码 | 项目名称 | 项目特征 | 计量单位 | 工程量计算规则 | 工作内容 |
| --- | --- | --- | --- | --- | --- |
| 040201022 | 排水沟、截水沟 | 1. 断面尺寸<br>2. 基础、垫层：材料品种、厚度<br>3. 砌体材料<br>4. 砂浆强度等级<br>5. 伸缩缝填塞<br>6. 盖板材质、规格 | m | 按设计图示尺寸以长度计算 | 1. 模板制作、安装、拆除<br>2. 基础、垫层铺筑<br>3. 混凝土拌合、运输、铺筑<br>4. 侧墙浇捣或砌筑<br>5. 勾缝、抹面<br>6. 盖板安装 |
| 040201023 | 盲沟 | 1. 材料品种、规格<br>2. 断面尺寸 | | | 铺筑 |

2．道路基层（编码：040202）

道路基层工程量清单项目设置及工程量计算规则，见表1-7。

**道路基层**（编码：040202） **表1-7**

| 项目编码 | 项目名称 | 项目特征 | 计量单位 | 工程量计算规则 | 工作内容 |
|---|---|---|---|---|---|
| 040202001 | 路床（槽）整形 | 1．部位<br>2．范围 | $m^2$ | 按设计道路底基层图示尺寸以面积计算，不扣除各类井所占面积 | 1．放样<br>2．整修路拱<br>3．碾压成型 |
| 040202002 | 石灰稳定土 | 1．含灰量<br>2．厚度 | | 按设计图示尺寸以面积计算，不扣除各类井所占面积 | 1．拌合<br>2．运输<br>3．铺筑<br>4．找平<br>5．碾压<br>6．养护 |
| 040202003 | 水泥稳定土 | 1．水泥含量<br>2．厚度 | | | |

续表

| 项目编码 | 项目名称 | 项目特征 | 计量单位 | 工程量计算规则 | 工作内容 |
| --- | --- | --- | --- | --- | --- |
| 040202004 | 石灰、粉煤灰、土 | 1. 配合比<br>2. 厚度 | $m^2$ | 按设计图示尺寸以面积计算，不扣除各类井所占面积 | 1. 拌合<br>2. 运输<br>3. 铺筑<br>4. 找平<br>5. 碾压<br>6. 养护 |
| 040202005 | 石灰、碎石、土 | 1. 配合比<br>2. 碎石规格<br>3. 厚度 | | | |
| 040202006 | 石灰、粉煤灰、碎（砾）石 | 1. 配合比<br>2. 碎（砾）石规格<br>3. 厚度 | | | |

续表

| 项目编码 | 项目名称 | 项目特征 | 计量单位 | 工程量计算规则 | 工作内容 |
| --- | --- | --- | --- | --- | --- |
| 040202007 | 粉煤灰 | 厚度 | $m^2$ | 按设计图示尺寸以面积计算，不扣除各类井所占面积 | 1. 拌合<br>2. 运输<br>3. 铺筑<br>4. 找平<br>5. 碾压<br>6. 养护 |
| 040202008 | 矿渣 | | | | |
| 040202009 | 砂砾石 | 1. 石料规格<br>2. 厚度 | | | |
| 040202010 | 卵石 | | | | |
| 040202011 | 碎石 | | | | |
| 040202012 | 块石 | | | | |
| 040202013 | 山皮石 | | | | |

续表

| 项目编码 | 项目名称 | 项目特征 | 计量单位 | 工程量计算规则 | 工作内容 |
| --- | --- | --- | --- | --- | --- |
| 040202014 | 粉煤灰三渣 | 1. 配合比<br>2. 厚度 | m² | 按设计图示尺寸以面积计算，不扣除各类井所占面积 | 1. 拌合<br>2. 运输<br>3. 铺筑<br>4. 找平<br>5. 碾压<br>6. 养护 |
| 040202015 | 水泥稳定碎（砾）石 | 1. 水泥含量<br>2. 石料规格<br>3. 厚度 | | | |
| 040202016 | 沥青稳定碎石 | 1. 沥青品种<br>2. 石料规格<br>3. 厚度 | | | |

3. 道路面层（编码：040203）

道路面层工程量清单项目设置及工程量计算规则，见表1-8。

道路面层（编码：040203）　　表1-8

| 项目编码 | 项目名称 | 项目特征 | 计量单位 | 工程量计算规则 | 工作内容 |
| --- | --- | --- | --- | --- | --- |
| 040203001 | 沥青表面处治 | 1. 沥青品种<br>2. 层数 | $m^2$ | 按设计图示尺寸以面积计算，不扣除各种井所占面积，带平石的面层应扣除平石所占面积 | 1. 喷油、布料<br>2. 碾压 |
| 040203002 | 沥青贯入式 | 1. 沥青品种<br>2. 石料规格<br>3. 厚度 | | | 1. 摊铺碎石<br>2. 喷油、布料<br>3. 碾压 |
| 040203003 | 透层、粘层 | 1. 材料品种<br>2. 喷油量 | | | 1. 清理下承面<br>2. 喷油、布料 |

续表

| 项目编码 | 项目名称 | 项目特征 | 计量单位 | 工程量计算规则 | 工作内容 |
| --- | --- | --- | --- | --- | --- |
| 040203004 | 封层 | 1. 材料品种<br>2. 喷油量<br>3. 厚度 | $m^2$ | 按设计图示尺寸以面积计算，不扣除各种井所占面积，带平石的面层应扣除平石所占面积 | 1. 清理下承面<br>2. 喷油、布料<br>3. 压实 |
| 040203005 | 黑色碎石 | 1. 沥青品种<br>2. 厚度<br>3. 石料规格 | | | 1. 清理下承面<br>2. 拌合、运输<br>3. 摊铺、整型<br>4. 压实 |

续表

| 项目编码 | 项目名称 | 项目特征 | 计量单位 | 工程量计算规则 | 工作内容 |
|---|---|---|---|---|---|
| 040203006 | 沥青混凝土 | 1. 沥青品种<br>2. 沥青混凝土种类<br>3. 石料粒径<br>4. 掺合料<br>5. 厚度 | $m^2$ | 按设计图示尺寸以面积计算，不扣除各种井所占面积，带平石的面层应扣除平石所占面积 | 1. 清理下承面<br>2. 拌合、运输<br>3. 摊铺、整型<br>4. 压实 |
| 040203007 | 水泥混凝土 | 1. 混凝土强度等级<br>2. 厚度<br>3. 掺合料<br>4. 嵌缝材料 | | | 1. 模板制作、安装、拆除<br>2. 混凝土拌合、运输、浇筑<br>3. 拉毛<br>4. 压痕或刻防滑槽<br>5. 伸缝<br>6. 缩缝<br>7. 锯缝、嵌缝<br>8. 路面养护 |

续表

| 项目编码 | 项目名称 | 项目特征 | 计量单位 | 工程量计算规则 | 工作内容 |
| --- | --- | --- | --- | --- | --- |
| 040203008 | 块料面层 | 1. 块料品种、规格<br>2. 垫层：材料品种、厚度、强度等级 | $m^2$ | 按设计图示尺寸以面积计算，不扣除各种井所占面积，带平石的面层应扣除平石所占面积 | 1. 铺筑垫层<br>2. 铺砌块料<br>3. 嵌缝、勾缝 |
| 040203009 | 弹性面层 | 1. 材料品种<br>2. 厚度 | | | 1. 配料<br>2. 铺贴 |

4. 人行道及其他（编码：040204）

人行道及其他工程量清单项目设置及工程量计算规则，见表 1-9。

**人行道及其他**（编码：040204） **表 1-9**

| 项目编码 | 项目名称 | 项目特征 | 计量单位 | 工程量计算规则 | 工作内容 |
|---|---|---|---|---|---|
| 040204001 | 人行道整形碾压 | 1. 部位<br>2. 范围 | $m^2$ | 按设计人行道图示尺寸以面积计算，不扣除侧石、树池和各类井所占面积 | 1. 放样<br>2. 碾压 |
| 040204002 | 人行道块料铺设 | 1. 块料品种、规格<br>2. 基础、垫层：材料品种、厚度<br>3. 图形 |  | 按设计图示尺寸以面积计算，不扣除各类井所占面积，但应扣除侧石、树池所占面积 | 1. 基础、垫层铺筑<br>2. 块料铺设 |

续表

| 项目编码 | 项目名称 | 项目特征 | 计量单位 | 工程量计算规则 | 工作内容 |
| --- | --- | --- | --- | --- | --- |
| 040204003 | 现浇混凝土人行道及进口坡 | 1. 混凝土强度等级<br>2. 厚度<br>3. 基础、垫层：材料品种、厚度 | $m^2$ | 按设计图示尺寸以面积计算，不扣除各类井所占面积，但应扣除侧石、树池所占面积 | 1. 模板制作、安装、拆除<br>2. 基础、垫层铺筑<br>3. 混凝土拌合、运输、浇筑 |
| 040204004 | 安砌侧（平、缘）石 | 1. 材料品种、规格<br>2. 基础、垫层：材料品种、厚度 | m | 按设计图示中心线长度计算 | 1. 开槽<br>2. 基础、垫层铺筑<br>3. 侧（平、缘）石安砌 |

续表

| 项目编码 | 项目名称 | 项目特征 | 计量单位 | 工程量计算规则 | 工作内容 |
| --- | --- | --- | --- | --- | --- |
| 040204005 | 现浇侧（平、缘）石 | 1. 材料品种<br>2. 尺寸<br>3. 形状<br>4. 混凝土强度等级<br>5. 基础、垫层：材料品种、厚度 | m | 按设计图示中心线长度计算 | 1. 模板制作、安装、拆除<br>2. 开槽<br>3. 基础、垫层铺筑<br>4. 混凝土拌合、运输、浇筑 |
| 040204006 | 检查井升降 | 1. 材料品种<br>2. 检查井规格<br>3. 平均升(降)高度 | 座 | 按设计图示路面标高与原有的检查井发生正负高差的检查井的数量计算 | 1. 提升<br>2. 降低 |

续表

| 项目编码 | 项目名称 | 项目特征 | 计量单位 | 工程量计算规则 | 工作内容 |
| --- | --- | --- | --- | --- | --- |
| 040204007 | 树池砌筑 | 1. 材料品种、规格<br>2. 树池尺寸<br>3. 树池盖面材料品种 | 个 | 按设计图示数量计算 | 1. 基础、垫层铺筑<br>2. 树池砌筑<br>3. 盖面材料安装、运输 |
| 040204008 | 预制电缆沟铺设 | 1. 材料品种<br>2. 规格尺寸<br>3. 基础、垫层：材料品种、厚度<br>4. 盖板品种、规格 | m | 按设计图示中心线长度计算 | 1. 基础、垫层铺筑<br>2. 预制电缆沟安装<br>3. 盖板安装 |

5. 交通管理设施（编码：040205）

交通管理设施工程量清单项目设置及工程量计算规则，见表1-10。

**交通管理设施**（编码：040205） **表1-10**

| 项目编码 | 项目名称 | 项目特征 | 计量单位 | 工程量计算规则 | 工作内容 |
|---|---|---|---|---|---|
| 040205001 | 人（手）孔井 | 1. 材料品种<br>2. 规格尺寸<br>3. 盖板材质、规格<br>4. 基础、垫层：材料品种、厚度 | 座 | 按设计图示数量计算 | 1. 基础、垫层铺筑<br>2. 井身砌筑<br>3. 勾缝（抹面）<br>4. 井盖安装 |
| 040205002 | 电缆保护管 | 1. 材料品种<br>2. 规格 | m | 按设计图示以长度计算 | 敷设 |

续表

| 项目编码 | 项目名称 | 项目特征 | 计量单位 | 工程量计算规则 | 工作内容 |
| --- | --- | --- | --- | --- | --- |
| 040205003 | 标杆 | 1. 类型<br>2. 材质<br>3. 规格尺寸<br>4. 基础、垫层：材料品种、厚度<br>5. 油漆品种 | 根 | 按设计图示数量计算 | 1. 基础、垫层铺筑<br>2. 制作<br>3. 喷漆或镀锌<br>4. 底盘、拉盘、卡盘及杆件安装 |
| 040205004 | 标志板 | 1. 类型<br>2. 材质、规格尺寸<br>3. 板面反光膜等级 | 块 | | 制作、安装 |

续表

| 项目编码 | 项目名称 | 项目特征 | 计量单位 | 工程量计算规则 | 工作内容 |
| --- | --- | --- | --- | --- | --- |
| 040205005 | 视线诱导器 | 1. 类型<br>2. 材料品种 | 只 | 按设计图示数量计算 | 安装 |
| 040205006 | 标线 | 1. 材料品种<br>2. 工艺<br>3. 线型 | 1. m<br>2. $m^2$ | 1. 以米计量，按设计图示以长度计算<br>2. 以平方米计量，按设计图示尺寸以面积计算 | 1. 清扫<br>2. 放样<br>3. 画线<br>4. 护线 |

续表

| 项目编码 | 项目名称 | 项目特征 | 计量单位 | 工程量计算规则 | 工作内容 |
| --- | --- | --- | --- | --- | --- |
| 040205007 | 标记 | 1. 材料品种<br>2. 类型<br>3. 规格尺寸 | 1. 个<br>2. $m^2$ | 1. 以个计量，按设计图示数量计算<br>2. 以平方米计量，按设计图示尺寸以面积计算 | 1. 清扫<br>2. 放样<br>3. 画线<br>4. 护线 |
| 040205008 | 横道线 | 1. 材料品种<br>2. 形式 | $m^2$ | 按设计图示尺寸以面积计算 | |
| 040205009 | 清除标线 | 清除方法 | | | 清除 |

续表

| 项目编码 | 项目名称 | 项目特征 | 计量单位 | 工程量计算规则 | 工作内容 |
|---|---|---|---|---|---|
| 040205010 | 环形检测线圈 | 1. 类型<br>2. 规格、型号 | 个 | 按设计图示数量计算 | 1. 安装<br>2. 调试 |
| 040205011 | 值警亭 | 1. 类型<br>2. 规格<br>3. 基础、垫层：材料品种、厚度 | 座 | 按设计图示数量计算 | 1. 基础、垫层铺筑<br>2. 安装 |

续表

| 项目编码 | 项目名称 | 项目特征 | 计量单位 | 工程量计算规则 | 工作内容 |
| --- | --- | --- | --- | --- | --- |
| 040205012 | 隔离护栏 | 1. 类型<br>2. 规格、型号<br>3. 材料品种<br>4. 基础、垫层：材料品种、厚度 | m | 按设计图示以长度计算 | 1. 基础、垫层铺筑<br>2. 制作、安装 |
| 040205013 | 架空走线 | 1. 类型<br>2. 规格、型号 | m | 按设计图示以长度计算 | 架线 |

续表

| 项目编码 | 项目名称 | 项目特征 | 计量单位 | 工程量计算规则 | 工作内容 |
| --- | --- | --- | --- | --- | --- |
| 040205014 | 信号灯 | 1. 类型<br>2. 灯架材质、规格<br>3. 基础、垫层：材料品种、厚度<br>4. 信号灯规格、型号、组数 | 套 | 按设计图示以数量计算 | 1. 基础、垫层铺筑<br>2. 灯架制作、镀锌、喷漆<br>3. 底盘、拉盘、卡盘及杆件安装<br>4. 信号灯安装、调试 |
| 040205015 | 设备控制机箱 | 1. 类型<br>2. 材质、规格尺寸<br>3. 基础、垫层：材料品种、厚度<br>4. 配置要求 | 台 | | 1. 基础、垫层铺筑<br>2. 安装<br>3. 调试 |

续表

| 项目编码 | 项目名称 | 项目特征 | 计量单位 | 工程量计算规则 | 工作内容 |
|---|---|---|---|---|---|
| 040205016 | 管内配线 | 1. 类型<br>2. 材质<br>3. 规格、型号 | m | 按设计图示以长度计算 | 配线 |
| 040205017 | 防撞筒（墩） | 1. 材料品种<br>2. 规格、型号 | 个 | 按设计图示以数量计算 | 制作、安装 |
| 040205018 | 警示柱 | 1. 类型<br>2. 材料品种<br>3. 规格、型号 | 根 | | |
| 040205019 | 减速垄 | 1. 材料品种<br>2. 规格、型号 | m | 按设计图示以长度计算 | |

续表

| 项目编码 | 项目名称 | 项目特征 | 计量单位 | 工程量计算规则 | 工作内容 |
| --- | --- | --- | --- | --- | --- |
| 040205020 | 监控摄像机 | 1. 类型<br>2. 规格、型号<br>3. 支架形式<br>4. 防护罩要求 | 台 | 按设计图示数量计算 | 1. 安装<br>2. 调试 |
| 040205021 | 数码相机 | 1. 规格、型号<br>2. 立杆材质、形式<br>3. 基础、垫层：材料品种、厚度 | 套 |  | 1. 基础、垫层铺筑<br>2. 安装<br>3. 调试 |

续表

| 项目编码 | 项目名称 | 项目特征 | 计量单位 | 工程量计算规则 | 工作内容 |
|---|---|---|---|---|---|
| 040205022 | 道闸机 | 1. 类型<br>2. 规格、型号<br>3. 基础、垫层：材料品种、厚度 | 套 | 按设计图示数量计算 | 1. 基础、垫层铺筑<br>2. 安装<br>3. 调试 |
| 040205023 | 可变信息情报板 | 1. 类型<br>2. 规格、型号<br>3. 立（横）杆材质、形式<br>4. 配置要求<br>5. 基础、垫层：材料品种、厚度 | | | |

续表

| 项目编码 | 项目名称 | 项目特征 | 计量单位 | 工程量计算规则 | 工作内容 |
|---|---|---|---|---|---|
| 040205024 | 交通智能系统调试 | 系统类别 | 系统 | 按设计图示数量计算 | 系统调试 |

## 第三节　桥涵工程工程量计算

### 一、清单工程量计算说明

桥涵工程清单工程量计算说明，见表 1-11。

桥涵工程清单工程量计算说明　　表 1-11

| 序号 | 项　目 | 内　容 |
|---|---|---|
| 1 | 清单项目的划分 | 桥涵工程分为桩基、基坑与边坡支护、现浇混凝土构件、预制混凝土构件、砌筑、立交箱涵、钢结构、装饰、其他等项目 |

续表

| 序号 | 项目 | 内容 |
| --- | --- | --- |
| 2 | 有关问题的说明 | （1）桩基包括了桥梁常用的桩种，清单工程量以设计桩长计量，只有混凝土板桩以体积计算。这与定额工程量计算是不同的，定额一般桩以体积计算，钢管桩以重量计算。清单工程内容包括了从搭拆工作平台起到竖拆桩机、制桩、运桩、打桩（沉桩）、接桩、送桩，直至截桩头、废料弃置等全部内容。<br>（2）现浇混凝土构件清单项目的工程内容包括混凝土制作、运输、浇筑、养护等全部内容。<br>（3）预制混凝土构件清单项目的工程内容包括制作、运输、安装和构件连接等全部内容。<br>（4）砌筑清单项目的工程内容包括泄水孔、滤水层及勾缝在内 |

## 二、清单项目设置及工程量计算规则

1. 桩基（编码：040301）

桩基工程量清单项目设置及工程量计算规则，见表 1-12。

桩基（编码：040301）　　表 1-12

| 项目编码 | 项目名称 | 项目特征 | 计量单位 | 工程量计算规则 | 工作内容 |
|---|---|---|---|---|---|
| 040301001 | 预制钢筋混凝土方桩 | 1. 地层情况<br>2. 送桩深度、桩长<br>3. 桩截面<br>4. 桩倾斜度<br>5. 混凝土强度等级 | 1. m<br>2. $m^2$<br>3. 根 | 1. 以米计量，按设计图示尺寸以桩长（包括桩尖）计算<br>2. 以立方米计量，按设计图示桩长（包括桩尖）乘以桩的断面积计算<br>3. 以根计量，按设计图示数量计算 | 1. 工作平台搭拆<br>2. 桩就位<br>3. 桩机移位<br>4. 沉桩<br>5. 接桩<br>6. 送桩 |

续表

| 项目编码 | 项目名称 | 项目特征 | 计量单位 | 工程量计算规则 | 工作内容 |
| --- | --- | --- | --- | --- | --- |
| 040301002 | 预制钢筋混凝土管桩 | 1. 地层情况<br>2. 送桩深度、桩长<br>3. 桩外径、壁厚<br>4. 桩倾斜度<br>5. 桩尖设置及类型<br>6. 混凝土强度等级<br>7. 填充材料种类 | 1. m<br>2. $m^2$<br>3. 根 | 1. 以米计量，按设计图示尺寸以桩长（包括桩尖）计算<br>2. 以立方米计量，按设计图示桩长（包括桩尖）乘以桩的断面积计算<br>3. 以根计量，按设计图示数量计算 | 1. 工作平台搭拆<br>2. 桩就位<br>3. 桩机移位<br>4. 桩尖安装<br>5. 沉桩<br>6. 接桩<br>7. 送桩<br>8. 桩芯填充 |

续表

| 项目编码 | 项目名称 | 项目特征 | 计量单位 | 工程量计算规则 | 工作内容 |
| --- | --- | --- | --- | --- | --- |
| 040301003 | 钢管桩 | 1. 地层情况<br>2. 送桩深度、桩长<br>3. 材质<br>4. 管径、壁厚<br>5. 桩倾斜度<br>6. 填充材料种类<br>7. 防护材料种类 | 1. t<br>2. 根 | 1. 以吨计量，按设计图示尺寸以质量计算<br>2. 以根计量，按设计图示数量计算 | 1. 工作平台搭拆<br>2. 桩就位<br>3. 桩机移位<br>4. 沉桩<br>5. 接桩<br>6. 送桩<br>7. 切割钢管、精割盖帽<br>8. 管内取土、余土弃置<br>9. 管内填芯、刷防护材料 |

续表

| 项目编码 | 项目名称 | 项目特征 | 计量单位 | 工程量计算规则 | 工作内容 |
| --- | --- | --- | --- | --- | --- |
| 040301004 | 泥浆护壁成孔灌注桩 | 1. 地层情况<br>2. 空桩长度、桩长<br>3. 桩径<br>4. 成孔方法<br>5. 混凝土种类、强度等级 | 1. m<br>2. $m^3$<br>3. 根 | 1. 以米计量，按设计图示尺寸以桩长（包括桩尖）计算<br>2. 以立方米计量，按不同截面在桩长范围内以体积计算<br>3. 以根计量，按设计图示数量计算 | 1. 工作平台搭拆<br>2. 桩机移位<br>3. 护筒埋设<br>4. 成孔、固壁<br>5. 混凝土制作、运输、灌注、养护<br>6. 土方、废浆外运<br>7. 打桩场地硬化及泥浆池、泥浆沟 |

续表

| 项目编码 | 项目名称 | 项目特征 | 计量单位 | 工程量计算规则 | 工作内容 |
|---|---|---|---|---|---|
| 040301005 | 沉管灌注桩 | 1. 地层情况<br>2. 空桩长度、桩长<br>3. 复打长度<br>4. 桩径<br>5. 沉管方法<br>6. 桩尖类型<br>7. 混凝土种类、强度等级 | 1. m<br>2. $m^3$<br>3. 根 | 1. 以米计量，按设计图示尺寸以桩长（包括桩尖）计算<br>2. 以立方米计量，按设计图示桩长（包括桩尖）乘以桩的断面积计算<br>3. 以根计量，按设计图示数量计算 | 1. 工作平台搭拆<br>2. 桩机移位<br>3. 打（沉）拔钢管<br>4. 桩尖安装<br>5. 混凝土制作、运输、灌注、养护 |

续表

| 项目编码 | 项目名称 | 项目特征 | 计量单位 | 工程量计算规则 | 工作内容 |
| --- | --- | --- | --- | --- | --- |
| 040301006 | 干作业成孔灌注桩 | 1. 地层情况<br>2. 空桩长度、桩长<br>3. 桩径<br>4. 扩孔直径、高度<br>5. 成孔方法<br>6. 混凝土种类、强度等级 | 1. m<br>2. $m^3$<br>3. 根 | 1. 以米计量，按设计图示尺寸以桩长（包括桩尖）计算<br>2. 以立方米计量，按设计图示桩长（包括桩尖）乘以桩的断面积计算<br>3. 以根计量，按设计图示数量计算 | 1. 工作平台搭拆<br>2. 桩机移位<br>3. 成孔、扩孔<br>4. 混凝土制作、运输、灌注、振捣、养护 |

续表

| 项目编码 | 项目名称 | 项目特征 | 计量单位 | 工程量计算规则 | 工作内容 |
| --- | --- | --- | --- | --- | --- |
| 040301007 | 挖孔桩土（石）方 | 1. 土（石）类别<br>2. 挖孔深度<br>3. 弃土（石）运距 | $m^3$ | 按设计图示尺寸（含护壁）截面积乘以挖孔深度以立方米计算 | 1. 排地表水<br>2. 挖土、凿石<br>3. 基底钎探<br>4. 土（石）方外运 |
| 040301008 | 人工挖孔灌注桩 | 1. 桩芯长度<br>2. 桩芯直径、扩底直径、扩底高度<br>3. 护壁厚度、高度<br>4. 护壁材料种类、强度等级<br>5. 桩芯混凝土种类、强度等级 | 1. $m^3$<br>2. 根 | 1. 以立方米计量，按桩芯混凝土体积计算<br>2. 以根计量。按设计图示数量计算 | 1. 护壁制作、安装<br>2. 混凝土制作、运输、灌注、振捣、养护 |

续表

| 项目编码 | 项目名称 | 项目特征 | 计量单位 | 工程量计算规则 | 工作内容 |
| --- | --- | --- | --- | --- | --- |
| 040301009 | 钻孔压浆桩 | 1. 地层情况<br>2. 桩长<br>3. 钻孔直径<br>4. 骨料品种、规格<br>5. 水泥强度等级 | 1. m<br>2. 根 | 1. 以米计量，按设计图示尺寸以桩长计算<br>2. 以根计量，按设计图示数量计算 | 1. 钻孔、下注浆管、投放骨料<br>2. 浆液制作、运输、压浆 |
| 0403010010 | 灌注桩后注浆 | 1. 注浆导管材料、规格<br>2. 注浆导管长度<br>3. 单孔注浆量<br>4. 水泥强度等级 | 孔 | 按设计图示以注浆孔数计算 | 1. 注浆导管制作、安装<br>2. 浆液制作、运输、压浆 |

续表

| 项目编码 | 项目名称 | 项目特征 | 计量单位 | 工程量计算规则 | 工作内容 |
| --- | --- | --- | --- | --- | --- |
| 0403010011 | 截桩头 | 1. 桩类型<br>2. 桩头截面、高度<br>3. 混凝土强度等级<br>4. 有无钢筋 | 1. $m^3$<br>2. 根 | 1. 以立方米计量，按设计桩截面积乘以桩头长度以体积计算<br>2. 以根计量，按设计图示数量计算 | 1. 截桩头<br>2. 凿平<br>3. 废料外运 |
| 0403010012 | 声测管 | 1. 材质<br>2. 规格型号 | 1. t<br>2. m | 1. 按设计图示尺寸以质量计算<br>2. 按设计图示尺寸以长度计算 | 1. 检测管截断、封头<br>2. 套管制作、焊接<br>3. 定位、固定 |

2. 基坑与边坡支护（编码：040302）

基坑与边坡支护工程量清单项目设置及工程量计算规则，见表1-13。

**基坑与边坡支护**（编码：040302） **表 1-13**

| 项目编码 | 项目名称 | 项目特征 | 计量单位 | 工程量计算规则 | 工作内容 |
|---|---|---|---|---|---|
| 040302001 | 圆木桩 | 1. 地层情况<br>2. 桩长<br>3. 材质<br>4. 尾径<br>5. 桩倾斜度 | 1. m<br>2. 根 | 1. 以米计量，按设计图示尺寸以桩长（包括桩尖）计算<br>2. 以根计量，按设计图示数量计算 | 1. 工作平台搭拆<br>2. 桩机移位<br>3. 桩制作、运输、就位<br>4. 桩靴安装<br>5. 沉桩 |

续表

| 项目编码 | 项目名称 | 项目特征 | 计量单位 | 工程量计算规则 | 工作内容 |
| --- | --- | --- | --- | --- | --- |
| 040302002 | 预制钢筋混凝土板桩 | 1. 地层情况<br>2. 送桩深度、桩长<br>3. 桩截面<br>4. 混凝土强度等级 | 1. $m^3$<br>2. 根 | 1. 以立方米计量，按设计图示尺寸桩长（包括桩尖）乘以桩的断面积计算<br>2. 以根计量，按设计图示数量计算 | 1. 工作平台搭拆<br>2. 桩就位<br>3. 桩机移位<br>4. 沉桩<br>5. 接桩<br>6. 送桩 |

续表

| 项目编码 | 项目名称 | 项目特征 | 计量单位 | 工程量计算规则 | 工作内容 |
|---|---|---|---|---|---|
| 040302003 | 地下连续墙 | 1. 地层情况<br>2. 导墙类型、截面<br>3. 墙体厚度<br>4. 成槽深度<br>5. 混凝土种类、强度等级<br>6. 接头形式 | $m^3$ | 按设计图示墙中心线长乘以厚度再乘以槽深，以体积计算 | 1. 导墙挖填、制作、安装、拆除<br>2. 挖土成槽、固壁、清底置换<br>3. 混凝土制作、运输、灌注、养护<br>4. 接头处理<br>5. 土方、废浆外运<br>6. 打桩场地硬化及泥浆池、泥浆沟 |

续表

| 项目编码 | 项目名称 | 项目特征 | 计量单位 | 工程量计算规则 | 工作内容 |
| --- | --- | --- | --- | --- | --- |
| 040302004 | 咬合灌注桩 | 1. 地层情况<br>2. 桩长<br>3. 桩径<br>4. 混凝土种类、强度等级<br>5. 部位 | 1. m<br>2. 根 | 1. 以米计量，按设计图示尺寸以桩长计算<br>2. 以根计量，按设计图示数量计算 | 1. 桩机移位<br>2. 成孔、固壁<br>3. 混凝土制作、运输、灌注、养护<br>4. 套管压拔<br>5. 土方、废浆外运<br>6. 打桩场地硬化及泥浆池、泥浆沟 |

续表

| 项目编码 | 项目名称 | 项目特征 | 计量单位 | 工程量计算规则 | 工作内容 |
|---|---|---|---|---|---|
| 040302005 | 型钢水泥土搅拌墙 | 1. 深度<br>2. 桩径<br>3. 水泥掺量<br>4. 型钢材质、规格<br>5. 是否拔出 | $m^3$ | 按设计图示尺寸以体积计算 | 1. 桩机移位<br>2. 钻进<br>3. 浆液制作、运输、压浆<br>4. 搅拌、成桩<br>5. 型钢插拔<br>6. 土方、废浆外运 |

续表

| 项目编码 | 项目名称 | 项目特征 | 计量单位 | 工程量计算规则 | 工作内容 |
| --- | --- | --- | --- | --- | --- |
| 040302006 | 锚杆（索） | 1. 地层情况<br>2. 锚杆（索）类型、部位<br>3. 钻孔直径、深度<br>4. 杆体材料品种、规格、数量<br>5. 是否预应力<br>6. 浆液种类、强度等级 | 1. m<br>2. 根 | 1. 以米计量，按设计图示尺寸以钻孔深度计算<br>2. 以根计量，按设计图示数量计算 | 1. 钻孔、浆液制作、运输、压浆<br>2. 锚杆（索）制作、安装<br>3. 张拉锚固<br>4. 锚杆（索）施工平台搭设、拆除 |

续表

| 项目编码 | 项目名称 | 项目特征 | 计量单位 | 工程量计算规则 | 工作内容 |
|---|---|---|---|---|---|
| 040302007 | 土钉 | 1. 地层情况<br>2. 钻孔直径、深度<br>3. 置入方法<br>4. 杆体材料品种、规格、数量<br>5. 浆液种类、强度等级 | 1. m<br>2. 根 | 1. 以米计量，按设计图示尺寸以钻孔深度计算<br>2. 以根计量，按设计图示数量计算 | 1. 钻孔、浆液制作、运输、压浆<br>2. 土钉制作、安装<br>3. 土钉施工平台搭设、拆除 |

续表

| 项目编码 | 项目名称 | 项目特征 | 计量单位 | 工程量计算规则 | 工作内容 |
| --- | --- | --- | --- | --- | --- |
| 040302008 | 喷射混凝土 | 1. 部位<br>2. 厚度<br>3. 材料种类<br>4. 混凝土类别、强度等级 | $m^2$ | 按设计图示尺寸以面积计算 | 1. 修整边坡<br>2. 混凝土制作、运输、喷射、养护<br>3. 钻排水孔、安装排水管<br>4. 喷射施工平台搭设、拆除 |

3. 现浇混凝土构件（编码：040303）

现浇混凝土构件工程量清单项目设置及工程量计算规则，见表1-14。

**现浇混凝土构件（编码：040303）** **表 1-14**

| 项目编码 | 项目名称 | 项目特征 | 计量单位 | 工程量计算规则 | 工作内容 |
|---|---|---|---|---|---|
| 040303001 | 混凝土垫层 | 混凝土强度等级 | $m^3$ | 按设计图示尺寸以体积计算 | 1. 模板制作、安装、拆除<br>2. 混凝土拌合、运输、浇筑<br>3. 养护 |
| 040303002 | 混凝土基础 | 1. 混凝土强度等级<br>2. 嵌料（毛石）比例 | | | |
| 040303003 | 混凝土承台 | 混凝土强度等级 | | | |

续表

| 项目编码 | 项目名称 | 项目特征 | 计量单位 | 工程量计算规则 | 工作内容 |
| --- | --- | --- | --- | --- | --- |
| 040303004 | 混凝土墩（台）帽 | 1. 部位<br>2. 混凝土强度等级 | $m^3$ | 按设计图示尺寸以体积计算 | 1. 模板制作、安装、拆除<br>2. 混凝土拌合、运输、浇筑<br>3. 养护 |
| 040303005 | 混凝土墩（台）身 | | | | |
| 040303006 | 混凝土支撑梁及横梁 | | | | |
| 040303007 | 混凝土墩（台）盖梁 | | | | |

续表

| 项目编码 | 项目名称 | 项目特征 | 计量单位 | 工程量计算规则 | 工作内容 |
|---|---|---|---|---|---|
| 040303008 | 混凝土拱桥拱座 | 混凝土强度等级 | $m^3$ | 按设计图示尺寸以体积计算 | 1. 模板制作、安装、拆除<br>2. 混凝土拌合、运输、浇筑<br>3. 养护 |
| 040303009 | 混凝土拱桥拱肋 | | | | |
| 040303010 | 混凝土拱上构件 | 1. 部位<br>2. 混凝土强度等级 | | | |
| 040303011 | 混凝土箱梁 | | | | |
| 040303012 | 混凝土连续板 | 1. 部位<br>2. 结构形式<br>3. 混凝土强度等级 | | | |
| 040303013 | 混凝土板梁 | | | | |

续表

| 项目编码 | 项目名称 | 项目特征 | 计量单位 | 工程量计算规则 | 工作内容 |
| --- | --- | --- | --- | --- | --- |
| 040303014 | 混凝土板拱 | 1. 部位<br>2. 混凝土强度等级 | $m^3$ | 按设计图示尺寸以体积计算 | 1. 模板制作、安装、拆除<br>2. 混凝土拌合、运输、浇筑<br>3. 养护 |
| 040303015 | 混凝土挡墙墙身 | 1. 混凝土强度等级<br>2. 泄水孔材料品种、规格<br>3. 滤水层要求<br>4. 沉降缝要求 | $m^3$ | 按设计图示尺寸以体积计算 | 1. 模板制作、安装、拆除<br>2. 混凝土拌合、运输、浇筑<br>3. 养护<br>4. 抹灰<br>5. 泄水孔制作、安装<br>6. 滤水层铺筑<br>7. 沉降缝 |

续表

| 项目编码 | 项目名称 | 项目特征 | 计量单位 | 工程量计算规则 | 工作内容 |
| --- | --- | --- | --- | --- | --- |
| 040303016 | 混凝土挡墙压顶 | 1. 混凝土强度等级<br>2. 沉降缝要求 | $m^3$ | 按设计图示尺寸以体积计算 | 1. 模板制作、安装、拆除<br>2. 混凝土拌合、运输、浇筑<br>3. 养护<br>4. 抹灰<br>5. 泄水孔制作、安装<br>6. 滤水层铺筑<br>7. 沉降缝 |

续表

| 项目编码 | 项目名称 | 项目特征 | 计量单位 | 工程量计算规则 | 工作内容 |
| --- | --- | --- | --- | --- | --- |
| 040303017 | 混凝土楼梯 | 1. 结构形式<br>2. 底板厚度<br>3. 混凝土强度等级 | 1. $m^2$<br>2. $m^3$ | 1. 以平方米计量，按设计图示尺寸以水平投影面积计算<br>2. 以立方米计量，按设计图示尺寸以体积计量 | 1. 模板制作、安装、拆除<br>2. 混凝土拌合、运输、浇筑<br>3. 养护 |
| 040303018 | 混凝土防撞护栏 | 1. 断面<br>2. 混凝土强度等级 | m | 按设计图示尺寸以长度计算 | |

续表

| 项目编码 | 项目名称 | 项目特征 | 计量单位 | 工程量计算规则 | 工作内容 |
| --- | --- | --- | --- | --- | --- |
| 040303019 | 桥面铺装 | 1. 混凝土强度等级<br>2. 沥青品种<br>3. 沥青混凝土种类<br>4. 厚度<br>5. 配合比 | $m^2$ | 按设计图示尺寸以面积计算 | 1. 模板制作、安装、拆除<br>2. 混凝土拌合、运输、浇筑<br>3. 养护<br>4. 沥青混凝土铺装<br>5. 碾压 |
| 040303020 | 混凝土桥头搭板 | 混凝土强度等级 | $m^3$ | 按设计图示尺寸以体积计算 | 1. 模板制作、安装、拆除<br>2. 混凝土拌合、运输、浇筑<br>3. 养护 |
| 040303021 | 混凝土搭板枕梁 | | | | |

续表

| 项目编码 | 项目名称 | 项目特征 | 计量单位 | 工程量计算规则 | 工作内容 |
| --- | --- | --- | --- | --- | --- |
| 040303022 | 混凝土桥塔身 | 1. 形状<br>2. 混凝土强度等级 | m³ | 按设计图示尺寸以体积计算 | 1. 模板制作、安装、拆除<br>2. 混凝土拌合、运输、浇筑<br>3. 养护 |
| 040303023 | 混凝土连系梁 | | | | |
| 040303024 | 混凝土其他构件 | 1. 名称、部位<br>2. 混凝土强度等级 | | | |
| 040303025 | 钢管拱混凝土 | 混凝土强度等级 | | | 混凝土拌合、运输、压注 |

4. 预制混凝土构件（编码：040304）

预制混凝土构件工程量清单项目设置及工程量计算规则，见表1-15。

**预制混凝土构件**（编码：040304）　　**表 1-15**

| 项目编码 | 项目名称 | 项目特征 | 计量单位 | 工程量计算规则 | 工作内容 |
|---|---|---|---|---|---|
| 040304001 | 预制混凝土梁 | 1. 部位<br>2. 图集、图纸名称<br>3. 构件代号、名称<br>4. 混凝土强度等级<br>5. 砂浆强度等级 | $m^3$ | 按设计图示尺寸以体积计算 | 1. 模板制作、安装、拆除<br>2. 混凝土拌合、运输、浇筑<br>3. 养护<br>4. 构件安装<br>5. 接头灌缝<br>6. 砂浆制作<br>7. 运输 |
| 040304002 | 预制混凝土柱 | | | | |
| 040304003 | 预制混凝土板 | | | | |

续表

| 项目编码 | 项目名称 | 项目特征 | 计量单位 | 工程量计算规则 | 工作内容 |
|---|---|---|---|---|---|
| 040304004 | 预制混凝土挡土墙墙身 | 1. 图集、图纸名称<br>2. 构件代号、名称<br>3. 结构形式<br>4. 混凝土强度等级<br>5. 泄水孔材料种类、规格<br>6. 滤水层要求<br>7. 砂浆强度等级 | $m^3$ | 按设计图示尺寸以体积计算 | 1. 模板制作、安装、拆除<br>2. 混凝土拌合、运输、浇筑<br>3. 养护<br>4. 构件安装<br>5. 接头灌缝<br>6. 泄水孔制作、安装<br>7. 滤水层铺设<br>8. 砂浆制作<br>9. 运输 |

续表

| 项目编码 | 项目名称 | 项目特征 | 计量单位 | 工程量计算规则 | 工作内容 |
| --- | --- | --- | --- | --- | --- |
| 040304005 | 预制混凝土其他构件 | 1. 部位<br>2. 图集、图纸名称<br>3. 构件代号、名称<br>4. 混凝土强度等级<br>5. 砂浆强度等级 | $m^3$ | 按设计图示尺寸以体积计算 | 1. 模板制作、安装、拆除<br>2. 混凝土拌合、运输、浇筑<br>3. 养护<br>4. 构件安装<br>5. 接头灌浆<br>6. 砂浆制作<br>7. 运输 |

5. 砌筑（编码：040305）

砌筑工程量清单项目设置及工程量计算规则，见表 1-16。

砌筑（编码：040305）　　表 1-16

| 项目编码 | 项目名称 | 项目特征 | 计量单位 | 工程量计算规则 | 工作内容 |
| --- | --- | --- | --- | --- | --- |
| 040305001 | 垫层 | 1. 材料品种、规格<br>2. 厚度 | $m^3$ | 按设计图示尺寸以体积计算 | 垫层铺筑 |
| 040305002 | 干砌块料 | 1. 部位<br>2. 材料品种、规格<br>3. 泄水孔材料品种、规格<br>4. 滤水层要求<br>5. 沉降缝要求 | | | 1. 砌筑<br>2. 砌体勾缝<br>3. 砌体抹面<br>4. 泄水孔制作、安装<br>5. 滤层铺设<br>6. 沉降逢 |

续表

| 项目编码 | 项目名称 | 项目特征 | 计量单位 | 工程量计算规则 | 工作内容 |
| --- | --- | --- | --- | --- | --- |
| 040305003 | 浆砌块料 | 1. 部位<br>2. 材料品种、规格<br>3. 砂浆强度等级<br>4. 泄水孔材料品种、规格<br>5. 滤水层要求<br>6. 沉降缝要求 | $m^3$ | 按设计图示尺寸以体积计算 | 1. 砌筑<br>2. 砌体勾缝<br>3. 砌体抹面<br>4. 泄水孔制作、安装<br>5. 滤层铺设<br>6. 沉降逢 |
| 040305004 | 砖砌体 | | | | |

续表

| 项目编码 | 项目名称 | 项目特征 | 计量单位 | 工程量计算规则 | 工作内容 |
| --- | --- | --- | --- | --- | --- |
| 040305005 | 护坡 | 1. 材料品种<br>2. 结构形式<br>3. 厚度<br>4. 砂浆强度等级 | $m^2$ | 按设计图示尺寸以面积计算 | 1. 修整边坡<br>2. 砌筑<br>3. 砌体勾缝<br>4. 砌体抹面 |

6. 立交箱涵（编码：040306）

立交箱涵工程量清单项目设置及工程量计算规则，见表 1-17。

**立交箱涵（编码：040306）** **表 1-17**

| 项目编码 | 项目名称 | 项目特征 | 计量单位 | 工程量计算规则 | 工作内容 |
|---|---|---|---|---|---|
| 040306001 | 透水管 | 1. 材料品种、规格<br>2. 管道基础形式 | m | 按设计图示尺寸以长度计算 | 1. 基础铺筑<br>2. 管道铺设、安装 |
| 040306002 | 滑板 | 1. 混凝土强度等级<br>2. 石蜡层要求<br>3. 塑料薄膜品种、规格 | $m^3$ | 按设计图示尺寸以体积计算 | 1. 模板制作、安装、拆除<br>2. 混凝土拌合、运输、浇筑<br>3. 养护<br>4. 涂石蜡层<br>5. 铺塑料薄膜 |

续表

| 项目编码 | 项目名称 | 项目特征 | 计量单位 | 工程量计算规则 | 工作内容 |
| --- | --- | --- | --- | --- | --- |
| 040306003 | 箱涵底板 | 1. 混凝土强度等级<br>2. 混凝土抗渗要求<br>3. 防水层工艺要求 | $m^3$ | 按设计图示尺寸以体积计算 | 1. 模板制作、安装、拆除<br>2. 混凝土拌合、运输、浇筑<br>3. 养护<br>4. 防水层铺涂 |
| 040306004 | 箱涵侧墙 | | | | 1. 模板制作、安装、拆除<br>2. 混凝土拌合、运输、浇筑<br>3. 养护<br>4. 防水砂浆<br>5. 防水层铺涂 |
| 040306005 | 箱涵顶板 | | | | |

续表

| 项目编码 | 项目名称 | 项目特征 | 计量单位 | 工程量计算规则 | 工作内容 |
|---|---|---|---|---|---|
| 040306006 | 箱涵顶进 | 1. 断面<br>2. 长度<br>3. 弃土运距 | kt·m | 按设计图示尺寸以被顶箱涵的质量乘箱涵的位移距离分节累计计算 | 1. 顶进设备安拆<br>2. 气垫安装、拆除<br>3. 气垫使用<br>4. 钢刃角制作、安装、拆除<br>5. 挖土实顶<br>6. 土方场内外运输<br>7. 中继间安装、拆除 |
| 40306007 | 箱涵接缝 | 1. 材质<br>2. 工艺要求 | m | 按设计图示止水带长度计算 | 接缝 |

7. 钢结构（编码：040307）

钢结构工程量清单项目设置及工程量计算规则，见表1-18。

钢结构（编码：040307）　　表1-18

| 项目编码 | 项目名称 | 项目特征 | 计量单位 | 工程量计算规则 | 工作内容 |
|---|---|---|---|---|---|
| 040307001 | 钢箱梁 | 1. 材料品种、规格<br>2. 部位<br>3. 探伤要求<br>4. 防火要求<br>5. 补刷油漆品种、色彩、工艺要求 | t | 按设计图示尺寸以质量计算。不扣除孔眼的质量，焊条、铆钉、螺栓等不另增加质量 | 1. 拼装<br>2. 安装<br>3. 探伤<br>4. 涂刷防火涂料<br>5. 补刷油漆 |
| 040307002 | 钢板梁 | | | | |
| 040307003 | 钢桁梁 | | | | |
| 040307004 | 钢拱 | | | | |
| 040307005 | 劲性钢结构 | | | | |
| 040307006 | 钢结构叠合梁 | | | | |
| 040307007 | 其他钢构件 | | | | |

续表

| 项目编码 | 项目名称 | 项目特征 | 计量单位 | 工程量计算规则 | 工作内容 |
| --- | --- | --- | --- | --- | --- |
| 040307008 | 悬（斜拉）索 | 1. 材料品种、规格<br>2. 直径<br>3. 抗拉强度<br>4. 防护方式 | t | 按设计图示尺寸以质量计算 | 1. 拉索安装<br>2. 张拉、索力调整、锚固<br>3. 防护壳制作、安装 |
| 040307009 | 钢拉杆 | | | | 1. 连接、紧锁件安装<br>2. 钢拉杆安装<br>3. 钢拉杆防腐<br>4. 钢拉杆防护壳制作、安装 |

8. 装饰（编码：040308）

装饰工程量清单项目设置及工程量计算规则，见表1-19。

装饰（编码：040308） 表1-19

| 项目编码 | 项目名称 | 项目特征 | 计量单位 | 工程量计算规则 | 工作内容 |
| --- | --- | --- | --- | --- | --- |
| 040308001 | 水泥砂浆抹面 | 1. 砂浆配合比<br>2. 部位<br>3. 厚度 | $m^2$ | 按设计图示尺寸以面积计算 | 1. 基层处理<br>2. 砂浆抹面 |
| 040308002 | 剁斧石饰面 | 1. 材料<br>2. 部位<br>3. 形式<br>4. 厚度 | | | 1. 基层处理<br>2. 饰面 |

续表

| 项目编码 | 项目名称 | 项目特征 | 计量单位 | 工程量计算规则 | 工作内容 |
|---|---|---|---|---|---|
| 040308003 | 镶贴面层 | 1. 材质<br>2. 规格<br>3. 厚度<br>4. 部位 | m² | 按设计图示尺寸以面积计算 | 1. 基层清理<br>2. 镶贴面层<br>3. 勾缝 |
| 040308004 | 涂料 | 1. 材料品种<br>2. 部位 | | | 1. 基层清理<br>2. 涂料涂刷 |
| 040308005 | 油漆 | 1. 材料品种<br>2. 部位<br>3. 工艺要求 | | | 1. 除锈<br>2. 刷油漆 |

9. 其他（编码：040309）

其他工程量清单项目设置及工程量计算规则，见表1-20。

**其他**（编码：040309） **表1-20**

| 项目编码 | 项目名称 | 项目特征 | 计量单位 | 工程量计算规则 | 工作内容 |
|---|---|---|---|---|---|
| 040309001 | 金属栏杆 | 1. 栏杆材质、规格<br>2. 油漆品种、工艺要求 | 1. t<br>2. m | 1. 按设计图示尺寸以质量计算<br>2. 按设计图示尺寸以延长米计算 | 1. 制作、运输、安装<br>2. 除锈、刷油漆 |
| 040309002 | 石质栏杆 | 材料品种、规格 | m | 按设计图示尺寸以长度计算 | 制作、运输、安装 |

续表

| 项目编码 | 项目名称 | 项目特征 | 计量单位 | 工程量计算规则 | 工作内容 |
|---|---|---|---|---|---|
| 040309003 | 混凝土栏杆 | 1. 混凝土强度等级<br>2. 规格尺寸 | m | 按设计图示尺寸以长度计算 | 制作、运输、安装 |
| 040309004 | 橡胶支座 | 1. 材质<br>2. 规格、型号<br>3. 形式 | 个 | 按设计图示数量计算 | 支座安装 |
| 040309005 | 钢支座 | 1. 规格、型号<br>2. 形式 | | | |
| 040309006 | 盆式支座 | 1. 材质<br>2. 承载力 | | | |

续表

| 项目编码 | 项目名称 | 项目特征 | 计量单位 | 工程量计算规则 | 工作内容 |
| --- | --- | --- | --- | --- | --- |
| 040309007 | 桥梁伸缩装置 | 1. 材料品种<br>2. 规格、型号<br>3. 混凝土种类<br>4. 混凝土强度等级 | m | 以米计量，按设计图示尺寸以延长米计算 | 1. 制作、安装<br>2. 混凝土拌合、运输、浇筑 |
| 040309008 | 隔声屏障 | 1. 材料品种<br>2. 结构形式<br>3. 油漆品种、工艺要求 | $m^2$ | 按设计图示尺寸以面积计算 | 1. 制作、安装<br>2. 除锈、刷油漆 |

续表

| 项目编码 | 项目名称 | 项目特征 | 计量单位 | 工程量计算规则 | 工作内容 |
| --- | --- | --- | --- | --- | --- |
| 040309009 | 桥面排（泄）水管 | 1. 材料品种<br>2. 管径 | m | 按设计图示以长度计算 | 进水口、排（泄）水管制作、安装 |
| 040309010 | 防水层 | 1. 部位<br>2. 材料品种、规格<br>3. 工艺要求 | $m^2$ | 按设计图示尺寸以面积计算 | 防水层铺涂 |

# 第四节　隧道工程工程量计算

## 一、清单工程量计算说明

隧道工程清单工程量计算说明，见表 1-21。

隧道工程清单工程量计算说明　　表 1-21

| 序号 | 项　　目 | 内　　容 |
|---|---|---|
| 1 | 清单项目的划分 | 隧道工程分为隧道岩石开挖、岩石隧道衬砌、盾构掘进、管节顶升、旁通道、隧道沉井、混凝土结构、沉管隧道等项目 |

续表

| 序号 | 项目 | 内容 |
| --- | --- | --- |
| 2 | 适用范围 | 市政隧道一般用于越江、地铁、水工方面工程，见图1-4和图1-5。<br>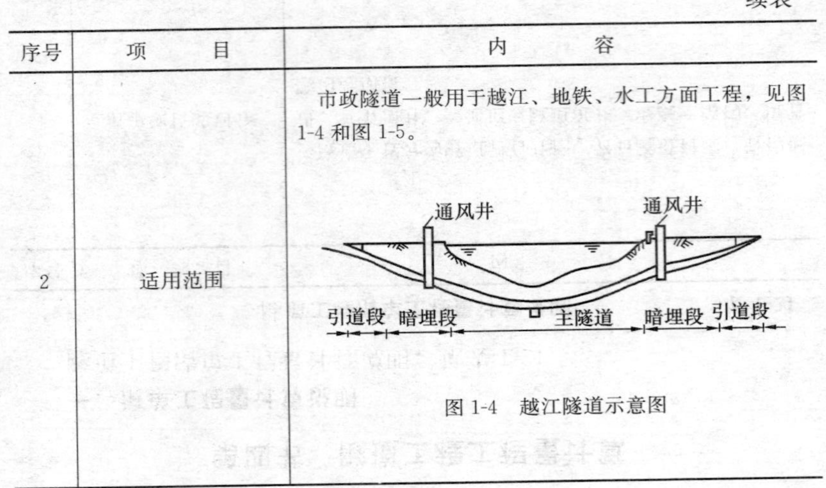<br><br>图1-4　越江隧道示意图 |

续表

| 序号 | 项目 | 内容 |
| --- | --- | --- |
| 2 | 适用范围 | 图 1-5 地下铁道示意图 |
| 3 | 有关问题说明 | (1) 岩石隧道开挖分为平洞、斜洞、竖井和地沟开挖。平洞指隧道轴线与水平线之间的夹角在 5°以内的；斜洞指隧道轴线与水平线之间的夹角在 5°～30°；竖井指隧道轴线与水平线垂直的；地沟指隧道内地沟的开挖部分。隧道开挖的工程内容包括：开挖、临时支护、施 |

续表

| 序号 | 项目 | 内容 |
| --- | --- | --- |
| 3 | 有关问题说明 | 工排水、弃碴的洞内运输外运弃置等全部内容。清单工程量按设计图示尺寸以体积计算，超挖部分由投标者自行考虑在组价内。是采用光面爆破还是一般爆破，除招标文件另有规定外，均由投标者自行决定。<br>（2）岩石隧道衬砌包括混凝土衬砌和块料衬砌，按拱部、边墙、竖井、沟道分别列项。清单工程量按设计图示尺寸计算，如设计要求超挖回填部分要以与衬砌同质混凝土来回填的，则这部分回填量由投标者在组价中考虑。如超挖回填设计用浆砌块石和干砌块石回填的，则按设计要求另列清单项目，其清单工程量按设计的回填量以体积计算。 |

续表

| 序号 | 项目 | 内容 |
| --- | --- | --- |
| 3 | 有关问题说明 | （3）隧道沉井的井壁清单工程量按设计尺寸以体积计算。工程内容包括制作沉井的砂垫层、刃脚混凝土垫层、刃脚混凝土浇筑、井壁混凝土浇筑、框架混凝土浇筑、养护等全部内容 |

## 二、清单项目设置及工程量计算规则

1. 隧道岩石开挖（编码：0040401）

隧道岩石开挖工程量清单项目设置及工程量计算规则，见表1-22。

隧道岩石开挖（编码：0040401）

表 1-22

| 项目编码 | 项目名称 | 项目特征 | 计量单位 | 工程量计算规则 | 工作内容 |
| --- | --- | --- | --- | --- | --- |
| 0040401001 | 平洞开挖 | 1. 岩石类别<br>2. 开挖断面<br>3. 爆破要求<br>4. 弃碴运距 | $m^3$ | 按设计图示结构断面尺寸乘长度以体积计算 | 1. 爆破或机械开挖<br>2. 施工面排水<br>3. 出碴<br>4. 弃碴场内堆放、运输<br>5. 弃碴外运 |
| 0040401002 | 斜井开挖 | | | | |
| 0040401003 | 竖井开挖 | | | | |
| 0040401004 | 地沟开挖 | 1. 断面尺寸<br>2. 岩石类别<br>3. 爆破要求<br>4. 弃碴运距 | | | |
| 0040401005 | 小导管 | 1. 类型<br>2. 材料品种<br>3. 管径、长度 | m | 按设计图示尺寸以长度计算 | 1. 制作<br>2. 布眼<br>3. 钻孔<br>4. 安装 |
| 0040401006 | 管棚 | | | | |
| 0040401007 | 注浆 | 1. 浆液种类<br>2. 配合比 | $m^3$ | 按设计注浆量以体积计算 | 1. 浆液制作<br>2. 钻孔注浆<br>3. 堵孔 |

2. 岩石隧道衬砌（编码：040402）

岩石隧道衬砌工程量清单项目设置及工程量计算规则，见表1-23。

岩石隧道衬砌（编码：040402）　　表1-23

| 项目编码 | 项目名称 | 项目特征 | 计量单位 | 工程量计算规则 | 工作内容 |
| --- | --- | --- | --- | --- | --- |
| 040402001 | 混凝土仰拱衬砌 | 1. 拱跨径<br>2. 部位<br>3. 厚度<br>4. 混凝土强度等级 | m$^3$ | 按设计图示尺寸以体积计算 | 1. 模板制作、安装、拆除<br>2. 混凝土拌合、运输、浇筑<br>3. 养护 |
| 040402002 | 混凝土顶拱衬砌 | | | | |
| 040402003 | 混凝土边墙衬砌 | 1. 部位<br>2. 厚度<br>3. 混凝土强度等级 | | | |

续表

| 项目编码 | 项目名称 | 项目特征 | 计量单位 | 工程量计算规则 | 工作内容 |
| --- | --- | --- | --- | --- | --- |
| 040402004 | 混凝土竖井衬砌 | 1. 厚度<br>2. 混凝土强度等级 | $m^3$ | 按设计图示尺寸以体积计算 | 1. 模板制作、安装、拆除<br>2. 混凝土拌合、运输、浇筑<br>3. 养护 |
| 040402005 | 混凝土沟道 | 1. 断面尺寸<br>2. 混凝土强度等级 | | | |
| 040402006 | 拱部喷射混凝土 | 1. 结构形式<br>2. 厚度<br>3. 混凝土强度等级<br>4. 掺加材料品种、用量 | $m^2$ | 按设计图示尺寸以面积计算 | 1. 清洗基层<br>2. 混凝土拌合、运输、浇筑、喷射<br>3. 收回弹料<br>4. 喷射施工平台搭设、拆除 |
| 040402007 | 边墙喷射混凝土 | | | | |

续表

| 项目编码 | 项目名称 | 项目特征 | 计量单位 | 工程量计算规则 | 工作内容 |
| --- | --- | --- | --- | --- | --- |
| 040402008 | 拱圈砌筑 | 1. 断面尺寸<br>2. 材料品种、规格<br>3. 砂浆强度等级 | $m^3$ | 按设计图示尺寸以体积计算 | 1. 砌筑<br>2. 勾缝<br>3. 抹灰 |
| 040402009 | 边墙砌筑 | 1. 厚度<br>2. 材料品种、规格<br>3. 砂浆强度等级 | | | |
| 040402010 | 砌筑沟道 | 1. 断面尺寸<br>2. 材料品种、规格<br>3. 砂浆强度等级 | | | |
| 040402011 | 洞门砌筑 | 1. 形状<br>2. 材料品种、规格<br>3. 砂浆强度等级 | | | |

续表

| 项目编码 | 项目名称 | 项目特征 | 计量单位 | 工程量计算规则 | 工作内容 |
| --- | --- | --- | --- | --- | --- |
| 040402012 | 锚杆 | 1. 直径<br>2. 长度<br>3. 锚杆类型<br>4. 砂浆强度等级 | t | 按设计图示尺寸以质量计算 | 1. 钻孔<br>2. 锚杆制作安装<br>3. 压浆 |
| 040402013 | 充填压浆 | 1. 部位<br>2. 浆液成分强度 | $m^3$ | 按设计图示尺寸以体积计算 | 1. 打孔、安装<br>2. 压浆 |
| 040402014 | 仰拱填充 | 1. 填充材料<br>2. 规格<br>3. 强度等级 | | 按设计图示回填尺寸以体积计算 | 1. 配料<br>2. 填充 |

续表

| 项目编码 | 项目名称 | 项目特征 | 计量单位 | 工程量计算规则 | 工作内容 |
|---|---|---|---|---|---|
| 040402015 | 透水管 | 1. 材质<br>2. 规格 | m | 按设计图尺寸以长度计算 | 安装 |
| 040402016 | 沟道盖板 | 1. 材料<br>2. 规格尺寸<br>3. 强度等级 | | | 制作、安装 |
| 040402017 | 变形缝 | 1. 类别<br>2. 材料品种、规格<br>3. 工艺要求 | | | |
| 040402018 | 施工缝 | | | | |
| 040402019 | 柔性防水层 | 材料品种、规格 | $m^2$ | 按设计图尺寸以面积计算 | 铺设 |

3. 盾构掘进（编码：040403）

盾构掘进工程量清单项目设置及工程量计算规则，见表1-24。

表 1-24

**盾构掘进（编码：040403）**

| 项目编码 | 项目名称 | 项目特征 | 计量单位 | 工程量计算规则 | 工作内容 |
|---|---|---|---|---|---|
| 040403001 | 盾构吊装及吊拆 | 1. 直径<br>2. 规格型号<br>3. 始发方式 | 台·次 | 按设计图示数量计算 | 1. 盾构机安装拆除<br>2. 车架安装拆除<br>3. 管线连接、调试、拆除 |
| 040403002 | 盾构掘进 | 1. 直径<br>2. 规格<br>3. 形式<br>4. 掘进施工段类别<br>5. 密封舱材料品种<br>6. 弃土（浆）运距 | m | 按设计图示掘进长度计算 | 1. 掘进<br>2. 管片拼装<br>3. 密封舱添加材料<br>4. 负环管片拆除<br>5. 隧道内管线路铺设、拆除<br>6. 泥浆制作<br>7. 泥浆处理<br>8. 土方、废浆外运 |

续表

| 项目编码 | 项目名称 | 项目特征 | 计量单位 | 工程量计算规则 | 工作内容 |
| --- | --- | --- | --- | --- | --- |
| 040403003 | 衬砌壁后压浆 | 1. 浆液品种<br>2. 配合比 | $m^3$ | 按管片外径和盾构壳体外径所形成的充填体积计算 | 1. 制浆<br>2. 送浆<br>3. 压浆<br>4. 封堵<br>5. 清洗<br>6. 运输 |
| 040403004 | 预制钢筋混凝土管片 | 1. 直径<br>2. 厚度<br>3. 宽度<br>4. 混凝土强度等级 | $m^3$ | 按设计图示尺寸以体积计算 | 1. 运输<br>2. 试拼装<br>3. 安装 |
| 040403005 | 管片设置密封条 | 1. 管片直径、宽度、厚度<br>2. 密封条材料<br>3. 密封条规格 | 环 | 按设计图示数量计算 | 密封条安装 |

续表

| 项目编码 | 项目名称 | 项目特征 | 计量单位 | 工程量计算规则 | 工作内容 |
|---|---|---|---|---|---|
| 040403006 | 隧道洞口柔性接缝环 | 1. 材料<br>2. 规格<br>3. 部位<br>4. 强度等级 | m | 按设计图示以隧道管片外径周长计算 | 1. 制作、安装临时防水环板<br>2. 制作、安装、拆除临时止水缝<br>3. 拆除临时钢环片<br>4. 拆除洞口环管片<br>5. 安装刚环板<br>6. 柔性接缝环<br>7. 洞口钢筋混凝土环圈 |
| 040403007 | 管片嵌缝 | 1. 直径<br>2. 材料<br>3. 规格 | 环 | 按设计图示数量计算 | 1. 管片嵌缝槽表面处理、配料嵌缝<br>2. 管片手孔封堵 |

续表

| 项目编码 | 项目名称 | 项目特征 | 计量单位 | 工程量计算规则 | 工作内容 |
| --- | --- | --- | --- | --- | --- |
| 040403008 | 盾构机调头 | 1. 直径<br>2. 规格型号<br>3. 始发方式 | 台·次 | 按设计图示数量计算 | 1. 钢板、基座铺设<br>2. 盾构拆卸<br>3. 盾构调头、平行移运定位<br>4. 盾构拼装<br>5. 连接管线、调试 |
| 040403009 | 盾构机转场运输 | 1. 直径<br>2. 规格型号<br>3. 始发方式 | 台·次 | 按设计图示数量计算 | 1. 盾构机安装、拆除<br>2. 车架安装拆除<br>3. 盾构机、车架转场运输 |

续表

| 项目编码 | 项目名称 | 项目特征 | 计量单位 | 工程量计算规则 | 工作内容 |
|---|---|---|---|---|---|
| 040403010 | 盾构基座 | 1. 材料<br>2. 规格<br>3. 部位 | t | 按设计图尺寸以质量计算 | 1. 制作<br>2. 安装<br>3. 拆除 |

4. 管节顶升、旁通道（编码：040404）

管节顶升、旁通道工程量清单项目设置及工程量计算规则，见表1-25。

管节顶升、旁通道（编码：040404）　表 1-25

| 项目编码 | 项目名称 | 项目特征 | 计量单位 | 工程量计算规则 | 工作内容 |
| --- | --- | --- | --- | --- | --- |
| 040404001 | 钢筋混凝土顶升管节 | 1. 材质<br>2. 混凝土强度等级 | $m^3$ | 按设计图示尺寸以体积计算 | 1. 钢模板制作<br>2. 混凝土拌合、运输、浇筑<br>3. 养护<br>4. 管节试拼装<br>5. 管节场内外运输 |
| 040404002 | 垂直顶升设备安装、拆除 | 规格、型号 | 套 | 按设计图示以数量计算 | 1. 基座制作和拆除<br>2. 车架、设备吊装就位<br>3. 拆除、堆放 |

续表

| 项目编码 | 项目名称 | 项目特征 | 计量单位 | 工程量计算规则 | 工作内容 |
|---|---|---|---|---|---|
| 040404003 | 管节垂直顶升 | 1. 断面<br>2. 强度<br>3. 材质 | m | 按设计图示以顶升长度计算 | 1. 管节吊运<br>2. 首节顶升<br>3. 中间节顶升<br>4. 尾节顶升 |
| 040404004 | 安装止水框、连系梁 | 材质 | t | 按设计图示尺寸以质量计算 | 制作、安装 |

续表

| 项目编码 | 项目名称 | 项目特征 | 计量单位 | 工程量计算规则 | 工作内容 |
|---|---|---|---|---|---|
| 040404005 | 阴极保护装置 | 1. 型号<br>2. 规格 | 组 | 按设计图示数量计算 | 1. 恒电位仪安装<br>2. 阳极安装<br>3. 阴极安装<br>4. 参变电极安装<br>5. 电缆敷设<br>6. 接线盒安装 |
| 040404006 | 安装取、排水头 | 1. 部位<br>2. 尺寸 | 个 | | 1. 顶升口揭顶盖<br>2. 取排水头部安装 |

续表

| 项目编码 | 项目名称 | 项目特征 | 计量单位 | 工程量计算规则 | 工作内容 |
| --- | --- | --- | --- | --- | --- |
| 040404007 | 隧道内旁通道开挖 | 1. 土壤类别<br>2. 土体加固方式 | $m^3$ | 按设计图示尺寸以体积计算 | 1. 土体加固<br>2. 支护<br>3. 土方暗挖<br>4. 土方运输 |
| 040404008 | 旁通道结构混凝土 | 1. 断面<br>2. 混凝土强度等级 | | | 1. 模板制作、安装<br>2. 混凝土拌合、运输、浇筑<br>3. 洞门接口防水 |

续表

| 项目编码 | 项目名称 | 项目特征 | 计量单位 | 工程量计算规则 | 工作内容 |
|---|---|---|---|---|---|
| 040404009 | 隧道内集水井 | 1. 部位<br>2. 材料<br>3. 形式 | 座 | 按设计图示数量计算 | 1. 拆除管片建集水井<br>2. 不拆管片建集水井 |
| 040404010 | 防爆门 | 1. 形式<br>2. 断面 | 扇 | | 1. 防爆门制作<br>2. 防爆门安装 |

续表

| 项目编码 | 项目名称 | 项目特征 | 计量单位 | 工程量计算规则 | 工作内容 |
| --- | --- | --- | --- | --- | --- |
| 040404011 | 钢筋混凝土复合管片 | 1. 图集图纸名称<br>2. 构件代号、名称<br>3. 材质<br>4. 混凝土强度等级 | $m^3$ | 按设计图示尺寸以体积计算 | 1. 构件制作<br>2. 试拼装<br>3. 运输、安装 |
| 040404012 | 钢管片 | 1. 材质<br>2. 探伤要求 | t | 按设计图示以质量计算 | 1. 钢管片制作<br>2. 试拼装<br>3. 探伤<br>4. 运输、安装 |

5. 隧道沉井（编码：040405）

隧道沉井工程量清单项目设置及工程量计算规则，见表 1-26。

隧道沉井（编码：040405） **表 1-26**

| 项目编码 | 项目名称 | 项目特征 | 计量单位 | 工程量计算规则 | 工作内容 |
|---|---|---|---|---|---|
| 040405001 | 沉井井壁混凝土 | 1. 形状<br>2. 规格<br>3. 混凝土强度等级 | $m^3$ | 按设计尺寸以外围井筒混凝土体积计算 | 1. 模板制作、安装、拆除<br>2. 刃脚、框架、井壁混凝土浇筑<br>3. 养护 |
| 040405002 | 沉井下沉 | 1. 下沉深度<br>2. 弃土运距 | $m^3$ | 按设计图示井壁外围面积乘下沉深度以体积计算 | 1. 垫层凿除<br>2. 排水挖土下沉<br>3. 不排水下沉<br>4. 触变泥浆制作、输运<br>5. 弃土外运 |

续表

| 项目编码 | 项目名称 | 项目特征 | 计量单位 | 工程量计算规则 | 工作内容 |
|---|---|---|---|---|---|
| 040405003 | 沉井混凝土封底 | 混凝土强度等级 | $m^3$ | 按设计图示尺寸以体积计算 | 1. 混凝土干封底<br>2. 混凝土水下封底 |
| 040405004 | 沉井混凝土底板 | 混凝土强度等级 | | | 1. 模板制作、安装、拆除<br>2. 混凝土拌合、运输、浇筑<br>3. 养护 |
| 040405005 | 沉井填心 | 材料品种 | | | 1. 排水沉井填心<br>2. 不排水沉井填心 |

续表

| 项目编码 | 项目名称 | 项目特征 | 计量单位 | 工程量计算规则 | 工作内容 |
|---|---|---|---|---|---|
| 040405006 | 沉井混凝土隔墙 | 混凝土强度等级 | $m^3$ | 按设计图示尺寸以体积计算 | 1. 模板制作、安装、拆除<br>2. 混凝土拌合、运输、浇筑<br>3. 养护 |
| 040405007 | 钢封门 | 1. 材质<br>2. 尺寸 | t | 按设计图尺寸以质量计算 | 1. 钢封门安装<br>2. 钢封门拆除 |

6. 混凝土结构（编码：040406）

混凝土结构工程量清单项目设置及工程量计算规则，见表1-27。

**混凝土结构（编码：040406）** **表 1-27**

| 项目编码 | 项目名称 | 项目特征 | 计量单位 | 工程量计算规则 | 工作内容 |
|---|---|---|---|---|---|
| 040406001 | 混凝土地梁 | 1. 类别、部位<br>2. 混凝土强度等级 | $m^3$ | 按设计图示尺寸以体积计算 | 1. 模板制作、安装、拆除<br>2. 混凝土拌合、运输、浇筑<br>3. 养护 |
| 040406002 | 混凝土底板 | | | | |
| 040406003 | 混凝土柱 | | | | |
| 040406004 | 混凝土墙 | | | | |
| 040406005 | 混凝土梁 | | | | |
| 040406006 | 混凝土平台、顶板 | | | | |

续表

| 项目编码 | 项目名称 | 项目特征 | 计量单位 | 工程量计算规则 | 工作内容 |
| --- | --- | --- | --- | --- | --- |
| 040406007 | 圆隧道内架空路面 | 1. 厚度<br>2. 混凝土强度等级 | $m^3$ | 按设计图示尺寸以体积计算 | 1. 模板制作、安装、拆除<br>2. 混凝土拌合、运输、浇筑<br>3. 养护 |
| 040406008 | 隧道内其他结构混凝土 | 1. 部位、名称<br>2. 混凝土强度等级 | | | |

7. 沉管隧道（编码：040407）

沉管隧道工程量清单项目设置及工程量计算规则，见表1-28。

沉管隧道（编码：040407） 表 1-28

| 项目编码 | 项目名称 | 项目特征 | 计量单位 | 工程量计算规则 | 工作内容 |
|---|---|---|---|---|---|
| 040407001 | 预制沉管底垫层 | 1. 材料品种、规格<br>2. 厚度 | $m^3$ | 按设计图示沉管底面积乘以厚度以体积计算 | 1. 场地平整<br>2. 垫层铺设 |
| 040407002 | 预制沉管钢底板 | 1. 材质<br>2. 厚度 | t | 按设计图示尺寸以质量计算 | 钢底板制作、铺设 |
| 040407003 | 预制沉管混凝土底板 | 混凝土强度等级 | $m^3$ | 按设计图示尺寸以体积计算 | 1. 模板制作、安装、拆除<br>2. 混凝土拌合、运输、浇筑<br>3. 养护<br>4. 底板预埋注浆管 |

续表

| 项目编码 | 项目名称 | 项目特征 | 计量单位 | 工程量计算规则 | 工作内容 |
| --- | --- | --- | --- | --- | --- |
| 040407004 | 预制沉管混凝土侧墙 | 混凝土强度等级 | $m^3$ | 按设计图示尺寸以体积计算 | 1. 模板制作、安装、拆除<br>2. 混凝土拌合、运输、浇筑<br>3. 养护 |
| 040407005 | 预制沉管混凝土顶板 | | | | |
| 040407006 | 沉管外壁防锚层 | 1. 材料品种<br>2. 规格 | $m^2$ | 按设计图示尺寸以面积计算 | 铺设沉管外层防锚层 |

续表

| 项目编码 | 项目名称 | 项目特征 | 计量单位 | 工程量计算规则 | 工作内容 |
| --- | --- | --- | --- | --- | --- |
| 040407007 | 鼻托垂直剪力键 | 材质 | t | 按设计图示尺寸以质量计算 | 1. 钢剪力键制作<br>2. 剪力键安装 |
| 040407008 | 端头钢壳 | 1. 材质、规格<br>2. 强度 | | | 1. 端头钢壳制作<br>2. 端头钢壳安装<br>3. 混凝土浇筑 |
| 040407009 | 端头钢封门 | 1. 材质<br>2. 尺寸 | | | 1. 端头钢封门制作<br>2. 端头钢封门安装<br>3. 端头钢封门拆除 |

续表

| 项目编码 | 项目名称 | 项目特征 | 计量单位 | 工程量计算规则 | 工作内容 |
| --- | --- | --- | --- | --- | --- |
| 040407010 | 沉管管段浮运临时供电系统 | 规格 | 套 | 按设计图示管段数量计算 | 1. 发电机安装、拆除<br>2. 配电箱安装、拆除<br>3. 电缆安装、拆除<br>4. 灯具安装拆除 |
| 040407011 | 沉管管段浮运临时供排水系统 | | | | 1. 泵阀安装、拆除<br>2. 管路安装、拆除 |
| 040407012 | 沉管管段浮运临时通风系统 | | | | 1. 进排风机安装、拆除<br>2. 风管路安装、拆除 |

续表

| 项目编码 | 项目名称 | 项目特征 | 计量单位 | 工程量计算规则 | 工作内容 |
| --- | --- | --- | --- | --- | --- |
| 040407013 | 航道疏浚 | 1. 河床土质<br>2. 工况等级<br>3. 疏浚深度 | $m^3$ | 按河床原断面与管段浮运时设计断面之差以体积计算 | 1. 挖泥船开收工<br>2. 航道疏浚挖泥<br>3. 土方驳运、卸泥 |
| 040407014 | 沉管河床基槽开挖 | 1. 河床土质<br>2. 工况等级<br>3. 挖土深度 | | 按河床原断面与槽设计断面之差以体积计算 | 1. 挖泥船开收工<br>2. 沉管基槽挖泥<br>3. 沉管基槽清淤<br>4. 土方驳运、卸泥 |

续表

| 项目编码 | 项目名称 | 项目特征 | 计量单位 | 工程量计算规则 | 工作内容 |
| --- | --- | --- | --- | --- | --- |
| 040407015 | 钢筋混凝土块沉石 | 1. 工况等级<br>2. 沉石深度 | $m^3$ | 按设计图示尺寸以体积计算 | 1. 预制钢筋混凝土块<br>2. 装船、驳运、定位沉石<br>3. 水下铺平石块 |
| 040407016 | 基槽抛铺碎石 | 1. 工况等级<br>2. 石料厚度<br>3. 沉石深度 | | | 1. 石料装运<br>2. 定位抛石、水下铺平石块 |

续表

| 项目编码 | 项目名称 | 项目特征 | 计量单位 | 工程量计算规则 | 工作内容 |
| --- | --- | --- | --- | --- | --- |
| 040407017 | 沉管管节浮运 | 1. 单节管段重量<br>2. 管段下沉深度 | kt·m | 按设计图示尺寸和要求以沉管管节质量和浮运距离的复合单位计算 | 1. 干坞放水<br>2. 管段起浮定位<br>3. 管段浮运<br>4. 加载水箱制作、安装、拆除<br>5. 系缆柱制作、安装、拆除 |
| 040407018 | 管段沉放连接 | 1. 单节管段重量<br>2. 管段下沉深度 | 节 | 按设计图示数量计算 | 1. 管段定位<br>2. 管段压水下沉<br>3. 管段端面对接<br>4. 管节拉合 |

续表

| 项目编码 | 项目名称 | 项目特征 | 计量单位 | 工程量计算规则 | 工作内容 |
| --- | --- | --- | --- | --- | --- |
| 040407019 | 砂肋软体排覆盖 | 1. 材料品种<br>2. 规格 | $m^2$ | 按设计图示尺寸以沉管顶面积加侧面外表面积计算 | 水下覆盖软体排 |
| 040407020 | 沉管水下压石 | | $m^3$ | 按设计图示尺寸以顶、侧压石的体积计算 | 1. 装石船开收工<br>2. 定位抛石、卸石<br>3. 水下铺石 |

续表

| 项目编码 | 项目名称 | 项目特征 | 计量单位 | 工程量计算规则 | 工作内容 |
| --- | --- | --- | --- | --- | --- |
| 040407021 | 沉管接缝处理 | 1. 接缝连接形式<br>2. 接缝长度 | 条 | 按设计图示数量计算 | 1. 接缝拉合<br>2. 安装止水带<br>3. 安装止水钢板<br>4. 混凝土拌合、运输、浇筑 |
| 400407022 | 沉管底部压浆固封充填 | 1. 压浆材料<br>2. 压浆要求 | $m^3$ | 按设计图示尺寸以体积计算 | 1. 制浆<br>2. 管底压浆<br>3. 封孔 |

## 第五节　管网工程工程量计算

### 一、清单工程量计算说明

网管工程清单工程量计算说明，见表 1-29。

网管工程清单工程量计算说明　　表 1-29

| 序号 | 项目 | 内　容 |
| --- | --- | --- |
| 1 | 清单项目的划分 | 管网工程分为管道铺设，管件、阀门及附件安装，支架制作及安装，管道附属构筑物等项目 |
| 2 | 适用范围的说明 | （1）管道铺设项目设置中没有明确区分是排水、给水、燃气还是供热管道，它适用于市政管网管道工程。在列工程量清单时可冠以排水、给水、燃气、供热的专业名称以示区别。<br>（2）管道铺设中的管件、钢支架制作安装及新旧管连接，应分别列清单项目。<br>（3）管道法兰连接应单独列清单项目，内容包括法兰片的焊接和法兰的连接；法兰管件安装的清单项目包括法兰片的焊接和法兰管体的安装。<br>（4）管道铺设除管沟挖填方外，包括从垫层起至基础，管道防腐、铺设、保温、检验试验、冲洗消毒或吹扫等全部内容。 |

续表

| 序号 | 项目 | 内容 |
| --- | --- | --- |
| 2 | 适用范围的说明 | (5) 设备基础的清单项目包括了地脚螺栓灌浆和设备底座与基础面之间的灌浆，即包括了一次灌浆和二次灌浆的内容。<br>(6) 顶管的清单项目，除工作井的制作和工作井的挖、填方包括外，包括了其他所有顶管过程的全部内容。<br>(7) 设备安装只列了市政管网的专用设备安装，内容包括了设备无负荷试运转在内。标准、定型设备部分应按《通用安装工程工程量计算规范》GB 50856—2013 相关项目编列清单 |
| 3 | 工程量计算规则的说明 | 清单工程量与定额工程量计算规则基本一致，只是排水管道与定额有区别。定额工程量计算时要扣除井内壁间的长度，而管道铺设的清单工程量计算规则是不扣除井内壁间的距离，也不扣除管体、阀门所占的长度 |

## 二、清单项目设置及工程量计算规则

### 1. 管道铺设（编码：040501）

管道铺设工程量清单项目设置、项目特征描述的内容、计量单位及工程量计算规则，见表 1-30。

**管道铺设**（编码：040501）　　**表 1-30**

| 项目编码 | 项目名称 | 项目特征 | 计量单位 | 工程量计算规则 | 工作内容 |
|---|---|---|---|---|---|
| 040501001 | 混凝土管 | 1. 垫层、基础材质及厚度<br>2. 管座材质<br>3. 规格<br>4. 接口方式<br>5. 铺设深度<br>6. 混凝土强度等级<br>7. 管道检验及试验要求 | m | 按设计图示中心线长度以延长米计算。不扣除附属构筑物、管件及阀门等所占长度 | 1. 垫层、基础铺筑及养护<br>2. 模板制作、安装、拆除<br>3. 混凝土拌合、运输、浇筑、养护<br>4. 预制管枕安装<br>5. 管道铺设<br>6. 管道接口<br>7. 管道检验及试验 |

续表

| 项目编码 | 项目名称 | 项目特征 | 计量单位 | 工程量计算规则 | 工作内容 |
| --- | --- | --- | --- | --- | --- |
| 040501002 | 钢管 | 1. 垫层、基础材质及厚度<br>2. 材质及规格<br>3. 接口方式<br>4. 铺设深度<br>5. 管道检验及试验要求<br>6. 集中防腐运距 | m | 按设计图示中心线长度以延长米计算。不扣除附属构筑物、管件及阀门等所占长度 | 1. 垫层、基础铺筑及养护<br>2. 模板制作、安装、拆除<br>3. 混凝土拌合、运输、浇筑、养护<br>4. 管道铺设<br>5. 管道检验及试验<br>6. 集中防腐运输 |
| 040501003 | 铸铁管 | | | | |

续表

| 项目编码 | 项目名称 | 项目特征 | 计量单位 | 工程量计算规则 | 工作内容 |
|---|---|---|---|---|---|
| 040501004 | 塑料管 | 1. 垫层、基础材质及厚度<br>2. 材质及规格<br>3. 连接形式<br>4. 铺设深度<br>5. 管道检验及试验要求 | m | 按设计图示中心线长度以延长米计算。不扣除附属构筑物、管件及阀门等所占长度 | 1. 垫层、基础铺筑及养护<br>2. 模板制作、安装、拆除<br>3. 混凝土拌合、运输、浇筑、养护<br>4. 管道铺设<br>5. 管道检验及试验 |
| 040501005 | 直埋式预制保温管 | 1. 垫层材质及厚度<br>2. 材质及规格<br>3. 接口方式<br>4. 铺设深度<br>5. 管道检验及试验要求 | | | 1. 垫层铺筑及养护<br>2. 管道铺设<br>3. 接口处保温<br>4. 管道检验及试验 |

续表

| 项目编码 | 项目名称 | 项目特征 | 计量单位 | 工程量计算规则 | 工作内容 |
| --- | --- | --- | --- | --- | --- |
| 040501006 | 管道架空跨越 | 1. 管道架设高度<br>2. 管道材质及规格<br>3. 接口方式<br>4. 管道检验及试验要求<br>5. 集中防腐运距 | m | 按设计图示中心线长度以延长米计算。不扣除管件及阀门等所占长度 | 1. 管道架设<br>2. 管道检验及试验<br>3. 集中防腐运输 |

续表

| 项目编码 | 项目名称 | 项目特征 | 计量单位 | 工程量计算规则 | 工作内容 |
| --- | --- | --- | --- | --- | --- |
| 040501007 | 隧道（沟、管）内管道 | 1. 基础材质及厚度<br>2. 混凝土强度等级<br>3. 材质及规格<br>4. 接口方式<br>5. 管道检验及试验要求<br>6. 集中防腐运距 | m | 按设计图示中心线长度以延长米计算。不扣除附属构筑物、管件及阀门等所占长度 | 1. 基础铺筑、养护<br>2. 模板制作、安装、拆除<br>3. 混凝土拌合、运输、浇筑、养护<br>4. 管道铺设<br>5. 管道检测及试验<br>6. 集中防腐运输 |

续表

| 项目编码 | 项目名称 | 项目特征 | 计量单位 | 工程量计算规则 | 工作内容 |
|---|---|---|---|---|---|
| 040501008 | 水平导向转进 | 1. 土壤类别<br>2. 材质及规格<br>3. 一次成孔长度<br>4. 接口方式<br>5. 泥浆要求<br>6. 管道检验及试验要求<br>7. 集中防腐运距 | m | 按设计图示长度以延长米计算。扣除附属构筑物（检查井）所占长度 | 1. 设备安装、拆除<br>2. 定位、成孔<br>3. 管道接口<br>4. 拉管<br>5. 纠偏、监测<br>6. 泥浆制作、注浆<br>7. 管道检测及试验<br>8. 集中防腐运输<br>9. 泥浆、土方外运 |

续表

| 项目编码 | 项目名称 | 项目特征 | 计量单位 | 工程量计算规则 | 工作内容 |
| --- | --- | --- | --- | --- | --- |
| 040501009 | 夯管 | 1. 土壤类别<br>2. 材质及规格<br>3. 一次夯管长度<br>4. 接口方式<br>5. 管道检验及试验要求<br>6. 集中防腐运距 | m | 按设计图示长度以延长米计算。扣除附属构筑物（检查井）所占长度 | 1. 设备安装、拆除<br>2. 定位、夯管<br>3. 管道接口<br>4. 纠偏、监测<br>5. 管道检测及试验<br>6. 集中防腐运输<br>7. 土方外运 |

续表

| 项目编码 | 项目名称 | 项目特征 | 计量单位 | 工程量计算规则 | 工作内容 |
| --- | --- | --- | --- | --- | --- |
| 040501010 | 顶（夯）管工作坑 | 1. 土壤类别<br>2. 工作坑平面尺寸及深度<br>3. 支撑、围护方式<br>4. 垫层、基础材质及厚度<br>5. 混凝土强度等级<br>6. 设备、工作台主要技术要求 | 座 | 按设计图示数量计算 | 1. 支撑、围护<br>2. 模板制作、安装、拆除<br>3. 混凝土拌合、运输、浇筑、养护<br>4. 工作坑内设备、工作台安装及拆除 |

续表

| 项目编码 | 项目名称 | 项目特征 | 计量单位 | 工程量计算规则 | 工作内容 |
| --- | --- | --- | --- | --- | --- |
| 040501011 | 预制混凝土工作坑 | 1. 土壤类别<br>2. 工作坑平面尺寸及深度<br>3. 垫层、基础材质及厚度<br>4. 混凝土强度等级<br>5. 设备、工作台主要技术要求<br>6. 混凝土构件运距 | 座 | 按设计图示数量计算 | 1. 混凝土工作坑制作<br>2. 下沉、定位<br>3. 模板制作、安装、拆除<br>4. 混凝土拌合、运输、浇筑、养护<br>5. 工作坑内设备、工作台安装及拆除<br>6. 混凝土构件运输 |

续表

| 项目编码 | 项目名称 | 项目特征 | 计量单位 | 工程量计算规则 | 工作内容 |
| --- | --- | --- | --- | --- | --- |
| 040501012 | 顶管 | 1. 土壤类别<br>2. 顶管工作方式<br>3. 管道材质及规格<br>4. 中继间规格<br>5. 工具管材质及规格<br>6. 触变泥浆要求<br>7. 管道检验及试验要求<br>8. 集中防腐运距 | m | 按设计图示长度以延长米计算。扣除附属构筑物（检查井）所占的长度 | 1. 管道顶进<br>2. 管道接口<br>3. 中继间、工具管及附属设备安装拆除<br>4. 管内挖、运土及土方提升<br>5. 机械顶管设备调向<br>6. 纠偏、监测<br>7. 触变泥浆制作、注浆<br>8. 洞口止水<br>9. 管道检测及试验<br>10. 集中防腐运输<br>11. 泥浆、土方外运 |

续表

| 项目编码 | 项目名称 | 项目特征 | 计量单位 | 工程量计算规则 | 工作内容 |
| --- | --- | --- | --- | --- | --- |
| 040501013 | 土壤加固 | 1. 土壤类别<br>2. 加固填充料<br>3. 加固方式 | 1. m<br>2. $m^3$ | 1. 按设计图示加固段长度以延长米计算<br>2. 按设计图示加固段体积以立方米计算 | 打孔、调浆、灌注 |
| 040501014 | 新旧管连接 | 1. 材质及规格<br>2. 连接方式<br>3. 带（不带）介质连接 | 处 | 按设计图示数量计算 | 1. 切管<br>2. 钻孔<br>3. 连接 |

续表

| 项目编码 | 项目名称 | 项目特征 | 计量单位 | 工程量计算规则 | 工作内容 |
| --- | --- | --- | --- | --- | --- |
| 040501015 | 临时放水管线 | 1. 材质及规格<br>2. 铺设方式<br>3. 接口形式 | m | 按放水管线长度以延长米计算，不扣除管件、阀门所占长度 | 管线铺设、拆除 |
| 040501016 | 砌筑方沟 | 1. 断面规格<br>2. 垫层、基础材质及厚度<br>3. 砌筑材料品种、规格、强度等级<br>4. 混凝土强度等级 | m | 按设计图示尺寸以延长米计算 | 1. 模板制作、安装、拆除<br>2. 混凝土拌合、运输、浇筑、养护<br>3. 砌筑<br>4. 勾缝、抹面<br>5. 盖板安装 |

续表

| 项目编码 | 项目名称 | 项目特征 | 计量单位 | 工程量计算规则 | 工作内容 |
| --- | --- | --- | --- | --- | --- |
| 040501016 | 砌筑方沟 | 5. 砂浆强度等级、配合比<br>6. 勾缝、抹面要求<br>7. 盖板材质及规格<br>8. 伸缩缝（沉降缝）要求<br>9. 防渗、放水要求<br>10. 混凝土构件运距 | m | 按设计图示尺寸以延长米计算 | 6. 防水、止水<br>7. 混凝土构件运输 |

续表

| 项目编码 | 项目名称 | 项目特征 | 计量单位 | 工程量计算规则 | 工作内容 |
| --- | --- | --- | --- | --- | --- |
| 040501017 | 混凝土方沟 | 1. 断面规格<br>2. 垫层、基础材质及厚度<br>3. 混凝土强度等级<br>4. 伸缩缝（沉降缝）要求<br>5. 盖板材质、规格<br>6. 防渗、防水要求<br>7. 混凝土构件运距 | m | 按设计图示尺寸以延长米计算 | 1. 模板制作、安装、拆除<br>2. 混凝土拌合、运输、浇筑、养护<br>3. 盖板安装<br>4. 防水、止水<br>5. 混凝土构件运输 |

续表

| 项目编码 | 项目名称 | 项目特征 | 计量单位 | 工程量计算规则 | 工作内容 |
| --- | --- | --- | --- | --- | --- |
| 040501018 | 砌筑渠道 | 1. 断面规格<br>2. 垫层、基础材质及厚度<br>3. 砌筑材料品种、规格、强度等级<br>4. 混凝土强度等级<br>5. 砂浆强度等级、配合比<br>6. 勾缝、抹面要求<br>7. 伸缩缝（沉降缝）要求<br>8. 防渗、防水要求 | m | 按设计图示尺寸以延长米计算 | 1. 模板制作、安装、拆除<br>2. 混凝土拌合、运输、浇筑、养护<br>3. 渠道砌筑<br>4. 勾缝、抹面<br>5. 防水、止水 |

续表

| 项目编码 | 项目名称 | 项目特征 | 计量单位 | 工程量计算规则 | 工作内容 |
| --- | --- | --- | --- | --- | --- |
| 040501019 | 混凝土渠道 | 1. 断面规格<br>2. 垫层、基础材质及厚度<br>3. 混凝土强度等级<br>4. 伸缩缝（沉降缝）要求<br>5. 防渗、防水要求<br>6. 混凝土构件运距 | m | 按设计图示尺寸以延长米计算 | 1. 模板制作、安装、拆除<br>2. 混凝土拌合、运输、浇筑、养护<br>3. 防水、止水<br>4. 混凝土构件运输 |
| 040501020 | 警示（示踪）带铺设 | 规格 | | 按铺设长度以延长米计算 | 铺设 |

2. 管件、阀门及附件安装（编码：040502）

管件、阀门及附件安装工程量清单项目设置、项目特征描述的内容、计量单位及工程量计算规则，见表1-31。

管件、阀门及附件安装（编码：040502） 表1-31

| 项目编码 | 项目名称 | 项目特征 | 计量单位 | 工程量计算规则 | 工作内容 |
|---|---|---|---|---|---|
| 040502001 | 铸铁管管件 | 1. 种类<br>2. 材质及规格<br>3. 接口形式 | 个 | 按设计图示数量计算 | 安装 |
| 040502002 | 钢管管件制作、安装 | | | | 制作、安装 |
| 040502003 | 塑料管管件 | 1. 种类<br>2. 材质及规格<br>3. 接口形式 | | | 安装 |

续表

| 项目编码 | 项目名称 | 项目特征 | 计量单位 | 工程量计算规则 | 工作内容 |
|---|---|---|---|---|---|
| 040502004 | 转换件 | 1. 材质及规格<br>2. 接口形式 | 个 | 按设计图示数量计算 | 安装 |
| 040502005 | 阀门 | 1. 种类<br>2. 材质及规格<br>3. 连接方式<br>4. 试验要求 | | | |
| 040502006 | 法兰 | 1. 材质、规格、结构形式<br>2. 连接方式<br>3. 焊接方式<br>4. 垫片材质 | | | |

续表

| 项目编码 | 项目名称 | 项目特征 | 计量单位 | 工程量计算规则 | 工作内容 |
| --- | --- | --- | --- | --- | --- |
| 040502007 | 盲堵板制作、安装 | 1. 材质及规格<br>2. 连接方式 | 个 | 按设计图示数量计算 | 制作、安装 |
| 040502008 | 套管制作、安装 | 1. 形式、材质及规格<br>2. 管内填料材质 | | | |
| 040502009 | 水表 | 1. 规格<br>2. 安装方式 | | | 安装 |
| 040502010 | 消火栓 | 1. 规格<br>2. 安装部位、方式 | | | |

续表

| 项目编码 | 项目名称 | 项目特征 | 计量单位 | 工程量计算规则 | 工作内容 |
| --- | --- | --- | --- | --- | --- |
| 040502011 | 补偿器（波纹管） | 1. 规格<br>2. 安装方式 | 个 | 按设计图示数量计算 | 安装 |
| 040502012 | 除污器组成、安装 | | 套 | | 组成、安装 |
| 040502013 | 凝水缸 | 1. 材料品种<br>2. 型号及规格<br>3. 连接方式 | 组 | | 1. 制作<br>2. 安装 |

续表

| 项目编码 | 项目名称 | 项目特征 | 计量单位 | 工程量计算规则 | 工作内容 |
|---|---|---|---|---|---|
| 040502014 | 调压器 | 1. 规格<br>2. 型号<br>3. 连接方式 | 组 | 按设计图示数量计算 | 安装 |
| 040502015 | 过滤器 | | | | |
| 040502016 | 分离器 | | | | |
| 040502017 | 安全水封 | 规格 | | | |
| 040502018 | 检漏（水）管 | | | | |

3. 支架制作及安装（编码：040503）

支架制作及安装工程量清单项目设置、项目特征描述的内容、计量单位及工程量计算规则，见表1-32。

支架制作及安装（编码：040503） 表 1-32

| 项目编码 | 项目名称 | 项目特征 | 计量单位 | 工程量计算规则 | 工作内容 |
| --- | --- | --- | --- | --- | --- |
| 040503001 | 砌筑支墩 | 1. 垫层材质、厚度<br>2. 混凝土强度等级<br>3. 砌筑材料、规格、强度等级<br>4. 砂浆强度等级、配合比 | $m^3$ | 按设计图示尺寸以体积计算 | 1. 模板制作、安装、拆除<br>2. 混凝土拌合、运输、浇筑、养护<br>3. 砌筑<br>4. 勾缝、抹面 |
| 040503002 | 混凝土支墩 | 1. 垫层材质、厚度<br>2. 混凝土强度等级<br>3. 预制混凝土构件运距 | | | 1. 模板制作、安装、拆除<br>2. 混凝土拌合、运输、浇筑、养护<br>3. 预制混凝土支墩安装<br>4. 混凝土构件运输 |

续表

| 项目编码 | 项目名称 | 项目特征 | 计量单位 | 工程量计算规则 | 工作内容 |
|---|---|---|---|---|---|
| 040503003 | 金属支架制作、安装 | 1. 垫层材质、厚度<br>2. 混凝土强度等级<br>3. 支架材质<br>4. 支架形式<br>5. 预埋件材质及规格 | t | 按设计图示以质量计算 | 1. 模板制作、安装、拆除<br>2. 混凝土拌合、运输、浇筑、养护<br>3. 支架制作、安装 |
| 040503004 | 金属吊架制作、安装 | 1. 吊架形式<br>2. 吊架材质<br>3. 预埋件材质及规格 | | | 制作、安装 |

4. 管道附属构筑物（编码：040504）

管道附属构筑物工程量清单项目设置、项目特征描述的内容、计量单位及工程量计算规则，见表 1-33。

**管道附属构筑物**（编码：040504） **表 1-33**

| 项目编码 | 项目名称 | 项目特征 | 计量单位 | 工程量计算规则 | 工作内容 |
| --- | --- | --- | --- | --- | --- |
| 040504001 | 砌筑井 | 1. 垫层、基础材质及厚度<br>2. 砌筑材料品种、规格、强度等级<br>3. 勾缝、抹面要求<br>4. 砂浆强度等级、配合比<br>5. 混凝土强度等级<br>6. 盖板材质、规格<br>7. 井盖、井圈材质及规格<br>8. 踏步材质、规格<br>9. 防渗、防水要求 | 座 | 按设计图示数量计算 | 1. 垫层铺筑<br>2. 模板制作、安装、拆除<br>3. 混凝土拌合、运输、浇筑、养护<br>4. 砌筑、勾缝、抹面<br>5. 井圈、井盖安装<br>6. 盖板安装<br>7. 踏步安装<br>8. 防水、止水 |

续表

| 项目编码 | 项目名称 | 项目特征 | 计量单位 | 工程量计算规则 | 工作内容 |
| --- | --- | --- | --- | --- | --- |
| 040504002 | 混凝土井 | 1. 垫层、基础材质及厚度<br>2. 混凝土强度等级<br>3. 盖板材质、规格<br>4. 井盖、井圈材质及规格<br>5. 踏步材质、规格<br>6. 防渗、防水要求 | 座 | 按设计图示数量计算 | 1. 垫层铺筑<br>2. 模板制作、安装、拆除<br>3. 混凝土拌合、运输、浇筑、养护<br>4. 井圈、井盖安装<br>5. 盖板安装<br>6. 踏步安装<br>7. 防水、止水 |

续表

| 项目编码 | 项目名称 | 项目特征 | 计量单位 | 工程量计算规则 | 工作内容 |
| --- | --- | --- | --- | --- | --- |
| 040504003 | 塑料检查井 | 1. 垫层、基础材质及厚度<br>2. 检查井材质、规格<br>3. 井筒、井盖、井圈材质及规格 | 座 | 按设计图示数量计算 | 1. 垫层铺筑<br>2. 模板制作、安装、拆除<br>3. 混凝土拌合、运输、浇筑、养护<br>4. 检查井安装<br>5. 井筒、井圈、井盖安装 |

续表

| 项目编码 | 项目名称 | 项目特征 | 计量单位 | 工程量计算规则 | 工作内容 |
|---|---|---|---|---|---|
| 040504004 | 砖砌井筒 | 1. 井筒规格<br>2. 砌筑材料品种、规格<br>3. 砌筑、勾缝、抹面要求<br>4. 砂浆强度等级、配合比<br>5. 踏步材质、规格<br>6. 防渗、防水要求 | m | 按设计图示尺寸以延长米计算 | 1. 砌筑、勾缝、抹面<br>2. 踏步安装 |
| 040504005 | 预制混凝土井筒 | 1. 井筒规格<br>2. 踏步规格 | | | 1. 运输<br>2. 安装 |

续表

| 项目编码 | 项目名称 | 项目特征 | 计量单位 | 工程量计算规则 | 工作内容 |
| --- | --- | --- | --- | --- | --- |
| 040504006 | 砌体出水口 | 1. 垫层、基础材质及厚度<br>2. 砌筑材料品种、规格<br>3. 砌筑、勾缝、抹面要求<br>4. 砂浆强度等级及配合比 | 座 | 按设计图示数量计算 | 1. 垫层铺筑<br>2. 模板制作、安装、拆除<br>3. 混凝土拌合、运输、浇筑、养护<br>4. 砌筑、勾缝、抹面 |
| 040504007 | 混凝土出水口 | 1. 垫层、基础材质及厚度<br>2. 混凝土强度等级 | | | 1. 垫层铺筑<br>2. 模板制作、安装、拆除<br>3. 混凝土拌合、运输、浇筑、养护 |

续表

| 项目编码 | 项目名称 | 项目特征 | 计量单位 | 工程量计算规则 | 工作内容 |
| --- | --- | --- | --- | --- | --- |
| 040504008 | 整体化粪池 | 1. 材质<br>2. 型号、规格 | 座 | 按设计图示数量计算 | 安装 |
| 040504009 | 雨水口 | 1. 雨水箅子及圈口材质、型号、规格<br>2. 垫层、基础材质及厚度<br>3. 混凝土强度等级<br>4. 砌筑材料品种、规格<br>5. 砂浆强度等级及配合比 | | | 1. 垫层铺筑<br>2. 模板制作、安装、拆除<br>3. 混凝土拌合、运输、浇筑、养护<br>4. 砌筑、勾缝、抹面<br>5. 雨水箅子安装 |

# 第六节　水处理工程工程量计算

## 一、清单工程量计算说明

水处理工程清单工程量计算说明，见表 1-34。

**水处理工程清单工程量计算说明　　表 1-34**

| 序号 | 项目 | 内　容 |
| --- | --- | --- |
| 1 | 清单项目的划分 | 水处理工程分为水处理构筑物、水处理设备等项目 |
| 2 | 有关问题的说明 | （1）水处理工程中建筑物应按照现行国家标准《房屋建筑和装修工程工程量计算规范》GB 50854 中相关项目编码列项，园林绿化项目应按照现行国家标准《园林绿化工程工程量计算规范》GB 50858 中相关项目编码列项。 |

续表

| 序号 | 项目 | 内　容 |
| --- | --- | --- |
| 2 | 有关问题的说明 | （2）本章清单项目工作内容均未包括土石方开挖、回填夯实等内容，发生时应按土石方工程中相关项目编码列项。<br>（3）本章设备安装工程只列了水处理工程专用设备的项目、各类仪表、泵、阀门等标准、定型设备应按现行国家标准《通用安装工程工程量计算规范》GB 50586 中相关项目编码列项 |

## 二、清单项目设置及工程量计算规则

1. 水处理构筑物（编码：040601）

水处理构筑物工程量清单项目设置及工程量计算规则，见表1-35。

水处理构筑物（编码：040601） 表 1-35

| 项目编码 | 项目名称 | 项目特征 | 计量单位 | 工程量计算规则 | 工作内容 |
| --- | --- | --- | --- | --- | --- |
| 040601001 | 现浇混凝土沉井井壁及隔墙 | 1. 混凝土强度等级<br>2. 防水、抗渗要求<br>3. 断面尺寸 | $m^3$ | 按设计图示尺寸以体积计算 | 1. 垫木铺设<br>2. 模板制作、安装、拆除<br>3. 混凝土拌合、运输、浇筑<br>4. 养护<br>5. 预留孔封口 |
| 040601002 | 沉井下沉 | 1. 土壤类别<br>2. 断面尺寸<br>3. 下沉速度<br>4. 减阻材料种类 | | 按自然面标高至设计垫层底标高间的高度乘以沉井外壁最大断面面积以体积计算 | 1. 垫木拆除<br>2. 挖土<br>3. 沉井下沉<br>4. 填充减阻材料<br>5. 余方弃置 |

续表

| 项目编码 | 项目名称 | 项目特征 | 计量单位 | 工程量计算规则 | 工作内容 |
| --- | --- | --- | --- | --- | --- |
| 040601003 | 沉井混凝土地板 | 1. 混凝土强度等级<br>2. 防水、抗渗要求 | $m^3$ | 按设计图示尺寸以体积计算 | 1. 模板制作、安装、拆除<br>2. 混凝土拌合、运输、浇筑<br>3. 养护 |
| 040601004 | 沉井内地下混凝土结构 | 1. 部位<br>2. 混凝土强度等级<br>3. 防水、抗渗要求 | | | |
| 040601005 | 沉井混凝土顶板 | 1. 混凝土强度等级<br>2. 防水、抗渗要求 | | | |
| 040601006 | 现浇混凝土池底 | | | | |

续表

| 项目编码 | 项目名称 | 项目特征 | 计量单位 | 工程量计算规则 | 工作内容 |
| --- | --- | --- | --- | --- | --- |
| 040601007 | 现浇混凝土池壁（隔墙） | 1. 混凝土强度等级<br>2. 防水、抗渗要求 | $m^3$ | 按设计图示尺寸以体积计算 | 1. 模板制作、安装、拆除<br>2. 混凝土拌合、运输、浇筑<br>3. 养护 |
| 040601008 | 现浇混凝土池柱 | | | | |
| 040601009 | 现浇混凝土池梁 | | | | |
| 040601010 | 现浇混凝土池盖板 | | | | |
| 040601011 | 现浇混凝土板 | 1. 名称、规格<br>2. 混凝土强度等级<br>3. 防水、抗渗要求 | | | |

续表

| 项目编码 | 项目名称 | 项目特征 | 计量单位 | 工程量计算规则 | 工作内容 |
| --- | --- | --- | --- | --- | --- |
| 040601012 | 池槽 | 1. 混凝土强度等级<br>2. 防水、抗渗要求<br>3. 池槽断面尺寸<br>4. 盖板材质 | m | 按设计图示尺寸以长度计算 | 1. 模板制作、安装、拆除<br>2. 混凝土拌合、运输、浇筑<br>3. 养护<br>4. 盖板安装<br>5. 其他材料铺设 |
| 040601013 | 砌筑导流壁、筒 | 1. 砌体材料、规格<br>2. 断面尺寸<br>3. 砌筑、勾缝、抹面砂浆强度等级 | $m^3$ | 按设计图示尺寸以体积计算 | 1. 砌筑<br>2. 抹面<br>3. 勾缝 |

续表

| 项目编码 | 项目名称 | 项目特征 | 计量单位 | 工程量计算规则 | 工作内容 |
| --- | --- | --- | --- | --- | --- |
| 040601014 | 混凝土导流壁、筒 | 1. 混凝土强度等级<br>2. 防水、抗渗要求<br>3. 断面尺寸 | $m^3$ | 按设计图示尺寸以体积计算 | 1. 模板制作、安装、拆除<br>2. 混凝土拌合、运输、浇筑<br>3. 养护 |
| 040601015 | 混凝土楼梯 | 1. 结构形式<br>2. 底板厚度<br>3. 混凝土强度等级 | 1. $m^2$<br>2. $m^3$ | 1. 以平方米计量，按设计图示尺寸以水平投影面积计算<br>2. 以立方米计量，按设计图示尺寸以体积计量 | 1. 模板制作、安装、拆除<br>2. 混凝土拌合、运输、浇筑或预制<br>3. 养护<br>4. 楼梯安装 |

续表

| 项目编码 | 项目名称 | 项目特征 | 计量单位 | 工程量计算规则 | 工作内容 |
| --- | --- | --- | --- | --- | --- |
| 040601016 | 金属扶梯、栏杆 | 1. 材质<br>2. 规格<br>3. 防腐刷油材质、工艺要求 | 1. t<br>2. m | 1. 以吨计量，按设计图示尺寸以质量计算<br>2. 以米计量，按设计图示尺寸以长度计量 | 1. 制作安装<br>2. 除锈、防腐、刷油 |
| 040601017 | 其他现浇混凝土构件 | 1. 构件名称、规格<br>2. 混凝土强度等级 | $m^3$ | 按设计图示尺寸以体积计算 | 1. 模板制作、安装、拆除<br>2. 混凝土拌合、运输、浇筑<br>3. 养护 |

续表

| 项目编码 | 项目名称 | 项目特征 | 计量单位 | 工程量计算规则 | 工作内容 |
| --- | --- | --- | --- | --- | --- |
| 040601018 | 预制混凝土板 | 1. 图集、图纸名称<br>2. 构件代号、名称<br>3. 混凝土强度等级<br>4. 防水、抗渗要求 | $m^3$ | 按设计图示尺寸以体积计算 | 1. 模板制作、安装、拆除<br>2. 混凝土拌合、运输、浇筑<br>3. 养护<br>4. 构件安装<br>5. 接头灌浆<br>6. 砂浆制作<br>7. 运输 |
| 040601019 | 预制混凝土槽 | | | | |
| 040601020 | 预制混凝土支墩 | | | | |
| 040601021 | 其他预制混凝土构件 | 1. 部位<br>2. 图集、图纸名称<br>3. 构件代号、名称<br>4. 混凝土强度等级<br>5. 防水、抗渗要求 | | | |

续表

| 项目编码 | 项目名称 | 项目特征 | 计量单位 | 工程量计算规则 | 工作内容 |
| --- | --- | --- | --- | --- | --- |
| 040601022 | 滤板 | 1. 材质<br>2. 规格<br>3. 厚度<br>4. 部位 | $m^2$ | 按设计图示尺寸以面积计算 | 1. 制作<br>2. 安装 |
| 040601023 | 折板 | | | | |
| 040601024 | 壁板 | 1. 材质<br>2. 规格<br>3. 厚度<br>4. 部位 | $m^2$ | 按设计图示尺寸以面积计算 | 1. 制作<br>2. 安装 |
| 040601025 | 滤料铺设 | 1. 滤料品种<br>2. 滤料规格 | $m^3$ | 按设计图示尺寸以体积计算 | 铺设 |

续表

| 项目编码 | 项目名称 | 项目特征 | 计量单位 | 工程量计算规则 | 工作内容 |
|---|---|---|---|---|---|
| 040601026 | 尼龙钢板 | 1. 材料品种<br>2. 材料规格 | $m^2$ | 按设计图示尺寸以面积计算 | 1. 制作<br>2. 安装 |
| 040601027 | 刚性防水 | 1. 工艺要求<br>2. 材料品种、规格 | | | 1. 配料<br>2. 铺筑 |
| 040601028 | 柔性防水 | | | | 涂、贴、粘、刷防水材料 |
| 040601029 | 沉降（施工）缝 | 1. 材料品种<br>2. 沉降缝规格<br>3. 沉降缝部位 | m | 按设计图示尺寸以长度计算 | 铺、嵌沉降（施工）缝 |
| 040601030 | 井、池渗漏实验 | 构筑物名称 | $m^3$ | 按设计图示储水尺寸以体积计算 | 渗漏实验 |

2. 水处理设备（编码：040602）

水处理设备工程量清单项目设置及工程量计算规则，见表 1-36。

**水处理设备**（编码：040602） **表 1-36**

| 项目编码 | 项目名称 | 项目特征 | 计量单位 | 工程量计算规则 | 工作内容 |
| --- | --- | --- | --- | --- | --- |
| 040602001 | 格栅 | 1. 材质<br>2. 防腐材料<br>3. 规格 | 1. t<br>2. 套 | 1. 以吨计量，按设计图示尺寸以质量计算<br>2. 以套计量，按设计图示数量计算 | 1. 制作<br>2. 防腐<br>3. 安装 |

续表

| 项目编码 | 项目名称 | 项目特征 | 计量单位 | 工程量计算规则 | 工作内容 |
| --- | --- | --- | --- | --- | --- |
| 040602002 | 格栅除污机 | 1. 类型<br>2. 材质<br>3. 规格、型号<br>4. 参数 | 台 | 按设计图示数量计算 | 1. 安装<br>2. 无负荷试运转 |
| 040602003 | 滤网清污机 | | | | |
| 040602004 | 压榨机 | | | | |
| 040602005 | 刮砂机 | | | | |
| 040602006 | 吸砂机 | | | | |
| 040602007 | 刮泥机 | | | | |
| 040602008 | 吸泥机 | | | | |

续表

| 项目编码 | 项目名称 | 项目特征 | 计量单位 | 工程量计算规则 | 工作内容 |
|---|---|---|---|---|---|
| 040602009 | 刮吸泥机 | 1. 类型<br>2. 材质<br>3. 规格、型号<br>4. 参数 | 台 | 按设计图示数量计算 | 1. 安装<br>2. 无负荷试运转 |
| 040602010 | 撇渣机 | | | | |
| 040602011 | 砂（泥）水分离器 | | | | |
| 040602012 | 曝气机 | | | | |
| 040602013 | 曝气器 | | 个 | | |
| 040602014 | 布气管 | 1. 材质<br>2. 直径 | m | 按设计图示以长度计算 | 1. 钻孔<br>2. 安装 |

续表

| 项目编码 | 项目名称 | 项目特征 | 计量单位 | 工程量计算规则 | 工作内容 |
| --- | --- | --- | --- | --- | --- |
| 040602015 | 滗水器 | 1. 类型<br>2. 材质<br>3. 规格、型号<br>4. 参数 | 套 | 按设计图示以数量计算 | 1. 安装<br>2. 无负荷试运 |
| 040602016 | 生物转盘 | | | | |
| 040602017 | 搅拌机 | | 台 | | |
| 040602018 | 推进器 | | | | |
| 040602019 | 加药设备 | | 套 | | |
| 040602020 | 加氯机 | | | | |
| 040602021 | 氯吸收设备 | | | | |
| 040602022 | 水射器 | 1. 材质<br>2. 公称直径 | 个 | | |
| 040602023 | 管式混合器 | | | | |

续表

| 项目编码 | 项目名称 | 项目特征 | 计量单位 | 工程量计算规则 | 工作内容 |
|---|---|---|---|---|---|
| 040602024 | 冲洗装置 | 1. 类型<br>2. 材质<br>3. 规格、型号<br>4. 参数 | 套 | 按设计图示尺寸以数量计算 | 1. 安装<br>2. 无负荷试运转 |
| 040602025 | 带式压滤机 | 1. 类型<br>2. 材质<br>3. 规格、型号<br>4. 参数 | 台 | 按设计图示尺寸以数量计算 | 1. 安装<br>2. 无负荷试运 |
| 040602026 | 污泥脱水机 | | | | |
| 040602027 | 污泥浓缩机 | | | | |
| 040602028 | 污泥浓缩脱水一体机 | | | | |
| 040602029 | 污泥输送机 | | | | |
| 040602030 | 污泥切割机 | | | | |

续表

| 项目编码 | 项目名称 | 项目特征 | 计量单位 | 工程量计算规则 | 工作内容 |
| --- | --- | --- | --- | --- | --- |
| 040602031 | 闸门 | 1. 类型<br>2. 材质<br>3. 形式<br>4. 规格、型号 | 1. 座<br>2. t | 1. 以座计量，按设计图示数量计算<br>2. 以吨计量，按设计图示尺寸以质量计算 | 1. 安装<br>2. 操纵装置安装<br>3. 调试 |
| 040602032 | 旋转门 | | | | |
| 040602033 | 堰门 | | | | |
| 040602034 | 拍门 | | | | |
| 040602035 | 启闭机 | | 台 | 按设计图示数量计算 | |
| 040602036 | 升杆式铸铁泥阀 | 公称直径 | 座 | | |
| 040602037 | 平底盖闸 | | | | |

续表

| 项目编码 | 项目名称 | 项目特征 | 计量单位 | 工程量计算规则 | 工作内容 |
| --- | --- | --- | --- | --- | --- |
| 040602038 | 集水槽 | 1. 材质<br>2. 厚度<br>3. 形式<br>4. 防腐材料 | $m^2$ | 按设计图示尺寸以面积计算 | 1. 制作<br>2. 安装 |
| 040602039 | 堰板 | | | | |
| 040602040 | 斜板 | 1. 材料品种<br>2. 厚度 | | | 安装 |
| 040602041 | 斜管 | 1. 斜管材料品种<br>2. 斜管规格 | m | 按设计图示以长度计算 | |

续表

| 项目编码 | 项目名称 | 项目特征 | 计量单位 | 工程量计算规则 | 工作内容 |
|---|---|---|---|---|---|
| 040602042 | 紫外线消毒设备 | 1. 类型<br>2. 材质<br>3. 规格、型号<br>4. 参数 | 套 | 按设计图示数量计量 | 1. 制作<br>2. 无负荷试运转 |
| 040602043 | 臭氧消毒设备 | | | | |
| 040602044 | 除臭设备 | | | | |
| 040602045 | 膜处理设备 | | | | |
| 040602046 | 在线水质检测设备 | | | | |

## 第七节　生活垃圾处理工程量计算

### 一、清单工程量计算说明

生活垃圾处理工程清单工程量计算说明，见表 1-37。

**生活垃圾处理工程清单工程量计算说明　　表 1-37**

| 序号 | 项　目 | 内　　容 |
| --- | --- | --- |
| 1 | 清单项目的划分 | 水处理工程分为垃圾卫生填埋、垃圾焚烧等项目 |
| 2 | 有关问题的说明 | （1）垃圾处理工程的建筑物、园林绿化等应按相关专业计量规范清单项目编码列项。<br>（2）本章清单项目工作内容均未包括土石方开挖、回填夯实等内容，发生时应按土石方工程中相关项目编码列项。<br>（3）本章设备安装工程只列了垃圾处理工程专用设备的项目，其余如除尘装置、除渣设备、烟气净化设备、飞灰固化设备、发电设备及各类风机、仪表、泵、阀门等标准、定型设备应按现行国家标准《通用安装工程工程量计算规范》GB 50586 中相关项目编码列项 |

## 二、清单项目设置及工程量计算规则

1. 垃圾卫生填埋（编码：040701）

垃圾卫生填埋工程量清单项目设置及工程量计算规则，见表1-38。

**垃圾卫生填埋**（编号：040701） **表1-38**

| 项目编码 | 项目名称 | 项目特征 | 计量单位 | 工程量计算规则 | 工作内容 |
| --- | --- | --- | --- | --- | --- |
| 040701001 | 场地平整 | 1. 部位<br>2. 坡度<br>3. 压实度 | $m^2$ | 按设计图示尺寸以面积计算 | 1. 找坡、平整<br>2. 压实 |
| 040701002 | 垃圾坝 | 1. 结构类型<br>2. 土石种类、密实度<br>3. 砌筑形式、砂浆强度等级<br>4. 混凝土强度等级<br>5. 断面尺寸 | $m^3$ | 按设计图示尺寸以体积计算 | 1. 模板制作、安装、拆除<br>2. 地基处理<br>3. 摊铺、夯实、碾压、整形、修坡<br>4. 砌筑、填缝、铺浆<br>5. 浇筑混凝土<br>6. 沉降缝<br>7. 养护 |

续表

| 项目编码 | 项目名称 | 项目特征 | 计量单位 | 工程量计算规则 | 工作内容 |
| --- | --- | --- | --- | --- | --- |
| 040701003 | 压实黏土防渗层 | 1. 厚度<br>2. 压实度<br>3. 渗透系数 | $m^2$ | 按设计图示尺寸以面积计算 | 1. 填筑、平整<br>2. 压实 |
| 040701004 | 高密度聚乙烯(HDPD)膜 | 1. 铺设位置<br>2. 厚度、防渗系数<br>3. 材料规格、强度、单位重量<br>4. 连(搭)接方式 | | | 1. 裁剪<br>2. 铺设<br>3. 连(搭)接 |
| 040701005 | 钠基膨润土防水毯(GCL) | | | | |
| 040701006 | 土工合成材料 | | | | |

续表

| 项目编码 | 项目名称 | 项目特征 | 计量单位 | 工程量计算规则 | 工作内容 |
|---|---|---|---|---|---|
| 040701007 | 袋装土保护层 | 1. 厚度<br>2. 材料品种、规格<br>3. 铺设位置 | $m^2$ | 按设计图示尺寸以面积计算 | 1. 运输<br>2. 土装袋<br>3. 铺设或铺筑<br>4. 袋装土放置 |
| 040701008 | 帷幕灌浆垂直防渗 | 1. 地质参数<br>2. 钻孔孔径、深度、间距<br>3. 水泥浆配比 | m | 按设计图示尺寸以长度计算 | 1. 钻孔<br>2. 清孔<br>3. 压力注浆 |
| 040701009 | 碎(卵)石导流层 | 1. 材料品种<br>2. 材料规格<br>3. 导流层厚度或断面尺寸 | $m^3$ | 按设计图示尺寸以体积计算 | 1. 运输<br>2. 铺筑 |

续表

| 项目编码 | 项目名称 | 项目特征 | 计量单位 | 工程量计算规则 | 工作内容 |
|---|---|---|---|---|---|
| 040701010 | 穿孔管铺设 | 1. 材质、规格、型号<br>2. 直径、壁厚<br>3. 穿孔尺寸、间距<br>4. 连接方式<br>5. 铺设位置 | m | 按设计图示尺寸以长度计算 | 1. 铺设<br>2. 连接<br>3. 管件安装 |
| 040701011 | 无孔管铺设 | 1. 材质、规格<br>2. 直径、壁厚<br>3. 连接方式<br>4. 铺设位置 | | | |

续表

| 项目编码 | 项目名称 | 项目特征 | 计量单位 | 工程量计算规则 | 工作内容 |
| --- | --- | --- | --- | --- | --- |
| 040701012 | 盲沟 | 1. 材质、规格<br>2. 垫层、粒料规格<br>3. 断面尺寸<br>4. 外层包裹材料性能指标 | m | 按设计图示尺寸以长度计算 | 1. 垫层、粒料铺筑<br>2. 管材铺设、连接<br>3. 粒料填充<br>4. 外层材料包裹 |
| 040701013 | 导气石笼 | 1. 石笼直径<br>2. 石料粒径<br>3. 导气管材质、规格<br>4. 反滤层材料<br>5. 外层包裹材料性能指标 | 1. m<br>2. 座 | 1. 以米计量，按设计图示尺寸以长度计算<br>2. 以座计量，按设计图示数量计算 | 1. 外层材料包裹<br>2. 导气管铺设<br>3. 石料填充 |

续表

| 项目编码 | 项目名称 | 项目特征 | 计量单位 | 工程量计算规则 | 工作内容 |
| --- | --- | --- | --- | --- | --- |
| 040701014 | 浮动覆盖膜 | 1. 材质、规格<br>2. 锚固方式 | $m^2$ | 按设计图示尺寸以面积计算 | 1. 浮动膜安装<br>2. 布置重力压管<br>3. 四周锚固 |
| 040701015 | 燃烧火炬装置 | 1. 基座形式、材质、规格、强度等级<br>2. 燃烧系统类型、参数 | 套 | 按设计图示数量计算 | 1. 浇筑混凝土<br>2. 安装<br>3. 调试 |
| 040701016 | 监测井 | 1. 地质参数<br>2. 钻孔孔径、深度<br>3. 监测井材料、直径、壁厚、连接方式<br>4. 滤料材质 | 口 | 按设计图示数量计算 | 1. 钻孔<br>2. 井筒安装<br>3. 填充滤料 |

续表

| 项目编码 | 项目名称 | 项目特征 | 计量单位 | 工程量计算规则 | 工作内容 |
|---|---|---|---|---|---|
| 040701017 | 堆体整形处理 | 1. 压实度<br>2. 边坡坡度 | $m^2$ | 按设计图示尺寸以面积计算 | 1. 挖、填及找坡<br>2. 边坡整形<br>3. 压实 |
| 040701018 | 覆盖植被层 | 1. 材料品种<br>2. 厚度<br>3. 渗透系数 | | | 1. 铺筑<br>2. 压实 |
| 040701019 | 防风网 | 1. 材质、规格<br>2. 材料性能指标 | | | 安装 |
| 040701020 | 垃圾压缩设备 | 1. 类型、材质<br>2. 规格、型号<br>3. 参数 | 套 | 按设计图示数量计算 | 1. 安装<br>2. 调试 |

2. 垃圾焚烧(编码：040702)

垃圾焚烧工程量清单项目设置及工程量计算规则，见表1-39。

垃圾焚烧(编号：040702)　　表1-39

| 项目编码 | 项目名称 | 项目特征 | 计量单位 | 工程量计算规则 | 工作内容 |
|---|---|---|---|---|---|
| 040702001 | 汽车衡 | 1. 规格、型号<br>2. 精度 | 台 | 按设计图示数量计算 | 1. 安装<br>2. 调试 |
| 040702002 | 自动感应洗车装置 | 1. 类型<br>2. 规格、型号<br>3. 参数 | 套 | | |
| 040702003 | 破碎机 | | 台 | | |
| 040702004 | 垃圾卸料门 | 1. 尺寸<br>2. 材质<br>3. 自动开关装置 | $m^2$ | 按设计图示尺寸以面积计算 | |

续表

| 项目编码 | 项目名称 | 项目特征 | 计量单位 | 工程量计算规则 | 工作内容 |
| --- | --- | --- | --- | --- | --- |
| 040702005 | 垃圾抓斗起重机 | 1. 规格、型号、精度<br>2. 跨度、高度<br>3. 自动称重、控制系统要求 | 套 | 按设计图示数量计算 | 1. 安装<br>2. 调试 |
| 040702006 | 焚烧炉体 | 1. 类型<br>2. 规格、型号<br>3. 处理能力<br>4. 参数 | | | |

## 第八节　路灯工程工程量计算

### 一、清单工程量计算说明

路灯工程清单工程量计算说明，见表1-40。

**路灯工程清单工程量计算说明　　表1-40**

| 序号 | 项　目 | 内　容 |
|---|---|---|
| 1 | 清单项目的划分 | 路灯工程分为变配电设备工程，10kV以下架空线路工程，电缆工程，配管、配线工程，照明器具安装工程，防雷接地装置工程，电气调整试验等项目 |

续表

| 序号 | 项　目 | 内　容 |
|---|---|---|
| 2 | 有关问题的说明 | (1) 本章清单项目工作内容均未包括土石方开挖及回填、破除混凝土路面等内容，发生时应按土石方工程及拆除工程中相关项目编码列项。<br>(2) 本章清单项目工作内容均未包括除锈、刷漆(补刷漆除外)，发生时应按现行国家标准《通用安装工程工程量计算规范》GB50856 中相关项目编码列项。<br>(3) 本章清单项目中工作内容包含补漆的工序，可不进行特征描述，由投标人根据相关规范标准自行考虑报价 |

## 二、清单项目设置及工程量计算规则

1. 变配电设备工程(编码：040801)

变配电设备工程工程量清单项目设置及工程量计算规则，见表1-41。

**变配电设备工程**(编码：040801)　　**表 1-41**

| 项目编码 | 项目名称 | 项目特征 | 计量单位 | 工程量计算规则 | 工作内容 |
|---|---|---|---|---|---|
| 040801001 | 杆上变压器 | 1. 名称<br>2. 型号<br>3. 容量(kV·A)<br>4. 电压(kV)<br>5. 支架材质、规格<br>6. 网门、保护门材质、规格<br>7. 油过滤要求<br>8. 干燥要求 | 台 | 按设计图示数量计算 | 1. 支架制作、安装<br>2. 本体安装<br>3. 油过滤<br>4. 干燥<br>5. 网门、保护门制作、安装<br>6. 补刷(喷)油漆<br>7. 接地 |

续表

| 项目编码 | 项目名称 | 项目特征 | 计量单位 | 工程量计算规则 | 工作内容 |
| --- | --- | --- | --- | --- | --- |
| 040801002 | 地上变压器 | 1. 名称<br>2. 型号<br>3. 容量(kV·A)<br>4. 电压(kV)<br>5. 基础形式、材质、规格<br>6. 网门、保护门材质、规格<br>7. 有过滤要求<br>8. 干燥要求 | 台 | 按设计图示数量计算 | 1. 基础制作、安装<br>2. 本体安装<br>3. 油过滤<br>4. 干燥<br>5. 网门、保护门制作、安装<br>6. 补刷（喷）油漆<br>7. 接地 |

续表

| 项目编码 | 项目名称 | 项目特征 | 计量单位 | 工程量计算规则 | 工作内容 |
| --- | --- | --- | --- | --- | --- |
| 040801003 | 组合型成套箱式变电站 | 1. 名称<br>2. 型号<br>3. 容量(kV·A)<br>4. 电压(kV)<br>5. 组合形式<br>6. 基础形式、材质、规格 | 台 | 按设计图示数量计算 | 1. 基础制作、安装<br>2. 本体安装<br>3. 进箱母线安装<br>4. 补刷(喷)油漆<br>5. 接地 |
| 040801004 | 高压成套配电柜 | 1. 名称<br>2. 型号<br>3. 规格<br>4. 母线配置方式<br>5. 种类<br>6. 基础形式、材质规格 | 台 | 按设计图示数量计算 | 1. 基础制作、安装<br>2. 本体安装<br>3. 补刷(喷)油漆<br>4. 接地 |

续表

| 项目编码 | 项目名称 | 项目特征 | 计量单位 | 工程量计算规则 | 工作内容 |
| --- | --- | --- | --- | --- | --- |
| 040801005 | 低压成套控制柜 | 1. 名称<br>2. 型号<br>3. 规格<br>4. 种类<br>5. 基础形式、材质、规格<br>6. 接线端子材质、规格<br>7. 端子板外部接线材质、规格 | 台 | 按设计图示数量计算 | 1. 基础制作、安装<br>2. 本体安装<br>3. 附件安装<br>4. 焊、压接线端子<br>5. 端子接线<br>6. 补刷（喷）油漆<br>7. 接地 |

续表

| 项目编码 | 项目名称 | 项目特征 | 计量单位 | 工程量计算规则 | 工作内容 |
| --- | --- | --- | --- | --- | --- |
| 040801006 | 落地式控制箱 | 1. 名称<br>2. 型号<br>3. 规格<br>4. 基础形式、材质、规格<br>5. 回路<br>6. 附件种类、规格<br>7. 接线端子材质、规格<br>8. 端子板外部接线材质、规格 | 台 | 按设计图示数量计算 | 1. 基础制作、安装<br>2. 本体安装<br>3. 附件安装<br>4. 焊、压接线端子<br>5. 端子接线<br>6. 补刷（喷）油漆<br>7. 接地 |

续表

| 项目编码 | 项目名称 | 项目特征 | 计量单位 | 工程量计算规则 | 工作内容 |
| --- | --- | --- | --- | --- | --- |
| 040801007 | 杆上控制箱 | 1. 名称<br>2. 型号<br>3. 规格<br>4. 回路<br>5. 附件种类、规格<br>6. 支架材质、规格<br>7. 进出线管管架材质、规格、安装高度<br>8. 接线端子材质、规格<br>9. 端子板外部接线材质、规格 | 台 | 按设计图示数量计算 | 1. 支架制作、安装<br>2. 本体安装<br>3. 附件安装<br>4. 焊、压接线端子<br>5. 端子接线<br>6. 进出线管管架安装<br>7. 补刷（喷）油漆<br>8. 接地 |

续表

| 项目编码 | 项目名称 | 项目特征 | 计量单位 | 工程量计算规则 | 工作内容 |
|---|---|---|---|---|---|
| 040801008 | 杆上配电箱 | 1. 名称<br>2. 型号<br>3. 规格<br>4. 安装方式<br>5. 支架材质、规格<br>6. 接线端子材质、规格<br>7. 端子板外部接线材质、规格 | 台 | 按设计图示数量计算 | 1. 支架制作、安装<br>2. 本体安装<br>3. 焊、压接线端子<br>4. 端子接线<br>5. 补刷（喷）油漆<br>6. 接地 |
| 040801009 | 悬挂嵌入式配电箱 | | | | |

续表

| 项目编码 | 项目名称 | 项目特征 | 计量单位 | 工程量计算规则 | 工作内容 |
| --- | --- | --- | --- | --- | --- |
| 040801010 | 落地式配电箱 | 1. 名称<br>2. 型号<br>3. 规格<br>4. 基础形式、材质、规格<br>5. 接线端子材质、规格<br>6. 端子板外部接线材质、规格 | 台 | 按设计图示数量计算 | 1. 基础制作、安装<br>2. 本体安装<br>3. 焊、压接线端子<br>4. 端子接线<br>5. 补刷（喷）油漆<br>6. 接地 |

续表

| 项目编码 | 项目名称 | 项目特征 | 计量单位 | 工程量计算规则 | 工作内容 |
|---|---|---|---|---|---|
| 040801011 | 控制屏 | 1. 名称<br>2. 型号<br>3. 规格<br>4. 种类<br>5. 基础形式、材质、规格<br>6. 接线端子材质、规格<br>7. 端子板外部接线材质、规格<br>8. 小母线材质、规格<br>9. 屏边规格 | 台 | 按设计图示数量计算 | 1. 基础制作、安装<br>2. 本体安装<br>3. 端子板安装<br>4. 焊、压接线端子<br>5. 盘柜配线、端子接线<br>6. 小母线安装<br>7. 屏边安装<br>8. 补刷（喷）油漆<br>9. 接地 |
| 040801012 | 继电、信号屏 | | | | |

续表

| 项目编码 | 项目名称 | 项目特征 | 计量单位 | 工程量计算规则 | 工作内容 |
| --- | --- | --- | --- | --- | --- |
| 040801013 | 低压开关柜(配电屏) | 1. 名称<br>2. 型号<br>3. 规格<br>4. 种类<br>5. 基础形式、材质、规格<br>6. 接线端子材质、规格<br>7. 端子板外部接线材质、规格<br>8. 小母线材质、规格<br>9. 屏边规格 | 台 | 按设计图示数量计算 | 1. 基础制作、安装<br>2. 本体安装<br>3. 端子板安装<br>4. 焊、压接线端子<br>5. 盘柜配线、端子接线<br>6. 屏边安装<br>7. 补刷(喷)油漆<br>8. 接地 |

续表

| 项目编码 | 项目名称 | 项目特征 | 计量单位 | 工程量计算规则 | 工作内容 |
| --- | --- | --- | --- | --- | --- |
| 040801014 | 弱电控制返回屏 | 1. 名称<br>2. 型号<br>3. 规格<br>4. 种类<br>5. 基础形式、材质、规格<br>6. 接线端子材质、规格<br>7. 端子板外部接线材质、规格<br>8. 小母线材质、规格<br>9. 屏边规格 | 台 | 按设计图示数量计算 | 1. 基础制作、安装<br>2. 本体安装<br>3. 端子板安装<br>4. 焊、压接线端子<br>5. 盘柜配线、端子接线<br>6. 小母线安装<br>7. 屏边安装<br>8. 补刷（喷）油漆<br>9. 接地 |

续表

| 项目编码 | 项目名称 | 项目特征 | 计量单位 | 工程量计算规则 | 工作内容 |
|---|---|---|---|---|---|
| 040801015 | 控制台 | 1. 名称<br>2. 型号<br>3. 规格<br>4. 种类<br>5. 基础形式、材质、规格<br>6. 接线端子材质、规格<br>7. 端子板外部接线材质、规格<br>8. 小母线材质、规格 | 台 | 按设计图数量计算 | 1. 基础制作、安装<br>2. 本体安装<br>3. 端子板安装<br>4. 焊、压接线端子<br>5. 盘柜配线、端子接线<br>6. 小母线安装<br>7. 补刷（喷）油漆<br>8. 接地 |

续表

| 项目编码 | 项目名称 | 项目特征 | 计量单位 | 工程量计算规则 | 工作内容 |
| --- | --- | --- | --- | --- | --- |
| 040801016 | 电力电容器 | 1. 名称<br>2. 型号<br>3. 规格<br>4. 质量 | 个 | 按设计图示数量计算 | 1. 本体安装、调试<br>2. 接线<br>3. 接地 |
| 040801017 | 跌落式熔断器 | 1. 名称<br>2. 型号<br>3. 规格<br>4. 安装部位 | 组 | | |
| 040801018 | 避雷器 | 1. 名称<br>2. 型号<br>3. 规格<br>4. 电压(kV)<br>5. 安装部位 | | | 1. 本体安装、调试<br>2. 接线<br>3. 补刷（喷）油漆<br>4. 接地 |

续表

| 项目编码 | 项目名称 | 项目特征 | 计量单位 | 工程量计算规则 | 工作内容 |
| --- | --- | --- | --- | --- | --- |
| 040801019 | 低压熔断器 | 1. 名称<br>2. 型号<br>3. 规格<br>4. 接线端子材质、规格 | 个 | 按设计图示数量计算 | 1. 本体安装<br>2. 焊、压接线端子<br>3. 接线 |
| 040801020 | 隔离开关 | 1. 名称<br>2. 型号<br>3. 容量(A)<br>4. 电压(kV)<br>5. 安装条件<br>6. 操作机构名称、型号<br>7. 接线端子材质、规格 | 组 | | 1. 本体安装、调试<br>2. 接线<br>3. 补刷（喷）油漆<br>4. 接地 |
| 040801021 | 负荷开关 | | | | |
| 040801022 | 真空断路器 | | 台 | | |

续表

| 项目编码 | 项目名称 | 项目特征 | 计量单位 | 工程量计算规则 | 工作内容 |
| --- | --- | --- | --- | --- | --- |
| 040801023 | 限位开关 | 1. 名称<br>2. 型号<br>3. 规格<br>4. 接线端子材质、规格 | 个 | 按设计图示数量计算 | 1. 本体安装<br>2. 焊、压接线端子<br>3. 接线 |
| 040801024 | 控制器 | | 台 | | |
| 040801025 | 接触器 | | | | |
| 040801026 | 磁力启动器 | | | | |

续表

| 项目编码 | 项目名称 | 项目特征 | 计量单位 | 工程量计算规则 | 工作内容 |
| --- | --- | --- | --- | --- | --- |
| 040801027 | 分流器 | 1. 名称<br>2. 型号<br>3. 规格<br>4. 容量(A)<br>5. 接线端子材质、规格 | 个 | 按设计图示数量计算 | 1. 本体安装<br>2. 焊、压接线端子<br>3. 接线 |
| 040801028 | 小电器 | 1. 名称<br>2. 型号<br>3. 规格<br>4. 接线端子材质、规格 | 个（套台） | | |

续表

| 项目编码 | 项目名称 | 项目特征 | 计量单位 | 工程量计算规则 | 工作内容 |
|---|---|---|---|---|---|
| 040801029 | 照明开关 | 1. 名称<br>2. 材质<br>3. 规格<br>4. 安装方式 | 个 | 按设计图示数量计算 | 1. 本体安装<br>2. 接线 |
| 040801030 | 插座 | | | | |
| 040801031 | 线缆断线报警装置 | 1. 名称<br>2. 型号<br>3. 规格<br>4. 参数 | 套 | | 1. 本体安装、调试<br>2. 接线 |
| 040801032 | 铁构件制作、安装 | 1. 名称<br>2. 材质<br>3. 规格 | kg | 按设计图示尺寸以质量计算 | 1. 制作<br>2. 安装<br>3. 补刷（喷）油漆 |

续表

| 项目编码 | 项目名称 | 项目特征 | 计量单位 | 工程量计算规则 | 工作内容 |
|---|---|---|---|---|---|
| 040801033 | 其他电器 | 1. 名称<br>2. 型号<br>3. 规格<br>4. 安装方式 | 个（套、台） | 按设计图示数量计算 | 1. 本体安装<br>2. 接线 |

注：1. 电器包括按钮、测量表计、继电器、电磁锁、屏上辅助设备、辅助电压互感器、小型安全变压器等。
2. 其他电器安装指本节未列的电器项目，必须根据电器实际名称确定项目名称。明确描述项目特征、计量单位、工程量计算规则、工作内容。
3. 铁构件制作、安装适用于路灯工程的各种支架、铁构件的制作、安装。
4. 设备安装未包括地脚螺栓安装、浇筑(二次灌浆、抹面)，如需安装应按现行国家标准《房屋建筑与装饰工程工程量计算规范》GB 50854 中相关项目编码列项。

2. 10kV 以下架空线路工程(编码：040802)

10kV 以下架空线路工程工程工程量清单项目设置及工程量计算规则，见表 1-42。

**10kV 以下架空线路工程（编码：040802）** **表 1-42**

| 项目编码 | 项目名称 | 项目特征 | 计量单位 | 工程量计算规则 | 工作内容 |
|---|---|---|---|---|---|
| 040802001 | 电杆组立 | 1. 名称<br>2. 规格<br>3. 材质<br>4. 类型<br>5. 地形<br>6. 土质<br>7. 底盘、拉盘、卡盘规格<br>8. 拉线材质、规格、类型<br>9. 引下线支架安装高度<br>10. 垫层、基础：厚度、材料品种、强度等级<br>11. 电杆防腐要求 | 根 | 按设计图示数量计算 | 1. 工地运输<br>2. 垫层、基础浇筑<br>3. 底盘、拉盘、卡盘安装<br>4. 电杆组立<br>5. 电杆防腐<br>6. 拉线制作、安装<br>7. 引下线支架安装 |

续表

| 项目编码 | 项目名称 | 项目特征 | 计量单位 | 工程量计算规则 | 工作内容 |
| --- | --- | --- | --- | --- | --- |
| 040802002 | 横担组装 | 1. 名称<br>2. 规格<br>3. 材质<br>4. 类型<br>5. 安装方式<br>6. 电压(kV)<br>7. 瓷瓶型号、规格<br>8. 金具型号、规格 | 组 | 按设计图示数量计算 | 1. 横担安装<br>2. 瓷瓶、金具组装 |
| 040802003 | 导线架设 | 1. 名称<br>2. 规格<br>3. 材质<br>4. 地形<br>5. 导线跨越类型 | km | 按设计图示尺寸另加预留量以单线长度计算 | 1. 工地运输<br>2. 导线架设<br>3. 导线跨越及进户线架设 |

3. 电缆工程(编码：040803)

电缆工程工程量清单项目设置及工程量计算规则，见表 1-43。

电缆工程(编码：040803) **表 1-43**

| 项目编码 | 项目名称 | 项目特征 | 计量单位 | 工程量计算规则 | 工作内容 |
|---|---|---|---|---|---|
| 040803001 | 电缆 | 1. 名称<br>2. 规格<br>3. 规格<br>4. 材质<br>5. 敷设方式、部位<br>6. 电压(kV)<br>7. 地形 | m | 按设计图示尺寸另加预留及附加量以长度计算 | 1. 揭(盖)盖板<br>2. 电缆敷设 |

续表

| 项目编码 | 项目名称 | 项目特征 | 计量单位 | 工程量计算规则 | 工作内容 |
| --- | --- | --- | --- | --- | --- |
| 040803002 | 电缆保护管 | 1. 名称<br>2. 规格<br>3. 规格<br>4. 材质<br>5. 敷设方式<br>6. 过路管加固要求 | m | 按设计图示尺寸以长度计算 | 1. 保护管敷设<br>2. 过路管加固 |
| 040803003 | 电缆排管 | 1. 名称<br>2. 规格<br>3. 规格<br>4. 材质<br>5. 垫层、基础、厚度、材料品种、强度等级<br>6. 排管排列形式 | | | 1. 垫层、基础浇筑<br>2. 排管敷设 |

续表

| 项目编码 | 项目名称 | 项目特征 | 计量单位 | 工程量计算规则 | 工作内容 |
| --- | --- | --- | --- | --- | --- |
| 040803004 | 管道包封 | 1. 名称<br>2. 规格<br>3. 混凝土强度等级 | m | 按设计图示尺寸以长度计算 | 1. 灌注<br>2. 养护 |
| 040803005 | 电缆终端头 | 1. 名称<br>2. 型号<br>3. 规格<br>4. 材质、类型<br>5. 安装部位<br>6. 电压(kV) | 个 | 按设计图示数量计算 | 1. 制作<br>2. 安装<br>3. 接地 |

续表

| 项目编码 | 项目名称 | 项目特征 | 计量单位 | 工程量计算规则 | 工作内容 |
| --- | --- | --- | --- | --- | --- |
| 040803006 | 电缆中间头 | 1. 名称<br>2. 型号<br>3. 规格<br>4. 材质、类型<br>5. 安装方式<br>6. 电压(kV) | 个 | 按设计图示数量计算 | 1. 制作<br>2. 安装<br>3. 接地 |
| 040803007 | 铺砂、盖保护板（砖） | 1. 种类<br>2. 规格 | m | 按设计图示尺寸以长度计算 | 1. 铺砂<br>2. 盖保护板（砖） |

4. 配管、配线工程(编码：040803)

配管、配线工程工程量清单项目设置及工程量计算规则，见表1-44。

配管、配线工程(编码：040804)　　表 1-44

| 项目编码 | 项目名称 | 项目特征 | 计量单位 | 工程量计算规则 | 工作内容 |
| --- | --- | --- | --- | --- | --- |
| 040804001 | 配管 | 1. 名称<br>2. 材质<br>3. 规格<br>4. 配置形式<br>5. 钢索材质、规格<br>6. 接地要求 | m | 按设计图示尺寸以长度计算 | 1. 预留沟槽<br>2. 钢索架设(拉紧装置安装)<br>3. 电线管路敷设<br>4. 接地 |
| 040804002 | 配线 | 1. 名称<br>2. 配线形式<br>3. 型号<br>4. 规格<br>5. 材质<br>6. 配线部位<br>7. 配线线制<br>8. 钢索材质、规格 | m | 按设计图示尺寸另加预留量以单线长度计算 | 1. 钢索架设(拉紧装置安装)<br>2. 支持体(绝缘子等)安装<br>3. 配线 |

续表

| 项目编码 | 项目名称 | 项目特征 | 计量单位 | 工程量计算规则 | 工作内容 |
| --- | --- | --- | --- | --- | --- |
| 040804003 | 接线箱 | 1. 名称<br>2. 规格<br>3. 材质<br>4. 安装形式 | 个 | 按设计图示数量计算 | 本体安装 |
| 040804004 | 接线盒 | | | | |
| 040804005 | 带形母线 | 1. 名称<br>2. 型号<br>3. 规格<br>4. 材质<br>5. 绝缘子类型、规格<br>6. 穿通板材质、规格<br>7. 引下线材质、规格<br>8. 伸缩节、过渡板材质、规格<br>9. 分相漆品种 | m | 按设计图示尺寸另加预留量以单线长度计算 | 1. 支持绝缘子安装及耐压试验<br>2. 穿通板制作、安装<br>3. 母线安装<br>4. 引下线安装<br>5. 伸缩节安装<br>6. 过渡板安装<br>7. 拉紧装置安装<br>8. 刷分相漆 |

5. 照明器具安装工程（编码：040805）

照明器具安装工程工程量清单项目设置及工程量计算规则，见表1-45。

照明器具安装工程（编码：040805） **表 1-45**

| 项目编码 | 项目名称 | 项目特征 | 计量单位 | 工程量计算规则 | 工作内容 |
|---|---|---|---|---|---|
| 040805001 | 常规照明灯 | 1. 名称<br>2. 型号<br>3. 灯杆材质、高度<br>4. 灯杆编号<br>5. 灯架形式及臂长<br>6. 光源数量<br>7. 附件配置 | 套 | 按设计图示数量计算 | 1. 垫层铺筑<br>2. 基础制作、安装<br>3. 立灯杆<br>4. 杆座制作、安装<br>5. 灯架制作、安装 |
| 040805002 | 中杆照明灯 | | | | |

续表

| 项目编码 | 项目名称 | 项目特征 | 计量单位 | 工程量计算规则 | 工作内容 |
| --- | --- | --- | --- | --- | --- |
| 040805001 | 常规照明灯 | 8. 垫层、基础：厚度、材料品种、强度等级<br>9. 杆座形式、材质、规格<br>10. 接线端子材质、规格<br>11. 编号要求<br>12. 接地要求 | 套 | 按设计图示数量计算 | 6. 灯具附件安装<br>7. 焊、压接线端子<br>8. 接线<br>9. 补刷（喷）油漆<br>10. 灯杆编号<br>11. 接地<br>12. 试灯 |
| 040805002 | 中杆照明灯 | | | | |

续表

| 项目编码 | 项目名称 | 项目特征 | 计量单位 | 工程量计算规则 | 工作内容 |
|---|---|---|---|---|---|
| 040805003 | 高杆照明灯 | 1. 名称<br>2. 型号<br>3. 灯杆材质、高度<br>4. 灯杆编号<br>5. 灯架形式及臂长<br>6. 光源数量<br>7. 附件配置<br>8. 垫层、基础：厚度、材料品种、强度等级<br>9. 杆座形式、材质、规格<br>10. 接线端子材质、规格<br>11. 编号要求<br>12. 接地要求 | 套 | 按设计图示数量计算 | 1. 垫层铺筑<br>2. 基础制作、安装<br>3. 立灯杆<br>4. 杆座制作、安装<br>5. 灯架制作、安装<br>6. 灯具附件安装<br>7. 焊、压接线端子<br>8. 接线<br>9. 补刷(喷)油漆<br>10. 灯杆编号<br>11. 升降机构接线调试<br>12. 接地<br>13. 试灯 |

续表

| 项目编码 | 项目名称 | 项目特征 | 计量单位 | 工程量计算规则 | 工作内容 |
|---|---|---|---|---|---|
| 040805004 | 景观照明灯 | 1. 名称<br>2. 型号<br>3. 规格<br>4. 安装形式<br>5. 接地要求 | 1.套<br>2. m | 1. 以套计量，按设计图示数量计算<br>2. 以米计量，按设计图示尺寸以延长米计算 | 1. 灯具安装<br>2. 焊、压接线端子<br>3. 接线<br>4. 补刷(喷)油漆<br>5. 接地<br>6. 试灯 |
| 040805005 | 桥栏杆照明灯 | | 套 | 按设计图示数量计算 | |
| 040805006 | 地道涵洞照明灯 | | | | |

6. 防雷接地装置工程(编码：040805)

防雷接地装置工程工程量清单项目设置及工程量计算规则，见表1-46。

防雷接地装置工程(编码：040806)　　表 1-46

| 项目编码 | 项目名称 | 项目特征 | 计量单位 | 工程量计算规则 | 工作内容 |
|---|---|---|---|---|---|
| 040806001 | 接地极 | 1. 名称<br>2. 材质<br>3. 规格<br>4. 土质<br>5. 基础接地形式 | 根(块) | 按设计图示数量计算 | 1. 接地极(板、桩)制作、安装<br>2. 补刷(喷)油漆 |
| 040806002 | 接地母线 | 1. 名称<br>2. 材质<br>3. 规格 | m | 按设计图示尺寸另加附加量以长度计算 | 1. 接地母线制作、安装<br>2. 补刷(喷)油漆 |

续表

| 项目编码 | 项目名称 | 项目特征 | 计量单位 | 工程量计算规则 | 工作内容 |
|---|---|---|---|---|---|
| 040806003 | 避雷引下线 | 1. 名称<br>2. 材质<br>3. 规格<br>4. 安装高度<br>5. 安装形式<br>6. 断接卡子、箱材质、规格 | m | 按设计图示尺寸另加附加量以长度计算 | 1. 避雷引下线制作、安装<br>2. 断接卡子、箱制作、安装<br>3. 补刷（喷）油漆 |
| 040806004 | 避雷针 | 1. 名称<br>2. 材质<br>3. 规格<br>4. 安装高度<br>5. 安装形式 | 套（基） | 按设计图示数量计算 | 1. 本体安装<br>2. 跨接<br>3. 补刷（喷）油漆 |
| 040806005 | 降阻剂 | 名称 | kg | 按设计图示数量以质量计算 | 施放降阻剂 |

7. 电气调整试验(编码：040807)

电气调整试验工程量清单项目设置及工程量计算规则，见表1-47。

**电气调整试验(编码：040807)　　表1-47**

| 项目编码 | 项目名称 | 项目特征 | 计量单位 | 工程量计算规则 | 工作内容 |
|---|---|---|---|---|---|
| 040807001 | 变压器系统调试 | 1. 名称<br>2. 型号<br>3. 容量(kV·A) | 系统 | 按设计图示数量计算 | 系统调试 |
| 040807002 | 供电系统调试 | 1. 名称<br>2. 型号<br>3. 电压(kV) | 系统 | 按设计图示数量计算 | 系统调试 |
| 040807003 | 接地装置调试 | 1. 名称<br>2. 类别 | 系统(组) | 按设计图示数量计算 | 按地电阻测试 |
| 040807004 | 电缆试验 | 1. 名称<br>2. 电压(kV) | 次(根、点) | 按设计图示数量计算 | 试验 |

# 第九节 钢筋工程工程量计算

## 一、清单工程量计算说明

钢筋工程清单工程量计算说明，见表 1-48。

钢筋工程清单工程量计算说明 表 1-48

| 序号 | 项 目 | 内 容 |
| --- | --- | --- |
| 1 | 概况 | 钢筋工程不分节共设立 10 个项目，适用于钢筋制作安装项目 |
| 2 | 有关问题的说明 | (1) 清单工程量均按设计重量计算。设计注明搭接的应计算搭接长度；设计未注明搭接的，则不计算搭接长度。预埋铁件的计量单位为千克，其他均以吨为计量单位。 |

续表

| 序号 | 项目 | 内容 |
| --- | --- | --- |
| 2 | 有关问题的说明 | （2）钢筋工程中所列的型钢指劲性骨架，凡型钢与钢筋组合（除预埋铁件外）如钢格栅应分型钢和钢筋分别列清单项目。<br>（3）先张法预应力钢筋项目的工程内容包括张拉台座制作、安装、拆除和钢筋、钢丝束制作安装等全部内容。<br>（4）后张法预应力钢筋项目的工程内容包括钢丝束孔道制作安装，钢筋、钢丝束制作张拉，孔道压浆和锚具 |

## 二、清单项目设置及工程量计算规则

钢筋工程工程量清单项目设置及工程量计算规则，见表1-49。

钢筋工程(编码：040901)

表 1-49

| 项目编码 | 项目名称 | 项目特征 | 计量单位 | 工程量计算规则 | 工作内容 |
|---|---|---|---|---|---|
| 040901001 | 现浇构件钢筋 | 1. 钢筋种类<br>2. 钢筋规格 | t | 按设计图示尺寸以质量计算 | 1. 制作<br>2. 运输<br>3. 安装 |
| 040901002 | 预制构件钢筋 | | | | |
| 040901003 | 钢筋网片 | | | | |
| 040901004 | 钢筋笼 | | | | |

续表

| 项目编码 | 项目名称 | 项目特征 | 计量单位 | 工程量计算规则 | 工作内容 |
| --- | --- | --- | --- | --- | --- |
| 040901005 | 先张法预应力钢筋（钢丝、钢绞线） | 1. 部位<br>2. 预应力筋种类<br>3. 预应力筋规格 | t | 按设计图示尺寸以质量计算 | 1. 张拉台座制作、安装、拆除<br>2. 预应力筋制作、张拉 |
| 040901006 | 后张法预应力钢筋（钢丝束、钢绞线） | 1. 部位<br>2. 预应力筋种类<br>3. 预应力筋规格<br>4. 锚具种类、规格<br>5. 砂浆强度等级<br>6. 压浆管材质、规格 | | | 1. 预应力筋孔道制作、安装<br>2. 锚具安装<br>3. 预应力筋制作、张拉<br>4. 安装压浆管道<br>5. 孔道压浆 |

续表

| 项目编码 | 项目名称 | 项目特征 | 计量单位 | 工程量计算规则 | 工作内容 |
|---|---|---|---|---|---|
| 040901007 | 型钢 | 1. 材料种类<br>2. 材料规格 | t | 按设计图示以质量计算 | 1. 制作<br>2. 运输<br>3. 安装、定位 |
| 040901008 | 植筋 | 1. 材料种类<br>2. 材料规格<br>3. 植入深度<br>4. 植筋胶品种 | 根 | 按设计图示数量计算 | 1. 定位、钻孔、清空<br>2. 钢筋加工成型<br>3. 注胶、植筋<br>4. 抗拔试验<br>5. 养护 |
| 040901009 | 预埋铁件 | 1. 材料种类<br>2. 材料规格 | t | 按设计图示尺寸以质量计算 | 1. 制作<br>2. 运输<br>3. 安装 |
| 040901010 | 高强螺栓 | | 1. t<br>2.套 | 1. 按设计图示尺寸以质量计算<br>2. 按设计图示数量计算 | |

## 第十节　拆除工程工程量计算

### 一、清单工程量计算说明

拆除工程清单工程量计算说明，见表 1-50。

**拆除工程清单工程量计算说明　　表 1-50**

| 序号 | 项　目 | 内　容 |
| --- | --- | --- |
| 1 | 清单项目的概况 | 拆除工程不分节共设立 11 个项目，适用于市政拆除工程 |
| 2 | 有问题的说明 | (1)拆除路面、人行道及管道清单项目的工作内容中均不包括基础及垫层拆除，发生时按本章相应清单项目编码列项。<br>(2)伐树、挖树蔸应按现行国家标准《园林绿化工程工程量计算规范》GB 50858 中相应清单项目编码列项 |

## 二、清单项目设置及工程量计算规则

拆除工程工程量清单项目设置及工程量计算规则，见表1-51。

**表 1-51**

**拆除工程（编码：041001）**

| 项目编码 | 项目名称 | 项目特征 | 计量单位 | 工程量计算规则 | 工作内容 |
| --- | --- | --- | --- | --- | --- |
| 040800001 | 拆除路面 | 1. 材质<br>2. 厚度 | $m^2$ | 按拆除部位以面积计算 | 1. 拆除、清理<br>2. 运输 |
| 040800002 | 拆除人行道 | | | | |
| 040800003 | 拆除基层 | 1. 材质<br>2. 厚度<br>3. 部位 | | | |
| 040800004 | 铣刨路面 | 1. 材质<br>2. 结构形式<br>3. 厚度 | | | |

续表

| 项目编码 | 项目名称 | 项目特征 | 计量单位 | 工程量计算规则 | 工作内容 |
|---|---|---|---|---|---|
| 040800005 | 拆除侧、平(缘)石 | 材质 | m | 按拆除部位以延长米计算 | 1. 拆除、清理<br>2. 运输 |
| 040800006 | 拆除管道 | 1. 材质<br>2. 管径 | | | |
| 040800007 | 拆除砖石结构 | 1. 结构形式<br>2. 强度等级 | $m^3$ | 按拆除部位以体积米计算 | |
| 040800008 | 拆除混凝土结构 | | | | |

续表

| 项目编码 | 项目名称 | 项目特征 | 计量单位 | 工程量计算规则 | 工作内容 |
|---|---|---|---|---|---|
| 040800009 | 拆除井 | 1. 结构形式<br>2. 规格尺寸<br>3. 强度等级 | 座 | 按拆除部位以数量计算 | 1. 拆除、清理<br>2. 运输 |
| 040800010 | 拆除电杆 | 1. 结构形式<br>2. 规格尺寸 | 根 | | |
| 040800011 | 拆除管片 | 1. 材质<br>2. 部位 | 处 | | |

## 第十一节　措施项目工程量计算

### 一、清单工程量计算说明

措施项目工程清单工程量计算说明，见表 1-52。

**措施项目工程清单工程量计算说明**　　**表 1-52**

| 序号 | 项目 | 内容 |
| --- | --- | --- |
| 1 | 清单项目的概况 | 措施项目包括脚手架工程，混凝土模板及支架，围堰，便道及便桥，洞内临时设施，大型机械设备进出场及安拆，施工排水、降水，处理、监测、监控，安全文明施工及其他措施项目等 |
| 2 | 有关问题的说明 | 编制工程量清单时，若设计图纸中有措施项目的专项设计方案时，应按措施项目清单中有关规定描述其项目特征，并根据工程量计算规则计算工程量；若无相关设计经验，其工程量可为暂估量，在办理结算时，按经批准的施工组织设计方案计算 |

## 二、清单项目设置及工程量计算规则

### 1. 脚手架工程(编码：041101)

脚手架工程工程量清单项目设置及工程量计算规则，见表1-53。

脚手架工程(编码：041101)　　表1-53

| 项目编码 | 项目名称 | 项目特征 | 计量单位 | 工程量计算规则 | 工作内容 |
|---|---|---|---|---|---|
| 041101001 | 墙面脚手架 | 墙高 | $m^2$ | 按墙面水平边线长度乘以墙面砌筑高度计算 | 1. 清理场地<br>2. 搭设、拆除脚手架、安全网<br>3. 材料场内运输 |
| 041101002 | 柱面脚手架 | 1. 柱高<br>2. 柱结构外围周长 | | 按柱结构外围周长乘以柱砌筑高度计算 | |

续表

| 项目编码 | 项目名称 | 项目特征 | 计量单位 | 工程量计算规则 | 工作内容 |
|---|---|---|---|---|---|
| 041101003 | 仓面脚手架 | 1. 搭设方式<br>2. 搭设高度 | $m^2$ | 按仓面水平面积计算 | 1. 清理场地<br>2. 搭设、拆除脚手架、安全网<br>3. 材料场内运输 |
| 041101004 | 沉井脚手架 | 沉井高度 | | 按井壁中心线周长乘以井高计算 | |
| 041101005 | 井字架 | 井深 | 座 | 按设计图示数量计算 | 1. 清理场地<br>2. 搭、拆井字架<br>3. 材料场内外运输 |

2. 混凝土模板及支架（编码：041102）

混凝土模板及支架工程量清单项目设置及工程量计算规则，见表1-54。

混凝土模板及支架（编码：041102）　　表1-54

| 项目编码 | 项目名称 | 项目特征 | 计量单位 | 工程量计算规则 | 工作内容 |
| --- | --- | --- | --- | --- | --- |
| 041102001 | 垫层模板 | 构件类型 | $m^2$ | 按混凝土与模板接触面的面积计算 | 1. 模板制作、安装、拆除、整理、堆放<br>2. 模板粘结物及模内杂物清理、刷隔离剂<br>3. 模板场内外运输及维修 |
| 041102002 | 基础模板 | | | | |
| 041102003 | 承台模板 | | | | |
| 041102004 | 墩（台）帽模板 | 1. 构件类型<br>2. 支模高度 | | | |
| 041102005 | 墩（台）身模板 | | | | |

续表

| 项目编码 | 项目名称 | 项目特征 | 计量单位 | 工程量计算规则 | 工作内容 |
| --- | --- | --- | --- | --- | --- |
| 041102006 | 支撑梁及横梁模板 | 1. 构件类型<br>2. 支模高度 | $m^2$ | 按混凝土与模板接触面的面积计算 | 1. 模板制作、安装、拆除、整理、堆放<br>2. 模板粘结物及模内杂物清理、刷隔离剂<br>3. 模板场内外运输及维修 |
| 041102007 | 墩（台）盖梁模板 | | | | |
| 041102008 | 拱桥拱座模板 | | | | |
| 041102009 | 拱桥拱肋模板 | | | | |
| 041102010 | 拱上构件模板 | | | | |
| 041102011 | 箱梁模板 | | | | |
| 041102012 | 柱模板 | | | | |
| 041102013 | 梁模板 | | | | |
| 041102014 | 板模板 | | | | |
| 041102015 | 板梁模板 | | | | |
| 041102016 | 板拱模板 | | | | |
| 041102017 | 挡墙模板 | | | | |

续表

| 项目编码 | 项目名称 | 项目特征 | 计量单位 | 工程量计算规则 | 工作内容 |
| --- | --- | --- | --- | --- | --- |
| 041102018 | 压顶模板 | 构件类型 | $m^2$ | 按混凝土与模板接触面的面积计算 | 1. 模板制作、安装、拆除、整理、堆放<br>2. 模板粘结物及模内杂物清理、刷隔离剂<br>3. 模板场内外运输及维修 |
| 041102019 | 防撞护栏模板 | | | | |
| 041102020 | 楼梯模板 | | | | |
| 041102021 | 小型构件模板 | | | | |
| 041102022 | 箱涵滑（底）板模板 | 1. 构件类型<br>2. 支模高度 | | | |
| 041102023 | 箱涵侧墙模板 | | | | |
| 041102024 | 箱涵顶板模板 | | | | |
| 041102025 | 拱部衬砌模板 | 1. 构件类型<br>2. 衬砌厚度<br>3. 拱跨径 | | | |
| 041102026 | 边墙衬砌模板 | | | | |

续表

| 项目编码 | 项目名称 | 项目特征 | 计量单位 | 工程量计算规则 | 工作内容 |
| --- | --- | --- | --- | --- | --- |
| 041102027 | 竖井衬砌模板 | 1. 构件类型<br>2. 壁厚 | $m^2$ | 按混凝土与模板接触面的面积计算 | 1. 模板制作、安装、拆除、整理、堆放<br>2. 模板粘结物及模内杂物清理、刷隔离剂<br>3. 模板场内外运输及维修 |
| 041102028 | 沉井井壁（隔墙）模板 | 1. 构件类型<br>2. 支模高度 | | | |
| 041102029 | 沉井顶板模板 | | | | |
| 041102030 | 沉井底板模板 | 构件类型 | | | |
| 041102031 | 管（渠）道平基模板 | | | | |
| 041102032 | 管（渠）道管座模板 | | | | |
| 041102033 | 井顶（盖）板模板 | | | | |
| 041102034 | 池底模板 | | | | |

续表

| 项目编码 | 项目名称 | 项目特征 | 计量单位 | 工程量计算规则 | 工作内容 |
| --- | --- | --- | --- | --- | --- |
| 041102035 | 池壁（隔墙）模板 | 1. 构件类型<br>2. 支模高度 | $m^2$ | 按混凝土与模板接触面的面积计算 | 1. 模板制作、安装、拆除、整理、堆放<br>2. 模板粘结物及模内杂物清理、刷隔离剂<br>3. 模板场内外运输及维修 |
| 041102036 | 池盖模板 | | | | |
| 041102037 | 其他现浇构件模板 | 构件类型 | | | |
| 041102038 | 设备螺栓套 | 螺栓套孔深度 | 个 | 按设计图示数量计算 | |

续表

| 项目编码 | 项目名称 | 项目特征 | 计量单位 | 工程量计算规则 | 工作内容 |
|---|---|---|---|---|---|
| 041102039 | 水上桩基础支架、平台 | 1. 位置<br>2. 材质<br>3. 桩类型 | $m^2$ | 按支架、平台搭设的面积计算 | 1. 支架、平台地基处理<br>2. 支架、平台的搭设、使用及拆除<br>3. 材料场内外运输 |
| 041102040 | 桥涵支架 | 1. 部位<br>2. 材质<br>3. 支架类型 | $m^3$ | 按支架搭设的空间体积计算 | 1. 支架地基处理<br>2. 支架的搭设、使用及拆除<br>3. 支架预压<br>4. 材料场内外运输 |

3. 围堰（编码：041103）

围堰工程量清单项目设置及工程量计算规则，见表 1-55。

围堰（编码：041103） **表 1-55**

| 项目编码 | 项目名称 | 项目特征 | 计量单位 | 工程量计算规则 | 工作内容 |
|---|---|---|---|---|---|
| 041103001 | 围堰 | 1. 围堰类型<br>2. 围堰顶宽及底宽<br>3. 围堰高度<br>4. 填心材料 | 1. $m^3$<br>2. m | 1. 以立方米计量，按设计图示围堰体积计算<br>2. 以米计量，按设计图示围堰中心线长度计算 | 1. 清理基底<br>2. 打、拔工具桩<br>3. 堆筑、填心、夯实<br>4. 拆除清理<br>5. 材料场内外运输 |

续表

| 项目编码 | 项目名称 | 项目特征 | 计量单位 | 工程量计算规则 | 工作内容 |
| --- | --- | --- | --- | --- | --- |
| 041103002 | 筑岛 | 1. 筑岛类型<br>2. 筑岛高度<br>3. 填心材料 | 处 | 按设计图示筑岛体积计算 | 1. 清理基底<br>2. 堆筑、填心、夯实<br>3. 拆除清理 |

4. 便道及便桥（编码：041104）

便道及便桥工程量清单项目设置及工程量计算规则，见表 1-56。

便道及便桥（编码：041104） 表 1-56

| 项目编码 | 项目名称 | 项目特征 | 计量单位 | 工程量计算规则 | 工作内容 |
| --- | --- | --- | --- | --- | --- |
| 041104001 | 便道 | 1. 结构类型<br>2. 材料种类<br>3. 宽度 | $m^2$ | 按设计图示尺寸以面积计算 | 1. 平整土地<br>2. 材料运输、铺设、夯实<br>3. 拆除、清理 |
| 041104002 | 便桥 | 1. 结构类型<br>2. 材料种类<br>3. 跨径<br>4. 宽度 | 座 | 按设计图示数量计算 | 1. 清理基底<br>2. 材料运输、便桥搭设<br>3. 拆除、清理 |

5. 洞内临时设施（编码：041105）

洞内临时设施工程量清单项目设置及工程量计算规则，见表 1-57。

**洞内临时设施（编码：041105）** **表 1-57**

| 项目编码 | 项目名称 | 项目特征 | 计量单位 | 工程量计算规则 | 工作内容 |
|---|---|---|---|---|---|
| 041105001 | 洞内通风设施 | 1. 单孔隧道长度<br>2. 隧道断面尺寸<br>3. 使用时间<br>4. 设备要求 | m | 按设计图示隧道长度以延长米计算 | 1. 管道铺设<br>2. 线路架设<br>3. 设备安装<br>4. 保养维护<br>5. 拆除、清理<br>6. 材料场内外运输 |
| 041105002 | 洞内供水设施 | | | | |
| 041105003 | 洞内供电及照明设施 | | | | |
| 041105004 | 洞内通信设施 | | | | |

续表

| 项目编码 | 项目名称 | 项目特征 | 计量单位 | 工程量计算规则 | 工作内容 |
| --- | --- | --- | --- | --- | --- |
| 041105005 | 洞内外轨道铺设 | 1. 单孔隧道长度<br>2. 隧道断面尺寸<br>3. 使用时间<br>4. 轨道要求 | m | 按设计图示轨道铺设长度以延长米计算 | 1. 轨道及基础铺设<br>2. 保养维护<br>3. 拆除、清理<br>4. 材料场内外运输 |

6. 大型机械设备进出场及安拆（编码：041106）

大型机械设备进出场及安拆工程量清单项目设置及工程量计算规则，见表1-58。

大型机械设备进出场及安拆（编码：041106）　　表 1-58

| 项目编码 | 项目名称 | 项目特征 | 计量单位 | 工程量计算规则 | 工作内容 |
| --- | --- | --- | --- | --- | --- |
| 041106001 | 大型机械设备进出场及安拆 | 1. 机械设备名称<br>2. 机械设备规格型号 | 台·次 | 按使用机械设备的数量计算 | 1. 安拆费包括施工机械、设备在现场进行安装拆卸所需人工、材料、机械和试运转费用以及机械辅助设施的折旧、搭设、拆除等费用<br>2. 进出场费包括施工机械、设备整体或分体自停放地点运至施工现场或由一施工地点运至另一施工地点所发生的运输、装卸、辅助材料等费用 |

7. 施工排水、降水（编码：041107）

施工排水、降水工程量清单项目设置及工程量计算规则，见表1-59。

施工排水、降水（编码：041107）　　表1-59

| 项目编码 | 项目名称 | 项目特征 | 计量单位 | 工程量计算规则 | 工作内容 |
|---|---|---|---|---|---|
| 041107001 | 成井 | 1. 成井方式<br>2. 地层情况<br>3. 成井直径<br>4. 井(滤)管类型、直径 | m | 按设计图示尺寸以钻孔深度计算 | 1. 准备钻孔机械、埋设护筒、钻机就位；泥浆制作、固壁；成孔、出渣、清孔等<br>2. 对接上、下井管（滤管），焊接，安放、下滤料，洗井，连接试抽等 |
| 041107002 | 排水、降水 | 1. 机械规格型号<br>2. 降排水管规格 | 昼夜 | 按降、排水日历天数计算 | 1. 管道安装、拆除，场内搬运等<br>2. 抽水、值班、降水设备维修等 |

8. 处理、监测、监控（编码：041108）

处理、监测、监控工程量清单项目设置及工程量计算规则，见表1-60。

**处理、监测、监控（编码：041108）　表1-60**

| 项目编码 | 项目名称 | 工作内容及包含范围 |
| --- | --- | --- |
| 041108001 | 地下管线交叉处理 | 1. 悬吊<br>2. 加固<br>3. 其他处理措施 |
| 041108002 | 施工监测、监控 | 1. 对隧道洞内施工时可能存在的危害因素进行监测<br>2. 对明挖法、暗挖法、盾构法施工的区域等进行周边环境监测<br>3. 对明挖基坑围护结构体系进行监测<br>4. 对隧道的围堰和支护进行监测<br>5. 盾构法施工进行监控测量 |

9. 安全文明施工及其他措施项目（编码：041109）

安全文明施工及其他措施项目工程量清单项目设置及工程量计算规则，见表1-61。

**安全文明施工及其他措施项目**

（编码：041109） **表1-61**

| 项目编码 | 项目名称 | 工作内容及包含范围 |
| --- | --- | --- |
| 041109001 | 安全文明施工 | 1. 环境保护：施工现场为达到环保部门要求所需要的各项措施。包括施工现场为保持工地清洁、控制扬尘、废弃物与材料运输的防护、保证排水设施通畅、设置密闭式垃圾站、实现施工垃圾与生活垃圾分类存放等环保措施；其他环境保护措施<br>2. 文明施工：根据相关规定在施工现场设置企业标志、工程项目简介牌、工程项目责任人员姓名牌、安全六大纪律牌、安全生产记数牌、十项安全技术措施牌、防火须知牌、卫生须知牌及工地施工总平面布置图、安全警示标志牌，施工现场围挡以及为符合场容场貌、材料堆放、现场防火等要求采取的相应措施；其他文明施工措施 |

续表

| 项目编码 | 项目名称 | 工作内容及包含范围 |
| --- | --- | --- |
| 041109001 | 安全文明施工 | 3. 安全施工：根据相关规定设置安全防护设施、现场物料提升架与卸料平台的安全防护设施、垂直交叉作业与高空作业安全防护设施、现场设置安防监控系统设施、现场机械设备(包括电动工具)的安全保护与作业场所和临时安全疏散通道的安全照明与警示设施等；其他安全防护措施<br>4. 临时设施：施工现场临时宿舍、文化福利及公用事业房屋与构筑物、仓库、办公室、加工厂、工地实验室以及规定范围内的道路、水、电、管线等临时设施和小型临时设施等的搭设、维修、拆除、周转；其他临时设施搭设、维修、拆除 |
| 041109002 | 夜间施工 | 1. 夜间固定照明灯具和临时可移动照明灯具的设置、拆除<br>2. 夜间施工时，施工现场交通标志、安全标牌、警示灯等的设置、移动、拆除<br>3. 夜间照明设备及照明用电、施工人员夜班补助、夜间施工劳动效率降低等 |

续表

| 项目编码 | 项目名称 | 工作内容及包含范围 |
| --- | --- | --- |
| 041109003 | 二次搬运 | 由于施工场地条件限制而发生的材料、成品、半成品一次运输不能到达堆积地点，必须进行的二次或多次搬运 |
| 041109004 | 冬雨季施工 | 1. 冬雨季施工时增加的临时设施(防寒保温、防雨设施)的搭设、拆除<br>2. 冬雨季施工时对砌体、混凝土等采用的特殊加温、保温和养护措施<br>3. 冬雨季施工时施工现场的防滑处理、对影响施工的雨雪的清除<br>4. 冬雨季施工时增加的临时设施、施工人员的劳动保护用品、冬雨季施工劳动效率降低等 |
| 041109005 | 行车、行人干扰 | 1. 由于施工受行车、行人干扰的影响，导致人工、机械效率降低而增加的措施<br>2. 为保证行车、行人的安全，现场增设维护交通与疏导人员而增加的措施 |

续表

| 项目编码 | 项目名称 | 工作内容及包含范围 |
| --- | --- | --- |
| 041109006 | 地上、地下设施、建筑物的临时保护设施 | 在工程施工过程中，对已建成的地上、地下设施和建筑物进行的遮盖、封闭、隔离等必要保护措施所发生的人工和材料 |
| 041109007 | 已完工程及设备保护 | 对已完工程及设备采取的覆盖、包裹、封闭、隔离等必要保护措施所发生的人工和材料 |

# 第二章　常规工程量计算公式汇总

## 第一节　大型土石方工程工程量横截面计算

横截面计算方法适用于地形起伏变化较大或形状狭长地带，其方法是：

首先，根据地形图及总平面图，将要计算的场地划分成若干个横截面，相邻两个横截面距离视地形变化而定。在起伏变化大的地段，布置密一些（即距离短一些），反之则可适当长一些。如线路横断面在平坦地区，可取 50m 一个，山坡地区可取 20m 一个，遇到变化大的地段再加测断面，然后，实测每个横截面特征点的标高，量出各点之间距离（如果测区已有比较精确的大比例尺地形图，也可在图上设置横截面，用比例尺直接量取距离，按等高线求算高程，方法简捷，就其精度来说，没有实测的高)，按比例尺把每个横截面绘制到厘米方格纸上，并套上相应的设计断面，则自然地面和设计地面两轮廓线之间的部分，即是需要计算的施工部分。

具体计算步骤如表 2-1。

**计算步骤表　　表 2-1**

| | |
|---|---|
| 划分横截面 | 根据地形图(或直接测量)及竖向布置图，将要计算的场地划分横截面 $A-A'$，$B-B'$，$C-C'$……划分原则为垂直等高线，或垂直主要建筑物边长，横截面之间的间距可不等，地形变化复杂的间距宜小一些，反之宜大一些，但最大不宜大于 100m |
| 划截面图形 | 按比例划制每个横截面的自然地面和设计地面的轮廓线。设计地面轮廓线之间的部分，即为填方和挖方的截面 |
| 计算横截面面积 | 按表 2-1 的面积计算公式，计算每个截面的填方或挖方截面面积 |
| 计算土方量 | 根据截面面积计算土方量<br>$V=\frac{1}{2}(F_1+F_2)L$<br>式中 $V$——表示相邻两截面间的土方量，$m^3$；<br>$F_1$、$F_2$——表示相邻两截面的挖(填)方截面面积，$m^2$；<br>$L$——表示相邻截面间的间距，m |

**常用横截面面积计算公式　　表 2-2**

| 图　示 | 面积计算公式 |
| --- | --- |
| 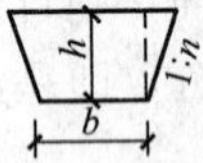 $h$, $b$, $1:n$ | $F=h(b+nh)$ |
| 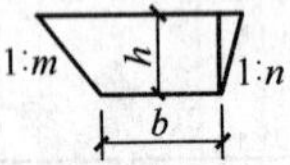 $1:m$, $h$, $1:n$, $b$ | $F=h\left[b+\frac{h(m+n)}{2}\right]$ |
| 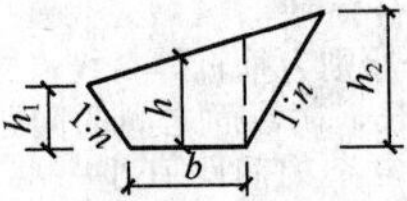 $h_1$, $1:n$, $h$, $1:n$, $h_2$, $b$ | $F=b\frac{h_1+h_2}{2}+nh_1h_2$ |
| 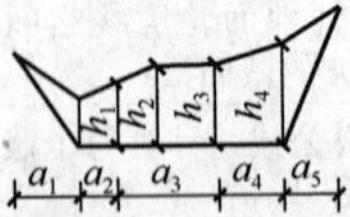 $h_1$, $h_2$, $h_3$, $h_4$, $a_1$, $a_2$, $a_3$, $a_4$, $a_5$ | $F=h_1\frac{a_1+a_2}{2}+h_2\frac{a_2+a_3}{2}+h_3\frac{a_3+a_4}{2}+h_4\frac{a_4+a_5}{2}$ |
| 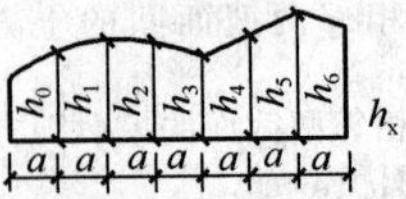 $h_0$, $h_1$, $h_2$, $h_3$, $h_4$, $h_5$, $h_6$, $h_x$, $a$, $a$, $a$, $a$, $a$, $a$, $a$ | $F=\frac{1}{2}a(h_0+2h+h_n)$<br>$h=h_1+h_2+h_3+\cdots+h_n$ |

## 第二节　大型土石方工程工程量方格网计算

一、根据需要平整区域的地形图（或直接测量地形）划分方格网。方格的大小视地形变化的复杂程度及计算要求的精度不同而不同，一般方格的大小为 20m×20m（也可以 10m×10m）。然后按设计（总图或竖向布置图），在方格网上套划出方格角点的设计标高（即施工后需达到的高度）和自然标高（原地形高度）。设计标高与自然标高之差即为施工高度，“－”表示挖方，“＋”表示填方。

二、当方格内相邻两角一为填方、一为挖方时，则应比例分配计算出两角之间不挖不填的“零”点位置，并标于方格边上。再将各“零”点用直线连起来，就可将建筑场地划分为填、挖方区。

三、土石方工程量的计算公式可参照表 2-3 进行。如遇陡坡等突然变化起伏地段，由于高低悬殊，采用本方法也难计算准确时，就视具体情况另行补充计算。

四、将挖方区、填方区所有方格计算出的工程量列表汇总，即得该建筑场地的土石方挖、填方工程总量。

**方格网点常用计算公式　　表 2-3**

| 图　示 | 计 算 方 式 |
| --- | --- |
| 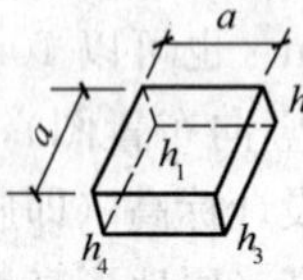 | 方格内四角全为挖方或填方<br>$V=\frac{a^2}{4}(h_1+h_2+h_3+h_4)$ |
| 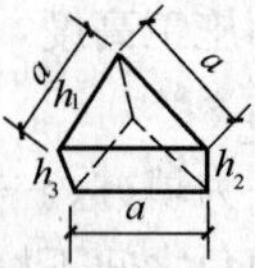 | 三角锥体，当三角锥体全为挖方或填方<br>$F=\frac{a^2}{2}$<br>$V=\frac{a^2}{6}(h_1+h_2+h_3)$ |
| 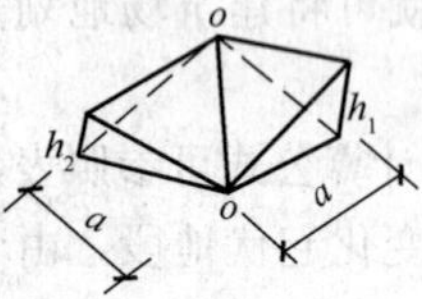 | 方格网内，一对角线为零线，另两角点一为挖方，一为填方<br>$F_{挖}=F_{填}=\frac{a^2}{2}$<br>$V_{挖}=\frac{a^2}{6}h_1$<br>$V_{填}=\frac{a^2}{6}h_2$ |

续表

| 图　示 | 计算方式 |
| --- | --- |
| 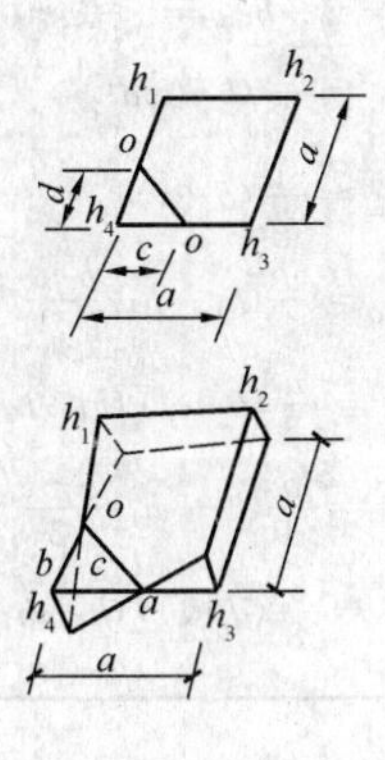 | 方格网内，三角为挖(填)方，一角为填(挖)方<br>$b=\frac{ah_4}{h_1+h_4}$；$c=\frac{ah_4}{h_3+h_4}$<br>$F_{填}=\frac{1}{2}bc$；<br>$F_{挖}=a^2-\frac{1}{2}bc$<br>$V_{填}=\frac{h_4}{6}bc$<br>$=\frac{a^2h_4^3}{6(h_1+h_4)(h_3+h_4)}$<br>$V_{挖}=\frac{a^2}{6}-(2h_1+h_2$<br>$+2h_3-h_4)+V_{填}$ |

续表

| 图　示 | 计算方式 |
|---|---|
| 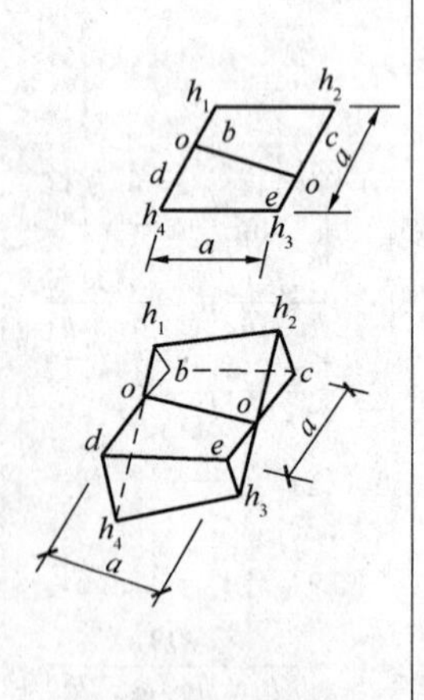 | 方格网内，两角为挖，两角为填<br>$b=\dfrac{ah_1}{h_1+h_4}$；<br>$c=\dfrac{ah_2}{h_2+h_3}$<br>$d=a-b$; $c=a-c$<br>$F_{挖}=\dfrac{1}{2}(b+c)a$;<br>$F_{填}=\dfrac{1}{2}(d+e)a$<br>$V_{挖}=\dfrac{a}{4}(h_1+h_2)\dfrac{b+c}{2}$<br>$=\dfrac{a}{8}(b+c)\cdot(h_1+h_2)$<br>$V_{填}=\dfrac{a}{4}(h_3+h_4)\dfrac{b+e}{2}$<br>$=\dfrac{a}{8}(d+e)\cdot(h_3+h_4)$ |

## 第三节　挖沟槽土石方工程量计算

外墙沟槽：$V_{挖}=S_{断}\ L_{外中}$

内墙沟槽：$V_{挖}=S_{断}\ L_{基底净长}$

管道沟槽：$V_{挖}=S_{断}\ L_{中}$

其中沟槽断面有如下形式（表 2-4）

**沟槽断面常见形式　　　　表 2-4**

| 情况 | 计算公式 | 示意图 |
|---|---|---|
| 钢筋混凝土基础有垫层时 | 两面放坡<br>$S_{断}=[(b+2\times0.3)+mh]h+(b'+2\times0.1)h'$ | 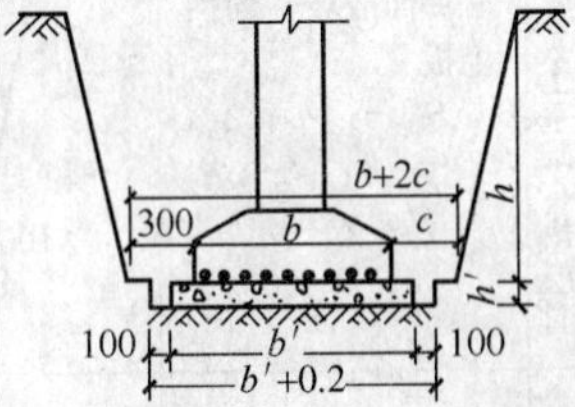 |
| | 不放坡无挡土板<br>$S_{断}=(b+2\times0.3)h+(b'+2\times0.1)h'$ | 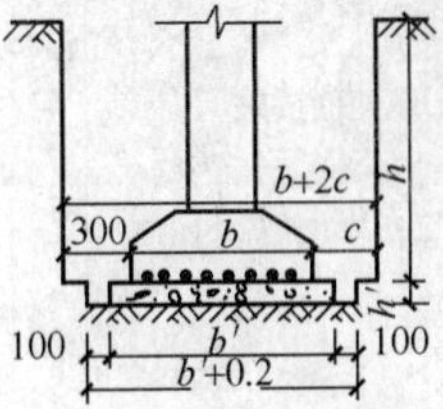 |
| | 不放坡加两面挡土板<br>$S_{断}=(b+2\times0.3+2\times0.1)h+(b'+2\times0.1)h'$ | 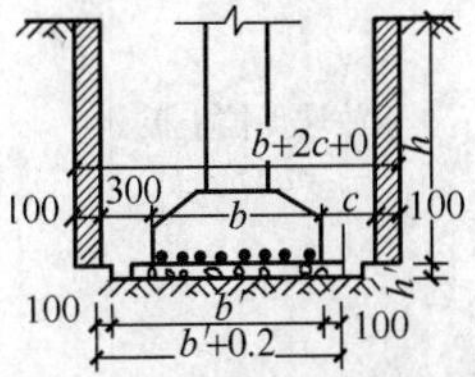 |

续表

| 情况 | 计算公式 | 示意图 |
| --- | --- | --- |
| 钢筋混凝土基础有垫层时 | 一面放坡一面挡土板<br>$S_{断}=(b+2\times0.3+0.1+0.5mh)h+(b'+2\times0.1)h'$ | 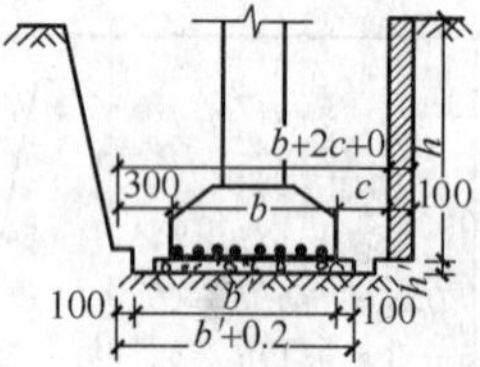 |
| 基础有其他垫层时 | 两面放坡<br>$S_{断}=[(b'+mh)h+b'h']$ | 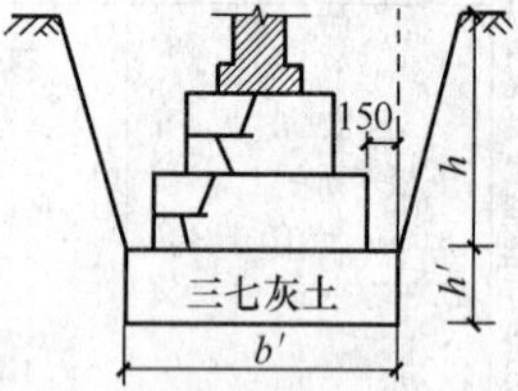 |
| | 不放坡无挡土板<br>$S_{断}=b'(h+h')$ | 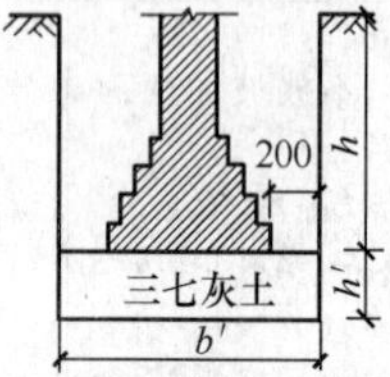 |

续表

| 情况 | 计算公式 | 示意图 |
| --- | --- | --- |
|  | 两面放坡<br>$S_{断}=[(b+2c)+mh]h$ | 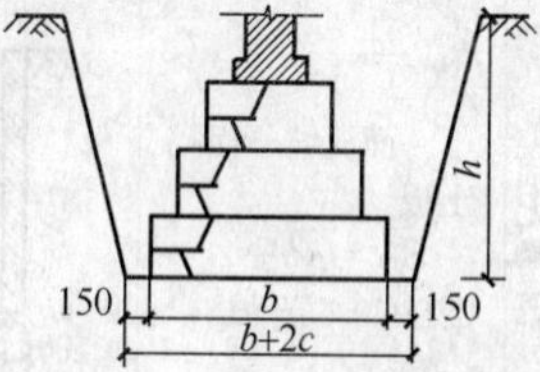 150　$b$　150<br>$b+2c$<br>$h$ |
| 基础无垫层时 | 不放坡无挡土板<br>$S_{断}=(b+2c)h$ | 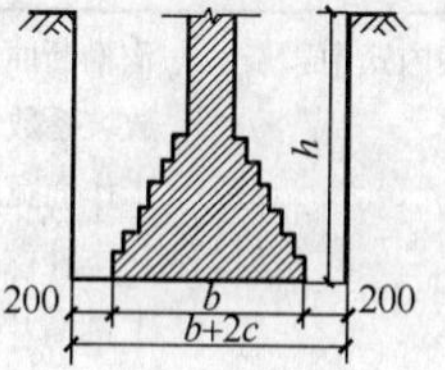 200　$b$　200<br>$b+2c$<br>$h$ |
|  | 不放坡加两面挡土板<br>$S_{断}=(b+2c+2\times0.1)h$ | 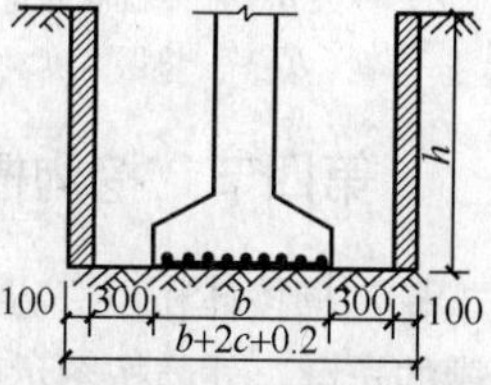 100　300　$b$　300　100<br>$b+2c+0.2$<br>$h$ |

续表

| 情况 | 计算公式 | 示意图 |
| --- | --- | --- |
| 基础无垫层时 | 一面放坡一面挡土板<br>$S_{断}=(b+2c+0.1+0.5mh)h$ | 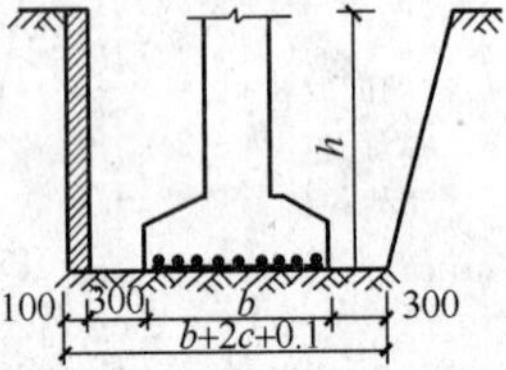 100 300 b 300<br>b+2c+0.1<br>h |

表内式中：$S_{断}$——沟槽断面面积；

$m$——放坡系数；

$c$——工作面宽度；

$h$——从室外设计地面至基础底深度，即垫层上基槽开挖深度；

$h'$——基础垫层高度；

$b$——基础底面宽度；

$b'$——垫层宽度。

## 第四节　挖沟槽工程量计算

挖沟槽按体积以立方米（$m^3$）计算工程量。沟槽的长度、外墙按图示中心线长度计算；内墙按图示基础沟槽底面之间净长线长度计算；沟槽内外突出部分（包括垛、附墙烟囱等）的体积，并入沟槽土方工程量内计算；计算放坡时，交接处的重复工程量不予扣除。

沟槽宽度按图示尺寸计算，深度按图示槽底面至室外地坪的深度计算。

挖沟槽工程量应根据是否增加工作面，支挡土板，放坡和不放坡等具体情况分别计算。

**挖沟槽工程量常用计算公式　　表 2-5**

| 项目 | | 计算公式 | 图　示 |
| --- | --- | --- | --- |
| 不放坡和不支挡土板 | 不留工作面 | $V=bhl$<br>式中：$V$——挖槽工作量，$m^3$；<br>$b$——槽底宽度，m；<br>$h$——挖土深度，m；<br>$l$——挖槽长度，m | 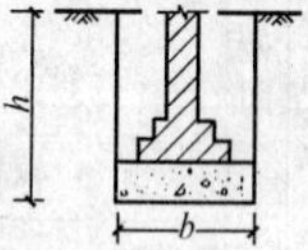 |
| | 留工作面 | $V=(b+2c)hl$<br>式中：$V$——挖槽工作量，$m^3$；<br>$b$——基础底宽度，m；<br>$c$——增加工作面，按表 3-4 计算；<br>$h$——挖土深度，m；<br>$l$——挖槽长度，m | 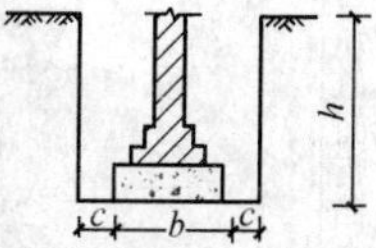 |

续表

| 项目 | 计算公式 | 图示 |
| --- | --- | --- |
| 不放坡和双面支挡土板 | $V=(b+2c+0.2)hl$<br>式中：$V$——挖槽工作量，$m^3$；<br>0.2——双面挡土板的厚度；<br>$b$——基础底宽度，m；<br>$c$——增加工作面，按表 3-4 计算；<br>$h$——挖土深度，m；<br>$l$——挖槽长度，m | 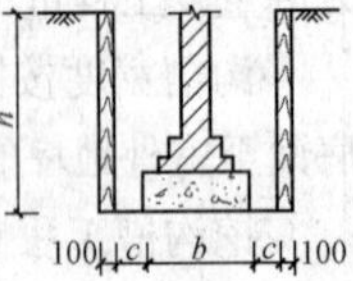 |
| 放坡和不支挡土板 留工作面 | $V=(b+2c+kh)hl$<br>式中：$V$——挖槽工作量，$m^3$；<br>$k$——放坡系数；<br>$b$——基础底宽度，m；<br>$c$——增加工作面，按表 3-4 计算；<br>$h$——挖土深度，m；<br>$l$——挖槽长度，m | 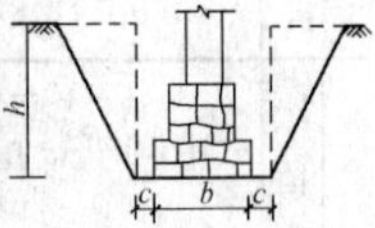 |
| 单面放坡和单面支挡土板 | $V=\left(b+2c+0.1+\frac{1}{2}kh\right)hl$<br>式中：$V$——挖槽工作量，$m^3$；<br>0.1——单面挡土板的厚度；<br>$k$——放坡系数；<br>$b$——基础底宽度，m；<br>$c$——增加工作面，按表 3-4 计算；<br>$h$——挖土深度，m；<br>$l$——挖槽长度，m | 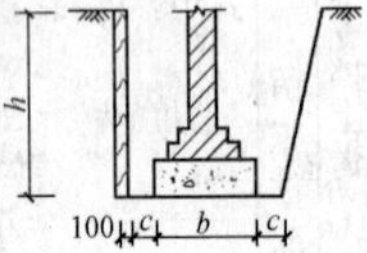 |

**不同施工内容工作表面　　表 2-6**

<table>
<tr><th>施工工作内容</th><th colspan="3">工作面/cm</th></tr>
<tr><td>1. 毛石砌筑每边增加工作面</td><td colspan="3">15</td></tr>
<tr><td>2. 混凝土基础需支模板每边增加工作面</td><td colspan="3">30</td></tr>
<tr><td>3. 使用卷材或防水砂浆做垂直防潮层每边增加工作面</td><td colspan="3">60</td></tr>
<tr><td>4. 支挡土板挖土，按设计槽（坑）每边增加工作面</td><td colspan="3">10</td></tr>
<tr><td rowspan="6">5. 管沟底部每侧工作面宽度</td><td rowspan="2">管道结构宽度/cm</td><td colspan="2">每侧工作面宽度/cm</td></tr>
<tr><td>非金属管道</td><td>非金属管道或砖沟</td></tr>
<tr><td>20～50</td><td>40</td><td>30</td></tr>
<tr><td>60～100</td><td>50</td><td>40</td></tr>
<tr><td>110～150</td><td>60</td><td>60</td></tr>
<tr><td>160～250</td><td>80</td><td>80</td></tr>
</table>

注：1. 管道结构宽度：无管座按管身外皮计算；有管座按管座外皮计算；砖砌或混凝土管沟按管沟外皮计算。
2. 沟底需增设排水沟时，工作面宽度可适当增加。
3. 有外防水的砖沟或混凝土沟时，每侧工作面宽度宜取 80cm。

为便于计算沟槽工程量，现将双面放坡的不同坡度沟槽断面积列于表 2-7～2-12 中，以供直接查用。

表 2-7

## 每 1m 沟槽土方数量表（坡度 1：0.25）

| 槽深/m | 底宽/m | | | | | | | | | | | | |
|---|---|---|---|---|---|---|---|---|---|---|---|---|---|
| | 1.0 | 1.1 | 1.2 | 1.3 | 1.4 | 1.5 | 1.6 | 1.7 | 1.8 | 1.9 | 2.0 | 2.1 | 2.2 |
| | 土方量/$m^3$ | | | | | | | | | | | | |
| 1.0 | 1.25 | 1.35 | 1.45 | 1.55 | 1.65 | 1.75 | 1.85 | 1.95 | 2.05 | 2.15 | 2.25 | 2.35 | 2.45 |
| 1.1 | 1.40 | 1.51 | 1.62 | 1.73 | 1.84 | 1.95 | 2.06 | 2.17 | 2.28 | 2.39 | 2.50 | 2.61 | 2.72 |
| 1.2 | 1.56 | 1.68 | 1.80 | 1.92 | 2.04 | 2.16 | 2.28 | 2.40 | 2.52 | 2.64 | 2.76 | 2.88 | 3.00 |
| 1.3 | 1.72 | 1.83 | 1.98 | 2.11 | 2.24 | 2.37 | 2.50 | 2.63 | 2.76 | 2.89 | 3.02 | 3.15 | 3.28 |
| 1.4 | 1.89 | 2.03 | 2.17 | 2.31 | 2.45 | 2.59 | 2.73 | 2.87 | 3.01 | 3.15 | 3.29 | 3.43 | 3.57 |
| 1.5 | 2.06 | 2.21 | 2.36 | 2.51 | 2.66 | 2.81 | 2.96 | 3.11 | 3.26 | 3.41 | 3.56 | | |
| 1.6 | 2.24 | 2.40 | 2.56 | 2.72 | 2.88 | 3.04 | 3.20 | 3.36 | 3.52 | 3.68 | 3.84 | 3.71 | 3.86 |
| 1.7 | 2.42 | 2.59 | 2.76 | 2.93 | 3.10 | 3.27 | 3.44 | 3.61 | 3.78 | 3.95 | 4.12 | 4.00 | 4.16 |
| 1.8 | 2.61 | 2.79 | 2.97 | 3.15 | 3.33 | 3.51 | 3.69 | 3.87 | 4.05 | 4.23 | 4.41 | 4.29 | 4.46 |

续表

| 槽深/m | 底宽/m | | | | | | | | | | | | |
|---|---|---|---|---|---|---|---|---|---|---|---|---|---|
| | 1.0 | 1.1 | 1.2 | 1.3 | 1.4 | 1.5 | 1.6 | 1.7 | 1.8 | 1.9 | 2.0 | 2.1 | 2.2 |
| | 土方量/$m^3$ | | | | | | | | | | | | |
| 1.9 | 2.80 | 2.99 | 3.18 | 3.37 | 3.56 | 3.75 | 3.94 | 4.13 | 4.32 | 4.51 | 4.70 | 4.59 | 4.77 |
| 2.0 | 3.00 | 3.20 | 3.40 | 3.60 | 3.80 | 4.00 | 4.20 | 4.40 | 4.60 | 4.80 | 5.00 | 4.89 | 5.08 |
| 2.1 | 3.20 | 3.41 | 3.62 | 3.83 | 4.04 | 4.25 | 4.46 | 4.67 | 4.88 | 5.09 | 5.30 | 5.20 | 5.40 |
| 2.2 | 3.41 | 3.63 | 3.85 | 4.07 | 4.29 | 4.51 | 4.73 | 4.95 | 5.17 | 5.39 | 5.61 | 5.51 | 5.72 |
| 2.3 | 3.62 | 3.85 | 4.08 | 4.31 | 4.54 | 4.77 | 5.00 | 5.23 | 5.46 | 5.69 | 5.92 | 5.83 | 6.05 |
| 2.4 | 3.84 | 4.08 | 4.32 | 4.56 | 4.80 | 5.04 | 5.26 | 5.52 | 5.76 | 6.00 | 6.24 | 6.15 | 6.38 |
| 2.5 | 4.06 | 4.31 | 4.56 | 4.81 | 5.06 | 5.31 | 5.56 | 5.81 | 6.06 | 6.31 | 6.56 | 6.48 | 6.72 |
| 2.6 | 4.29 | 4.55 | 4.81 | 5.07 | 5.33 | 5.59 | 5.85 | 6.11 | 6.37 | 6.63 | 6.89 | 6.81 | 7.06 |

续表

| 槽深/m | 底　宽/m | | | | | | | | | | | | |
|---|---|---|---|---|---|---|---|---|---|---|---|---|---|
| | 1.0 | 1.1 | 1.2 | 1.3 | 1.4 | 1.5 | 1.6 | 1.7 | 1.8 | 1.9 | 2.0 | 2.1 | 2.2 |
| | 土　方　量/$m^3$ | | | | | | | | | | | | |
| 2.7 | 4.52 | 4.79 | 5.06 | 5.33 | 5.60 | 5.87 | 6.14 | 6.41 | 6.68 | 6.95 | 7.22 | 7.15 | 7.41 |
| 2.8 | 4.76 | 5.04 | 5.32 | 5.60 | 5.88 | 6.16 | 6.44 | 6.72 | 7.00 | 7.28 | 7.56 | 7.49 | 7.76 |
| 2.9 | 5.00 | 5.29 | 5.58 | 5.87 | 6.16 | 6.45 | 6.74 | 7.03 | 7.32 | 7.61 | 7.90 | 7.84 | 8.12 |
| 3.0 | 5.25 | 5.55 | 5.85 | 6.15 | 6.45 | 6.75 | 7.05 | 7.35 | 7.65 | 7.95 | 8.25 | 8.19 | 8.48 |
| 3.1 | 5.50 | 5.81 | 6.12 | 6.43 | 6.74 | 7.05 | 7.36 | 7.67 | 7.98 | 8.29 | 8.60 | 8.55 | 8.85 |
| 3.2 | 5.76 | 6.08 | 6.40 | 6.72 | 7.04 | 7.36 | 7.68 | 8.00 | 8.32 | 8.64 | 8.96 | 8.91 | 9.22 |
| 3.3 | 6.02 | 6.35 | 6.68 | 7.01 | 7.34 | 7.67 | 8.00 | 8.33 | 8.66 | 8.99 | 9.32 | 9.28 | 9.60 |
| 3.4 | 6.29 | 6.63 | 6.97 | 7.31 | 7.65 | 7.99 | 8.33 | 8.67 | 9.01 | 9.35 | 9.69 | 9.65 | 9.98 |

续表

| 槽深/m | 底宽/m | | | | | | | | | | | | |
|---|---|---|---|---|---|---|---|---|---|---|---|---|---|
| | 1.0 | 1.1 | 1.2 | 1.3 | 1.4 | 1.5 | 1.6 | 1.7 | 1.8 | 1.9 | 2.0 | 2.1 | 2.2 |
| | 土方量/$m^3$ | | | | | | | | | | | | |
| 3.5 | 6.56 | 6.91 | 7.26 | 7.61 | 7.96 | 8.31 | 8.66 | 9.01 | 9.36 | 9.71 | 10.06 | 10.03 | 10.37 |
| 3.6 | 6.84 | 7.20 | 7.56 | 7.92 | 8.28 | 8.64 | 9.00 | 9.36 | 9.72 | 10.08 | 10.44 | 10.41 | 10.76 |
| 3.7 | 7.12 | 7.49 | 7.86 | 8.23 | 8.60 | 8.97 | 9.34 | 9.71 | 10.08 | 10.45 | 10.82 | 10.80 | 11.16 |
| 3.8 | 7.41 | 7.79 | 8.17 | 8.55 | 8.93 | 9.31 | 9.69 | 10.07 | 10.45 | 10.83 | 11.21 | 11.19 | 11.56 |
| 3.9 | 7.70 | 8.09 | 8.48 | 8.87 | 9.26 | 9.65 | 10.04 | 10.43 | 10.82 | 11.21 | 11.60 | 11.59 | 11.97 |
| 4.0 | 8.00 | 8.40 | 8.80 | 9.20 | 9.60 | 10.00 | 10.40 | 10.80 | 11.20 | 11.60 | 12.00 | 11.99 | 12.38 |
| 4.1 | 8.30 | 8.71 | 9.12 | 9.53 | 9.94 | 10.35 | 10.76 | 11.17 | 11.58 | 11.99 | 12.40 | 12.40 | 12.80 |
| 4.2 | 8.61 | 9.03 | 9.45 | 9.87 | 10.29 | 10.71 | 11.13 | 11.55 | 11.97 | 12.39 | 12.81 | 12.81 | 13.22 |

续表

| 槽深/m | 底宽/m | | | | | | | | | | | | |
|---|---|---|---|---|---|---|---|---|---|---|---|---|---|
| | 1.0 | 1.1 | 1.2 | 1.3 | 1.4 | 1.5 | 1.6 | 1.7 | 1.8 | 1.9 | 2.0 | 2.1 | 2.2 |
| | 土方量/$m^3$ | | | | | | | | | | | | |
| 4.3 | 8.92 | 9.35 | 9.78 | 10.21 | 10.64 | 11.07 | 11.50 | 11.93 | 12.36 | 12.79 | 13.22 | 13.23 | 13.65 |
| 4.4 | 9.24 | 9.68 | 10.12 | 10.56 | 11.00 | 11.44 | 11.88 | 12.32 | 12.76 | 13.20 | 13.64 | 13.65 | 14.08 |
| 4.5 | 9.56 | 10.01 | 10.46 | 10.91 | 11.36 | 11.81 | 12.26 | 12.71 | 13.16 | 13.61 | 14.06 | 14.08 | 14.52 |
| 4.6 | 9.89 | 10.35 | 10.81 | 11.27 | 11.73 | 12.10 | 12.65 | 13.11 | 13.57 | 14.00 | 14.49 | 14.51 | 14.96 |
| 4.7 | 10.22 | 10.69 | 11.16 | 11.63 | 12.10 | 12.57 | 13.04 | 13.51 | 13.98 | 14.45 | 14.92 | 14.95 | 15.41 |
| 4.8 | 10.56 | 11.04 | 11.52 | 12.00 | 12.48 | 12.96 | 13.44 | 13.92 | 14.40 | 14.88 | 15.36 | 15.39 | 15.86 |
| 4.9 | 10.90 | 11.39 | 11.88 | 12.37 | 12.86 | 13.35 | 13.84 | 14.33 | 14.82 | 15.31 | 15.80 | 15.84 | 16.32 |
| 5.0 | 11.25 | 11.75 | 12.25 | 12.75 | 13.25 | 13.75 | 14.25 | 14.75 | 15.25 | 15.75 | 16.25 | 16.29 | 16.78 |

续表

| 槽深/m | 底宽/m | | | | | | | | | | | | | |
|---|---|---|---|---|---|---|---|---|---|---|---|---|---|---|
| | 2.3 | 2.4 | 2.5 | 2.6 | 2.7 | 2.8 | 2.9 | 3.0 | 3.1 | 3.2 | 3.3 | 3.4 | 3.5 | 3.6 |
| | 土方量/$m^3$ | | | | | | | | | | | | | |
| 1.0 | 2.55 | 2.65 | 2.75 | 2.85 | 2.95 | 3.05 | 3.15 | 3.25 | 3.35 | 3.45 | 3.55 | 3.65 | 3.75 | 3.85 |
| 1.1 | 2.83 | 2.94 | 3.05 | 3.16 | 3.27 | 3.38 | 3.49 | 3.60 | 3.71 | 3.32 | 3.93 | 4.04 | 4.15 | 4.26 |
| 1.2 | 3.12 | 3.24 | 3.36 | 3.48 | 3.60 | 3.72 | 3.84 | 3.96 | 4.08 | 4.20 | 4.32 | 4.44 | 4.56 | 4.68 |
| 1.3 | 3.41 | 3.54 | 3.67 | 3.80 | 3.93 | 4.06 | 4.19 | 4.32 | 4.45 | 4.58 | 4.71 | 4.84 | 4.97 | 5.10 |
| 1.4 | 3.71 | 3.85 | 3.99 | 4.13 | 4.27 | 4.41 | 4.55 | 4.69 | 4.83 | 4.97 | 5.11 | 5.25 | 5.39 | 5.53 |
| 1.5 | 4.01 | 4.16 | 4.31 | 4.46 | 4.61 | 4.76 | 4.91 | 5.06 | 5.21 | 5.36 | 5.51 | 5.66 | 5.41 | 5.96 |
| 1.6 | 4.32 | 4.48 | 4.64 | 4.80 | 4.96 | 5.12 | 5.28 | 5.44 | 5.60 | 5.76 | 5.92 | 6.08 | 6.24 | 6.40 |
| 1.7 | 4.63 | 4.80 | 4.97 | 5.14 | 5.31 | 5.48 | 5.85 | 5.82 | 5.99 | 6.16 | 6.33 | 6.50 | 6.67 | 6.84 |

续表

| 槽深/m | 底宽/m | | | | | | | | | | | | | |
|---|---|---|---|---|---|---|---|---|---|---|---|---|---|---|
| | 2. 3 | 2. 4 | 2. 5 | 2. 6 | 2. 7 | 2. 8 | 2. 9 | 3. 0 | 3. 1 | 3. 2 | 3. 3 | 3. 4 | 3. 5 | 3. 6 |
| | 土方量/$m^3$ | | | | | | | | | | | | | |
| 1. 8 | 4. 95 | 5. 13 | 5. 31 | 5. 49 | 5. 67 | 5. 85 | 6. 03 | 6. 21 | 6. 39 | 6. 57 | 6. 75 | 5. 93 | 7. 11 | 7. 29 |
| 1. 9 | 5. 27 | 5. 46 | 5. 65 | 5. 84 | 6. 03 | 6. 22 | 6. 41 | 6. 60 | 6. 79 | 6. 98 | 7. 17 | 7. 36 | 7. 55 | 7. 74 |
| 2. 0 | 5. 60 | 5. 80 | 6. 00 | 6. 20 | 6. 40 | 6. 60 | 6. 80 | 7. 00 | 7. 20 | 7. 40 | 7. 60 | 7. 80 | 8. 00 | 8. 20 |
| 2. 1 | 5. 93 | 6. 14 | 6. 35 | 6. 56 | 6. 77 | 6. 98 | 7. 19 | 7. 40 | 7. 61 | 7. 82 | 8. 03 | 8. 24 | 8. 45 | 8. 66 |
| 2. 2 | 6. 27 | 6. 49 | 6. 71 | 6. 93 | 7. 15 | 7. 37 | 7. 59 | 7. 81 | 8. 03 | 8. 25 | 8. 47 | 8. 69 | 8. 91 | 9. 13 |
| 2. 3 | 6. 61 | 6. 84 | 7. 07 | 7. 30 | 7. 53 | 7. 76 | 7. 99 | 8. 22 | 8. 45 | 8. 68 | 8. 91 | 9. 14 | 9. 37 | 9. 60 |
| 2. 4 | 6. 96 | 7. 20 | 7. 44 | 7. 68 | 7. 92 | 8. 16 | 8. 40 | 8. 64 | 8. 88 | 9. 12 | 9. 36 | 9. 60 | 9. 84 | 10. 08 |
| 2. 5 | 7. 31 | 7. 56 | 7. 81 | 8. 06 | 8. 31 | 8. 56 | 8. 81 | 9. 06 | 9. 31 | 9. 56 | 9. 81 | 10. 06 | 10. 31 | 10. 56 |

续表

| 槽深/m | 底宽/m | | | | | | | | | | | | | |
|---|---|---|---|---|---|---|---|---|---|---|---|---|---|---|
| | 2.3 | 2.4 | 2.5 | 2.6 | 2.7 | 2.8 | 2.9 | 3.0 | 3.1 | 3.2 | 3.3 | 3.4 | 3.5 | 3.6 |
| | 土方量/$m^3$ | | | | | | | | | | | | | |
| 2.6 | 7.67 | 7.93 | 8.19 | 8.45 | 8.71 | 8.97 | 9.23 | 9.49 | 9.75 | 10.01 | 10.27 | 10.53 | 10.79 | 11.05 |
| 2.7 | 8.03 | 8.30 | 8.57 | 8.84 | 9.11 | 9.33 | 9.65 | 9.02 | 10.64 | 10.46 | 10.73 | 11.00 | 11.27 | 11.54 |
| 2.8 | 8.40 | 8.68 | 8.96 | 9.24 | 9.52 | 9.80 | 10.08 | 10.36 | 10.64 | 10.92 | 11.20 | 11.48 | 11.76 | 12.04 |
| 2.9 | 8.77 | 9.06 | 9.35 | 9.64 | 9.93 | 10.22 | 10.51 | 10.80 | 11.00 | 11.38 | 11.67 | 11.96 | 12.25 | 12.54 |
| 3.0 | 9.15 | 9.45 | 9.75 | 10.05 | 10.35 | 10.65 | 10.95 | 11.25 | 11.55 | 11.85 | 12.15 | 12.45 | 12.75 | 13.05 |
| 3.1 | 9.53 | 9.84 | 10.15 | 10.46 | 10.77 | 11.08 | 11.39 | 11.70 | 12.01 | 12.32 | 12.63 | 12.94 | 13.25 | 13.56 |
| 3.2 | 9.92 | 10.24 | 10.56 | 10.88 | 11.20 | 11.52 | 11.34 | 12.16 | 12.48 | 12.30 | 13.12 | 13.44 | 13.76 | 14.08 |
| 3.3 | 10.31 | 10.64 | 10.97 | 11.30 | 11.63 | 11.96 | 12.29 | 12.62 | 12.95 | 13.28 | 13.61 | 13.94 | 14.27 | 14.30 |

续表

| 槽深/m | 底宽/m | | | | | | | | | | | | | |
|---|---|---|---|---|---|---|---|---|---|---|---|---|---|---|
| | 2.3 | 2.4 | 2.5 | 2.6 | 2.7 | 2.8 | 2.9 | 3.0 | 3.1 | 3.2 | 3.3 | 3.4 | 3.5 | 3.6 |
| | 土方量/$m^3$ | | | | | | | | | | | | | |
| 3.4 | 10.71 | 11.05 | 11.39 | 11.73 | 12.07 | 12.41 | 12.75 | 13.09 | 13.43 | 13.77 | 14.11 | 14.45 | 14.79 | 15.13 |
| 3.5 | 11.11 | 11.46 | 11.81 | 12.16 | 12.51 | 12.86 | 13.21 | 13.56 | 13.91 | 14.26 | 14.61 | 14.96 | 15.31 | 15.66 |
| 3.6 | 11.52 | 11.88 | 12.24 | 12.60 | 12.96 | 13.32 | 13.68 | 14.04 | 14.40 | 14.76 | 15.12 | 15.48 | 15.84 | 16.20 |
| 3.7 | 11.03 | 12.30 | 12.67 | 13.04 | 13.41 | 13.78 | 14.15 | 14.52 | 14.89 | 15.26 | 15.63 | 16.00 | 16.37 | 16.74 |
| 3.8 | 12.35 | 12.73 | 13.11 | 13.49 | 13.87 | 14.25 | 14.63 | 15.01 | 15.39 | 15.77 | 16.15 | 16.63 | 16.91 | 17.29 |
| 3.9 | 12.77 | 13.16 | 13.55 | 13.94 | 14.33 | 14.72 | 15.11 | 15.90 | 15.89 | 16.28 | 16.67 | 17.06 | 17.45 | 17.84 |
| 4.0 | 13.20 | 13.60 | 14.00 | 14.40 | 14.80 | 15.20 | 15.60 | 16.00 | 16.40 | 16.80 | 17.20 | 17.60 | 18.00 | 18.40 |
| 4.1 | 13.63 | 14.04 | 14.45 | 14.86 | 15.27 | 15.68 | 16.09 | 16.50 | 16.91 | 17.32 | 17.73 | 18.14 | 18.55 | 18.96 |

续表

| 槽深/m | 底宽/m | | | | | | | | | | | | | |
|---|---|---|---|---|---|---|---|---|---|---|---|---|---|---|
| | 2.3 | 2.4 | 2.5 | 2.6 | 2.7 | 2.8 | 2.9 | 3.0 | 3.1 | 3.2 | 3.3 | 3.4 | 3.5 | 3.6 |
| | 土方量/m³ | | | | | | | | | | | | | |
| 4.2 | 14.07 | 14.49 | 14.91 | 15.33 | 15.75 | 16.17 | 16.59 | 17.01 | 17.43 | 17.85 | 18.28 | 18.70 | 19.12 | 19.54 |
| 4.3 | 14.51 | 14.94 | 15.37 | 15.80 | 16.23 | 16.66 | 17.09 | 17.52 | 17.95 | 18.38 | 18.81 | 19.24 | 19.67 | 20.10 |
| 4.4 | 14.96 | 15.40 | 15.84 | 15.28 | 16.72 | 17.16 | 17.60 | 18.04 | 18.48 | 18.92 | 19.36 | 19.80 | 20.44 | 20.68 |
| 4.5 | 15.41 | 15.86 | 16.31 | 16.76 | 17.21 | 17.66 | 18.11 | 18.56 | 19.01 | 19.46 | 19.91 | 20.36 | 20.81 | 21.26 |
| 4.6 | 15.87 | 16.33 | 16.79 | 17.25 | 17.71 | 18.17 | 18.63 | 19.09 | 19.55 | 20.01 | 20.47 | 20.93 | 21.39 | 21.85 |
| 4.7 | 16.33 | 16.80 | 17.27 | 17.74 | 18.21 | 18.68 | 19.15 | 19.62 | 20.09 | 20.56 | 21.03 | 21.50 | 21.97 | 22.44 |
| 4.8 | 16.80 | 17.28 | 17.76 | 18.24 | 18.72 | 19.20 | 19.68 | 20.16 | 20.64 | 21.12 | 21.60 | 22.08 | 22.56 | 23.04 |
| 4.9 | 17.27 | 17.76 | 18.25 | 18.74 | 19.23 | 19.72 | 20.21 | 20.70 | 21.19 | 21.18 | 22.17 | 22.66 | 23.15 | 23.61 |
| 5.0 | 17.75 | 18.25 | 18.75 | 19.25 | 19.75 | 20.25 | 20.75 | 21.25 | 21.75 | 22.25 | 22.75 | 23.25 | 23.75 | 24.25 |

**每1m沟槽土方数量表（坡度1∶0.33）** 表2-8

| 槽深/m | 底宽/m | | | | | | | | | | | | |
|---|---|---|---|---|---|---|---|---|---|---|---|---|---|
| | 1.0 | 1.1 | 1.2 | 1.3 | 1.4 | 1.5 | 1.6 | 1.7 | 1.8 | 1.9 | 2.0 | 2.1 | 2.2 |
| | 土方量/$m^3$ | | | | | | | | | | | | |
| 1.0 | 1.33 | 1.43 | 1.53 | 1.63 | 1.73 | 1.83 | 1.93 | 2.03 | 2.13 | 2.23 | 2.33 | 2.43 | 2.53 |
| 1.1 | 1.50 | 1.61 | 1.72 | 1.83 | 1.94 | 2.05 | 2.16 | 2.27 | 2.38 | 2.49 | 2.60 | 2.71 | 2.82 |
| 1.2 | 1.67 | 1.79 | 1.91 | 2.03 | 2.15 | 2.27 | 2.39 | 2.51 | 2.63 | 2.75 | 2.87 | 2.99 | 3.11 |
| 1.3 | 1.86 | 1.99 | 2.12 | 2.25 | 2.38 | 2.51 | 2.64 | 2.77 | 2.90 | 3.03 | 3.16 | 3.29 | 3.42 |
| 1.4 | 2.04 | 2.18 | 2.32 | 2.46 | 2.60 | 2.74 | 2.88 | 3.02 | 3.16 | 3.30 | 3.44 | 3.58 | 3.72 |
| 1.5 | 2.24 | 2.39 | 2.54 | 2.69 | 2.84 | 2.99 | 3.14 | 3.29 | 3.44 | 3.59 | 3.74 | 3.89 | 4.04 |
| 1.6 | 2.45 | 2.61 | 2.77 | 2.93 | 3.09 | 3.25 | 3.41 | 3.57 | 3.73 | 3.89 | 4.05 | 4.21 | 4.37 |
| 1.7 | 2.65 | 2.82 | 2.44 | 3.16 | 3.33 | 3.50 | 3.67 | 3.84 | 4.01 | 4.18 | 4.35 | 4.52 | 4.69 |
| 1.8 | 2.87 | 3.05 | 3.23 | 3.41 | 3.59 | 3.77 | 3.95 | 4.13 | 4.31 | 4.49 | 4.67 | 4.85 | 5.03 |

续表

| 槽深/m | 底宽/m | | | | | | | | | | | | |
|---|---|---|---|---|---|---|---|---|---|---|---|---|---|
| | 1.0 | 1.1 | 1.2 | 1.3 | 1.4 | 1.5 | 1.6 | 1.7 | 1.8 | 1.9 | 2.0 | 2.1 | 2.2 |
| | 土方量/$m^3$ | | | | | | | | | | | | |
| 1.9 | 3.09 | 3.28 | 3.47 | 3.66 | 3.85 | 4.04 | 4.23 | 4.42 | 4.61 | 4.80 | 4.99 | 5.18 | 5.37 |
| 2.0 | 3.32 | 3.52 | 3.72 | 3.92 | 4.12 | 4.32 | 4.52 | 4.72 | 4.92 | 5.12 | 5.32 | 5.52 | 5.72 |
| 2.1 | 3.56 | 3.77 | 3.98 | 4.19 | 4.40 | 4.61 | 4.82 | 5.03 | 5.24 | 5.45 | 5.66 | 5.87 | 6.08 |
| 2.2 | 3.80 | 4.02 | 4.24 | 4.46 | 4.68 | 4.90 | 5.12 | 5.34 | 5.56 | 5.78 | 6.00 | 6.22 | 6.44 |
| 2.3 | 4.05 | 4.28 | 4.51 | 4.74 | 4.97 | 5.20 | 5.43 | 5.66 | 5.89 | 6.12 | 6.35 | 6.58 | 6.81 |
| 2.4 | 4.30 | 4.54 | 4.78 | 5.02 | 5.26 | 5.50 | 5.74 | 5.98 | 6.22 | 6.46 | 6.70 | 6.94 | 7.18 |
| 2.5 | 4.56 | 4.81 | 5.06 | 5.31 | 5.56 | 5.81 | 6.06 | 6.31 | 6.56 | 6.81 | 7.06 | 7.31 | 7.56 |
| 2.6 | 4.84 | 5.10 | 5.36 | 5.62 | 5.88 | 6.14 | 6.40 | 6.66 | 6.92 | 7.18 | 7.44 | 7.70 | 7.96 |

续表

| 槽深/m | 底宽/m | | | | | | | | | | | | |
|---|---|---|---|---|---|---|---|---|---|---|---|---|---|
| | 1.0 | 1.1 | 1.2 | 1.3 | 1.4 | 1.5 | 1.6 | 1.7 | 1.8 | 1.9 | 2.0 | 2.1 | 2.2 |
| | 土方量/$m^3$ | | | | | | | | | | | | |
| 2.7 | 5.10 | 5.37 | 5.64 | 5.91 | 6.18 | 6.45 | 6.72 | 6.99 | 7.26 | 7.53 | 7.80 | 8.07 | 8.34 |
| 2.8 | 5.39 | 5.67 | 5.95 | 6.23 | 6.51 | 6.79 | 7.07 | 7.35 | 7.63 | 7.91 | 8.10 | 5.39 | 5.67 |
| 2.9 | 5.67 | 5.96 | 6.25 | 6.54 | 6.83 | 7.12 | 7.41 | 7.70 | 7.99 | 8.28 | 8.57 | 5.67 | 5.96 |
| 3.0 | 5.97 | 6.27 | 6.57 | 6.87 | 7.17 | 7.47 | 7.77 | 8.07 | 8.37 | 8.67 | 8.97 | 9.27 | 9.57 |
| 3.1 | 6.27 | 6.58 | 6.89 | 7.20 | 7.51 | 7.82 | 8.13 | 8.44 | 8.75 | 9.06 | 9.37 | 9.68 | 9.99 |
| 3.2 | 6.58 | 6.90 | 7.22 | 7.54 | 7.86 | 8.18 | 8.50 | 8.82 | 9.14 | 9.46 | 9.78 | 10.10 | 10.42 |
| 3.3 | 6.89 | 7.22 | 7.55 | 7.88 | 8.21 | 8.54 | 8.87 | 9.20 | 9.53 | 9.86 | 10.19 | 10.52 | 10.85 |
| 3.4 | 7.21 | 7.55 | 7.89 | 8.23 | 8.57 | 8.91 | 9.25 | 9.59 | 9.93 | 10.29 | 10.61 | 10.95 | 11.29 |

续表

| 槽深/m | 底宽/m | | | | | | | | | | | | |
|---|---|---|---|---|---|---|---|---|---|---|---|---|---|
| | 1.0 | 1.1 | 1.2 | 1.3 | 1.4 | 1.5 | 1.6 | 1.7 | 1.8 | 1.9 | 2.0 | 2.1 | 2.2 |
| | 土方量/$m^3$ | | | | | | | | | | | | |
| 3.5 | 7.54 | 7.89 | 8.24 | 8.59 | 8.94 | 8.29 | 9.64 | 9.99 | 10.34 | 10.69 | 11.04 | 11.39 | 11.74 |
| 3.6 | 7.88 | 8.24 | 8.60 | 8.96 | 9.32 | 9.68 | 10.04 | 10.40 | 10.76 | 11.12 | 11.48 | 11.84 | 12.20 |
| 3.7 | 8.22 | 8.59 | 8.96 | 9.33 | 9.70 | 10.07 | 10.44 | 10.81 | 11.18 | 11.55 | 11.92 | 12.29 | 12.66 |
| 3.8 | 8.57 | 8.95 | 9.33 | 9.71 | 10.09 | 10.47 | 10.85 | 11.23 | 11.61 | 11.99 | 12.37 | 12.75 | 13.13 |
| 3.9 | 8.92 | 9.31 | 9.70 | 10.09 | 10.48 | 10.87 | 11.26 | 11.65 | 12.04 | 12.43 | 12.82 | 13.21 | 13.60 |
| 4.0 | 9.28 | 9.68 | 10.08 | 10.48 | 10.88 | 11.28 | 11.68 | 12.08 | 12.48 | 12.88 | 13.28 | 13.68 | 14.08 |
| 4.1 | 9.65 | 10.06 | 10.47 | 10.88 | 11.29 | 11.70 | 12.11 | 12.52 | 12.93 | 13.34 | 13.75 | 14.16 | 14.57 |
| 4.2 | 10.02 | 10.44 | 109.86 | 11.28 | 11.70 | 12.12 | 12.54 | 12.96 | 13.38 | 13.80 | 14.22 | 14.64 | 15.06 |

续表

| 槽深/m | 底宽/m | | | | | | | | | | | | |
|---|---|---|---|---|---|---|---|---|---|---|---|---|---|
| | 1.0 | 1.1 | 1.2 | 1.3 | 1.4 | 1.5 | 1.6 | 1.7 | 1.8 | 1.9 | 2.0 | 2.1 | 2.2 |
| | 土方量/$m^3$ | | | | | | | | | | | | |
| 4.3 | 10.40 | 10.83 | 11.26 | 11.69 | 12.12 | 12.55 | 12.98 | 13.41 | 13.84 | 14.27 | 14.70 | 15.13 | 15.56 |
| 4.4 | 10.79 | 11.23 | 11.67 | 12.11 | 12.55 | 12.99 | 13.43 | 13.87 | 14.31 | 14.75 | 15.19 | 15.63 | 16.07 |
| 4.5 | 11.18 | 11.63 | 12.08 | 12.53 | 12.98 | 13.43 | 13.88 | 14.33 | 14.78 | 15.23 | 15.68 | 16.13 | 16.58 |
| 4.6 | 11.58 | 12.04 | 12.50 | 12.96 | 13.42 | 13.88 | 14.34 | 14.80 | 15.26 | 15.72 | 16.18 | 16.64 | 17.10 |
| 4.7 | 11.99 | 12.46 | 12.93 | 13.40 | 13.87 | 14.34 | 14.81 | 15.28 | 15.75 | 16.22 | 16.69 | 17.16 | 17.63 |
| 4.8 | 12.40 | 12.88 | 13.36 | 13.84 | 14.32 | 14.80 | 15.28 | 15.76 | 16.24 | 16.72 | 17.30 | 17.68 | 18.16 |
| 4.9 | 12.82 | 13.31 | 13.80 | 14.29 | 14.78 | 15.27 | 15.76 | 16.25 | 16.74 | 17.23 | 17.72 | 18.21 | 18.70 |
| 5.0 | 13.25 | 13.75 | 14.25 | 14.75 | 15.25 | 15.75 | 16.25 | 16.75 | 17.25 | 17.75 | 18.25 | 18.75 | 19.25 |

续表

| 槽深/m | 底宽/m | | | | | | | | | | | |
| --- | --- | --- | --- | --- | --- | --- | --- | --- | --- | --- | --- | --- |
| | 2.3 | 2.4 | 2.5 | 2.6 | 2.7 | 2.8 | 2.9 | 3.0 | 3.1 | 3.2 | 3.3 | 3.4 |
| | 土方量/$m^3$ | | | | | | | | | | | |
| 1.0 | 2.63 | 2.73 | 2.83 | 2.93 | 3.03 | 3.13 | 3.23 | 3.33 | 3.43 | 3.53 | 3.63 | 3.73 |
| 1.1 | 2.93 | 3.04 | 3.15 | 3.26 | 3.37 | 3.48 | 3.59 | 3.70 | 3.81 | 3.92 | 4.03 | 4.14 |
| 1.2 | 3.23 | 3.35 | 3.47 | 3.59 | 3.71 | 3.83 | 3.95 | 4.07 | 4.19 | 4.31 | 4.43 | 4.55 |
| 1.3 | 3.55 | 3.68 | 3.81 | 3.44 | 4.07 | 4.20 | 4.33 | 4.46 | 4.59 | 4.72 | 4.85 | 4.98 |
| 1.4 | 3.86 | 4.00 | 4.14 | 4.28 | 4.42 | 4.56 | 4.70 | 4.84 | 4.98 | 5.12 | 5.26 | 5.40 |
| 1.5 | 4.19 | 4.34 | 4.49 | 4.64 | 4.79 | 4.94 | 5.09 | 5.24 | 5.39 | 5.54 | 5.69 | 5.84 |
| 1.6 | 4.53 | 4.69 | 4.85 | 5.01 | 5.17 | 5.33 | 5.49 | 5.65 | 5.81 | 5.97 | 6.13 | 6.29 |
| 1.7 | 4.86 | 5.03 | 5.20 | 5.37 | 5.54 | 5.71 | 5.88 | 6.05 | 6.22 | 6.39 | 6.66 | 6.73 |

续表

| 槽深/m | 底宽/m | | | | | | | | | | | |
|---|---|---|---|---|---|---|---|---|---|---|---|---|
| | 2.3 | 2.4 | 2.5 | 2.6 | 2.7 | 2.8 | 2.9 | 3.0 | 3.1 | 3.2 | 3.3 | 3.4 |
| | 土方量/$m^3$ | | | | | | | | | | | |
| 1.8 | 5.21 | 5.39 | 5.57 | 5.75 | 5.93 | 6.11 | 6.29 | 6.47 | 6.65 | 6.83 | 7.01 | 7.19 |
| 1.9 | 5.56 | 5.75 | 5.94 | 6.13 | 6.32 | 6.51 | 6.70 | 6.89 | 7.08 | 7.27 | 7.46 | 7.65 |
| 2.0 | 5.92 | 6.12 | 6.32 | 6.52 | 6.72 | 6.92 | 7.12 | 7.32 | 7.52 | 7.72 | 7.92 | 8.12 |
| 2.1 | 6.29 | 6.50 | 6.71 | 6.92 | 7.13 | 7.34 | 7.55 | 7.76 | 7.97 | 8.18 | 8.39 | 8.60 |
| 2.2 | 6.66 | 6.88 | 7.10 | 7.32 | 7.54 | 7.76 | 7.98 | 8.20 | 8.42 | 8.64 | 8.36 | 9.08 |
| 2.3 | 7.04 | 7.27 | 7.50 | 7.73 | 7.06 | 8.19 | 8.42 | 8.65 | 8.88 | 9.11 | 9.34 | 9.57 |
| 2.4 | 7.42 | 7.66 | 7.90 | 8.14 | 8.33 | 8.62 | 8.86 | 9.10 | 9.34 | 9.58 | 9.82 | 10.06 |
| 2.5 | 7.81 | 8.06 | 8.31 | 8.56 | 8.81 | 9.06 | 9.31 | 9.56 | 9.81 | 10.06 | 10.31 | 10.56 |

续表

| 槽深/m | 底宽/m | | | | | | | | | | | |
|---|---|---|---|---|---|---|---|---|---|---|---|---|
| | 2.3 | 2.4 | 2.5 | 2.6 | 2.7 | 2.8 | 2.9 | 3.0 | 3.1 | 3.2 | 3.3 | 3.4 |
| | 土方量/m³ | | | | | | | | | | | |
| 2.6 | 8.22 | 8.48 | 8.74 | 9.00 | 9.26 | 9.52 | 9.78 | 10.04 | 10.30 | 10.56 | 10.32 | 11.08 |
| 2.7 | 8.61 | 8.88 | 9.15 | 9.42 | 9.60 | 9.96 | 10.23 | 10.50 | 10.77 | 11.04 | 11.31 | 11.58 |
| 2.8 | 5.95 | 6.23 | 6.51 | 6.79 | 7.07 | 7.35 | 7.63 | 7.91 | 8.19 | 11.53 | 11.33 | 12.11 |
| 2.9 | 6.25 | 6.54 | 6.83 | 7.12 | 7.41 | 7.70 | 7.99 | 8.28 | 8.57 | 12.05 | 12.54 | 12.63 |
| 3.0 | 9.87 | 10.17 | 10.47 | 10.77 | 11.07 | 11.37 | 11.67 | 11.97 | 12.27 | 12.57 | 12.87 | 13.17 |
| 3.1 | 10.30 | 10.61 | 10.92 | 11.23 | 11.54 | 11.85 | 12.16 | 12.47 | 12.78 | 13.09 | 13.40 | 13.71 |
| 3.2 | 10.74 | 11.06 | 11.38 | 11.70 | 12.02 | 12.34 | 12.66 | 12.98 | 13.30 | 13.62 | 13.94 | 14.26 |
| 3.3 | 11.18 | 11.51 | 11.84 | 12.17 | 12.50 | 12.83 | 13.16 | 13.49 | 13.82 | 14.15 | 14.48 | 14.81 |

续表

| 槽深/m | 底宽/m | | | | | | | | | | | |
|---|---|---|---|---|---|---|---|---|---|---|---|---|
| | 2.3 | 2.4 | 2.5 | 2.6 | 2.7 | 2.8 | 2.9 | 3.0 | 3.1 | 3.2 | 3.3 | 3.4 |
| | 土方量/$m^3$ | | | | | | | | | | | |
| 3.4 | 11.03 | 11.97 | 12.31 | 12.65 | 12.99 | 13.33 | 13.67 | 14.01 | 14.35 | 14.69 | 15.03 | 15.37 |
| 3.5 | 12.09 | 12.44 | 12.79 | 13.14 | 13.49 | 13.84 | 14.19 | 14.54 | 14.89 | 15.24 | 15.59 | 15.94 |
| 3.6 | 12.56 | 12.92 | 13.28 | 13.64 | 14.00 | 14.36 | 14.72 | 15.08 | 15.44 | 15.30 | 16.16 | 16.52 |
| 3.7 | 13.03 | 13.40 | 13.77 | 14.14 | 14.51 | 14.88 | 15.25 | 15.62 | 15.99 | 16.36 | 16.73 | 17.10 |
| 3.8 | 13.51 | 13.89 | 14.27 | 14.65 | 15.03 | 15.41 | 15.79 | 18.17 | 16.55 | 16.93 | 17.31 | 17.69 |
| 3.9 | 13.99 | 14.38 | 14.77 | 15.16 | 15.55 | 15.94 | 16.33 | 16.72 | 17.11 | 17.50 | 17.89 | 18.28 |
| 4.0 | 14.48 | 14.88 | 15.28 | 15.68 | 16.08 | 16.48 | 16.88 | 17.28 | 17.68 | 18.08 | 18.48 | 18.88 |
| 4.1 | 14.98 | 15.39 | 15.80 | 16.21 | 16.62 | 17.03 | 17.44 | 17.85 | 18.26 | 18.67 | 19.08 | 19.49 |

续表

| 槽深/m | 底宽/m | | | | | | | | | | | |
|---|---|---|---|---|---|---|---|---|---|---|---|---|
| | 2.3 | 2.4 | 2.5 | 2.6 | 2.7 | 2.8 | 2.9 | 3.0 | 3.1 | 3.2 | 3.3 | 3.4 |
| | 土方量/m³ | | | | | | | | | | | |
| 4.2 | 15.48 | 15.90 | 16.32 | 16.74 | 17.16 | 17.58 | 18.00 | 18.42 | 18.84 | 19.26 | 19.68 | 20.10 |
| 4.3 | 15.99 | 16.42 | 16.85 | 17.28 | 17.71 | 18.14 | 18.57 | 19.00 | 19.43 | 19.86 | 20.29 | 20.72 |
| 4.4 | 16.51 | 16.95 | 17.39 | 17.83 | 18.27 | 18.71 | 19.15 | 19.59 | 20.03 | 20.47 | 20.91 | 21.35 |
| 4.5 | 17.03 | 17.48 | 17.93 | 18.38 | 18.83 | 19.28 | 19.73 | 20.18 | 20.63 | 21.08 | 21.53 | 21.98 |
| 4.6 | 15.56 | 18.02 | 18.48 | 18.94 | 19.40 | 19.86 | 20.32 | 20.78 | 21.24 | 21.70 | 22.16 | 22.62 |
| 4.7 | 18.10 | 18.57 | 19.04 | 19.51 | 19.98 | 20.45 | 20.92 | 21.39 | 21.86 | 22.33 | 22.80 | 23.27 |
| 4.8 | 18.64 | 19.12 | 19.60 | 20.08 | 20.56 | 21.04 | 21.52 | 22.00 | 22.48 | 22.96 | 23.44 | 23.92 |
| 4.9 | 19.19 | 19.68 | 20.17 | 20.66 | 21.15 | 21.64 | 22.13 | 22.62 | 23.11 | 23.60 | 24.09 | 24.58 |
| 5.0 | 19.75 | 20.25 | 20.75 | 21.25 | 21.75 | 22.25 | 22.75 | 23.25 | 23.75 | 24.25 | 24.75 | 25.25 |

**每1m沟槽土方数量表（坡度1∶0.50）　表2-9**

| 槽深/m | 底宽/m | | | | | | | | | | | | |
|---|---|---|---|---|---|---|---|---|---|---|---|---|---|
| | 1.0 | 1.1 | 1.2 | 1.3 | 1.4 | 1.5 | 1.6 | 1.7 | 1.8 | 1.9 | 2.0 | 2.1 | 2.2 |
| | 土方量/$m^3$ | | | | | | | | | | | | |
| 1.0 | 1.50 | 1.60 | 1.70 | 1.80 | 1.90 | 2.00 | 2.10 | 2.20 | 2.30 | 2.40 | 2.50 | 2.60 | 2.70 |
| 1.1 | 1.71 | 1.82 | 1.93 | 2.04 | 2.15 | 2.26 | 2.37 | 2.48 | 2.59 | 2.70 | 2.81 | 2.92 | 3.03 |
| 1.2 | 1.92 | 2.04 | 2.16 | 2.28 | 2.40 | 2.52 | 2.64 | 2.76 | 2.88 | 3.00 | 3.12 | 3.24 | 3.36 |
| 1.3 | 2.15 | 2.28 | 2.41 | 2.54 | 2.67 | 2.80 | 2.93 | 3.06 | 3.19 | 3.32 | 3.45 | 3.58 | 3.71 |
| 1.4 | 2.38 | 2.52 | 2.66 | 2.80 | 2.94 | 3.08 | 3.22 | 3.36 | 3.50 | 3.64 | 3.78 | 3.92 | 4.06 |
| 1.5 | 2.63 | 2.78 | 2.93 | 3.08 | 3.23 | 3.38 | 3.53 | 3.68 | 3.83 | 3.98 | 4.13 | 4.28 | 4.43 |
| 1.6 | 2.88 | 3.04 | 3.20 | 3.36 | 3.52 | 3.68 | 3.84 | 4.00 | 4.16 | 4.32 | 4.48 | 4.64 | 4.80 |
| 1.7 | 3.15 | 3.32 | 3.49 | 3.66 | 3.83 | 4.00 | 4.17 | 4.34 | 4.51 | 4.68 | 4.85 | 5.02 | 5.19 |
| 1.8 | 3.42 | 3.60 | 3.78 | 3.96 | 4.14 | 4.32 | 4.50 | 4.68 | 4.86 | 5.04 | 5.22 | 5.40 | 5.58 |

续表

| 槽深/m | 底宽/m | | | | | | | | | | | | |
|---|---|---|---|---|---|---|---|---|---|---|---|---|---|
| | 1.0 | 1.1 | 1.2 | 1.3 | 1.4 | 1.5 | 1.6 | 1.7 | 1.8 | 1.9 | 2.0 | 2.1 | 2.2 |
| | 土方量/$m^3$ | | | | | | | | | | | | |
| 1.9 | 3.71 | 3.90 | 4.09 | 4.28 | 4.47 | 4.66 | 4.85 | 5.04 | 5.23 | 5.42 | 5.61 | 5.80 | 5.99 |
| 2.0 | 4.00 | 4.20 | 4.40 | 4.60 | 4.80 | 5.00 | 5.20 | 5.40 | 5.60 | 5.80 | 6.00 | 6.20 | 6.40 |
| 2.1 | 4.31 | 4.52 | 4.73 | 4.94 | 5.15 | 5.36 | 5.57 | 5.78 | 5.99 | 6.20 | 6.41 | 6.62 | 6.83 |
| 2.2 | 4.62 | 4.84 | 5.06 | 5.28 | 5.50 | 5.72 | 5.94 | 6.16 | 6.38 | 6.60 | 6.82 | 7.04 | 7.26 |
| 2.3 | 4.95 | 5.18 | 5.41 | 5.64 | 5.87 | 6.10 | 6.33 | 6.56 | 6.79 | 7.02 | 7.25 | 7.48 | 7.71 |
| 2.4 | 5.28 | 5.52 | 5.76 | 6.00 | 6.24 | 6.48 | 6.72 | 6.96 | 7.20 | 7.44 | 7.68 | 7.92 | 8.16 |
| 2.5 | 5.63 | 5.88 | 6.13 | 6.38 | 6.63 | 6.88 | 7.13 | 7.38 | 7.63 | 7.88 | 8.13 | 8.38 | 8.63 |
| 2.6 | 5.98 | 6.24 | 6.50 | 6.76 | 7.02 | 7.28 | 7.54 | 7.80 | 8.06 | 8.32 | 8.58 | 8.84 | 9.10 |

续表

| 槽深/m | 底宽/m | | | | | | | | | | | | |
|---|---|---|---|---|---|---|---|---|---|---|---|---|---|
| | 1.0 | 1.1 | 1.2 | 1.3 | 1.4 | 1.5 | 1.6 | 1.7 | 1.8 | 1.9 | 2.0 | 2.1 | 2.2 |
| | 土方量/m³ | | | | | | | | | | | | |
| 2.7 | 6.35 | 6.62 | 6.89 | 7.16 | 7.43 | 7.70 | 7.97 | 8.24 | 8.51 | 8.78 | 9.50 | 9.32 | 9.59 |
| 2.8 | 6.72 | 7.00 | 7.28 | 7.56 | 7.84 | 8.12 | 8.40 | 8.68 | 8.96 | 9.24 | 9.52 | 9.80 | 10.08 |
| 2.9 | 7.11 | 7.40 | 7.69 | 7.98 | 8.27 | 8.56 | 8.85 | 9.14 | 9.43 | 9.72 | 10.01 | 10.30 | 10.59 |
| 3.0 | 7.50 | 7.80 | 8.10 | 8.40 | 8.70 | 9.00 | 9.30 | 9.60 | 9.90 | 10.20 | 10.50 | 10.80 | 11.10 |
| 3.1 | 7.91 | 8.22 | 8.53 | 8.84 | 9.15 | 9.46 | 9.77 | 10.08 | 10.39 | 10.70 | 11.01 | 11.32 | 11.63 |
| 3.2 | 8.32 | 8.64 | 8.92 | 9.28 | 9.60 | 9.92 | 10.24 | 10.56 | 11.88 | 11.20 | 11.52 | 11.84 | 12.16 |
| 3.3 | 8.75 | 9.08 | 9.41 | 9.74 | 10.07 | 10.40 | 10.73 | 11.06 | 11.39 | 11.72 | 12.05 | 12.38 | 12.71 |
| 3.4 | 9.18 | 9.52 | 9.86 | 10.20 | 10.54 | 10.88 | 11.22 | 11.56 | 11.90 | 12.24 | 12.58 | 12.92 | 13.26 |

续表

| 槽深/m | 底宽/m | | | | | | | | | | | | |
| --- | --- | --- | --- | --- | --- | --- | --- | --- | --- | --- | --- | --- | --- |
| | 1.0 | 1.1 | 1.2 | 1.3 | 1.4 | 1.5 | 1.6 | 1.7 | 1.8 | 1.9 | 2.0 | 2.1 | 2.2 |
| | 土方量/$m^3$ | | | | | | | | | | | | |
| 3.5 | 9.63 | 9.98 | 10.33 | 10.68 | 11.03 | 11.38 | 11.73 | 12.08 | 12.43 | 12.78 | 13.13 | 13.48 | 13.83 |
| 3.6 | 10.08 | 10.44 | 10.80 | 11.16 | 11.52 | 11.88 | 12.24 | 12.60 | 12.96 | 13.32 | 13.68 | 14.04 | 14.40 |
| 3.7 | 10.56 | 10.92 | 11.29 | 11.66 | 12.03 | 12.40 | 12.77 | 13.14 | 13.51 | 13.88 | 14.25 | 14.62 | 14.99 |
| 3.8 | 11.02 | 11.40 | 11.78 | 12.16 | 12.54 | 12.92 | 13.30 | 13.68 | 14.06 | 14.44 | 14.82 | 15.20 | 15.58 |
| 3.9 | 11.51 | 11.90 | 12.29 | 12.68 | 13.07 | 13.46 | 13.85 | 14.24 | 14.63 | 15.02 | 15.41 | 15.80 | 16.19 |
| 4.0 | 12.00 | 12.40 | 12.80 | 13.20 | 13.60 | 14.00 | 14.40 | 14.80 | 15.20 | 15.60 | 16.00 | 16.40 | 16.80 |
| 4.1 | 12.51 | 12.92 | 13.33 | 13.74 | 14.15 | 14.56 | 14.97 | 15.38 | 15.79 | 16.20 | 16.61 | 17.02 | 17.43 |
| 4.2 | 13.02 | 13.44 | 13.86 | 14.28 | 14.70 | 15.12 | 15.54 | 15.96 | 16.38 | 16.80 | 17.22 | 17.64 | 18.06 |

续表

| 槽深/m | 底宽/m | | | | | | | | | | | | |
|---|---|---|---|---|---|---|---|---|---|---|---|---|---|
| | 1.0 | 1.1 | 1.2 | 1.3 | 1.4 | 1.5 | 1.6 | 1.7 | 1.8 | 1.9 | 2.0 | 2.1 | 2.2 |
| | 土方量/$m^3$ | | | | | | | | | | | | |
| 4.3 | 13.55 | 13.98 | 14.41 | 14.84 | 15.27 | 15.70 | 16.13 | 16.56 | 16.99 | 17.42 | 17.85 | 18.28 | 18.71 |
| 4.4 | 14.08 | 14.52 | 14.96 | 15.40 | 15.84 | 16.28 | 16.72 | 17.16 | 17.60 | 18.04 | 18.48 | 18.92 | 19.36 |
| 4.5 | 14.63 | 15.08 | 15.53 | 15.98 | 16.43 | 167.88 | 17.33 | 17.78 | 18.23 | 18.68 | 19.13 | 19.58 | 20.03 |
| 4.6 | 15.18 | 15.64 | 16.10 | 16.56 | 17.02 | 17.48 | 17.94 | 18.40 | 18.86 | 19.32 | 19.78 | 20.24 | 20.70 |
| 4.7 | 15.75 | 16.22 | 16.69 | 17.16 | 17.63 | 18.10 | 18.57 | 19.04 | 19.51 | 19.98 | 20.45 | 20.92 | 21.39 |
| 4.8 | 16.32 | 16.80 | 17.28 | 17.76 | 18.24 | 18.72 | 19.20 | 19.68 | 20.16 | 20.64 | 21.12 | 21.60 | 22.08 |
| 4.9 | 16.91 | 17.40 | 17.89 | 18.38 | 18.87 | 19.36 | 19.85 | 20.34 | 20.83 | 21.32 | 21.81 | 22.30 | 22.79 |
| 5.0 | 17.50 | 18.00 | 18.50 | 19.00 | 19.50 | 20.00 | 20.50 | 21.00 | 21.50 | 22.00 | 22.50 | 23.00 | 23.50 |

续表

| 槽深/m | 底宽/m | | | | | | | | | | | |
|---|---|---|---|---|---|---|---|---|---|---|---|---|
| | 2.3 | 2.4 | 2.5 | 2.6 | 2.7 | 2.8 | 2.9 | 3.0 | 3.1 | 3.2 | 3.3 | 3.4 |
| | 土方量/$m^3$ | | | | | | | | | | | |
| 1.0 | 2.80 | 2.90 | 3.00 | 3.10 | 3.20 | 3.30 | 3.40 | 3.50 | 3.60 | 3.70 | 3.80 | 3.90 |
| 1.1 | 3.14 | 3.25 | 3.36 | 3.47 | 3.58 | 3.69 | 3.80 | 3.91 | 4.02 | 4.13 | 4.24 | 4.35 |
| 1.2 | 3.48 | 3.60 | 3.72 | 3.84 | 3.96 | 4.08 | 4.20 | 4.32 | 4.44 | 4.56 | 4.68 | 4.80 |
| 1.3 | 3.84 | 3.97 | 4.10 | 4.23 | 4.36 | 4.49 | 4.62 | 4.75 | 4.88 | 5.01 | 5.14 | 5.27 |
| 1.4 | 4.20 | 4.34 | 4.48 | 4.62 | 4.76 | 4.90 | 5.04 | 5.18 | 5.32 | 5.46 | 5.60 | 5.74 |
| 1.5 | 4.58 | 4.73 | 4.88 | 5.03 | 5.18 | 5.33 | 5.48 | 5.63 | 5.78 | 5.93 | 6.08 | 6.23 |
| 1.6 | 4.96 | 5.12 | 5.28 | 5.44 | 5.60 | 5.76 | 5.92 | 6.08 | 6.24 | 6.40 | 5.56 | 6.72 |
| 1.7 | 5.36 | 5.53 | 5.70 | 5.87 | 6.04 | 6.21 | 6.38 | 6.55 | 6.72 | 6.89 | 7.06 | 7.23 |

续表

| 槽深/m | 底宽/m | | | | | | | | | | | |
|---|---|---|---|---|---|---|---|---|---|---|---|---|
| | 2.3 | 2.4 | 2.5 | 2.6 | 2.7 | 2.8 | 2.9 | 3.0 | 3.1 | 3.2 | 3.3 | 3.4 |
| | 土方量/$m^3$ | | | | | | | | | | | |
| 1.8 | 5.76 | 5.94 | 6.12 | 6.30 | 6.48 | 6.66 | 6.84 | 7.02 | 7.20 | 7.38 | 7.56 | 7.74 |
| 1.9 | 6.18 | 6.37 | 6.56 | 6.75 | 6.94 | 7.13 | 7.32 | 7.51 | 7.70 | 7.89 | 8.08 | 8.27 |
| 2.0 | 6.60 | 6.80 | 7.00 | 7.20 | 7.40 | 7.60 | 7.80 | 8.00 | 8.20 | 8.40 | 8.60 | 8.80 |
| 2.1 | 7.04 | 7.25 | 7.46 | 7.67 | 7.88 | 8.09 | 8.30 | 8.51 | 8.72 | 8.93 | 9.14 | 9.35 |
| 2.2 | 7.48 | 7.70 | 7.92 | 8.14 | 8.36 | 8.58 | 8.80 | 9.02 | 9.24 | 9.46 | 9.68 | 9.90 |
| 2.3 | 7.94 | 8.17 | 8.40 | 8.63 | 8.86 | 9.09 | 9.32 | 9.55 | 9.78 | 10.01 | 10.24 | 10.47 |
| 2.4 | 8.40 | 8.64 | 8.88 | 9.12 | 9.36 | 9.60 | 9.84 | 10.08 | 10.32 | 10.56 | 10.80 | 10.04 |
| 2.5 | 8.88 | 9.13 | 9.38 | 9.63 | 9.88 | 10.13 | 10.38 | 10.63 | 10.88 | 11.13 | 11.38 | 11.63 |

续表

| 槽深/m | 底宽/m | | | | | | | | | | | |
|---|---|---|---|---|---|---|---|---|---|---|---|---|
| | 2.3 | 2.4 | 2.5 | 2.6 | 2.7 | 2.8 | 2.9 | 3.0 | 3.1 | 3.2 | 3.3 | 3.4 |
| | 土方量/$m^3$ | | | | | | | | | | | |
| 2.6 | 9.36 | 9.62 | 9.88 | 10.14 | 10.40 | 10.66 | 10.92 | 11.18 | 11.44 | 11.70 | 11.96 | 12.22 |
| 2.7 | 9.86 | 10.13 | 10.40 | 10.67 | 10.94 | 11.21 | 11.48 | 11.75 | 12.02 | 12.29 | 12.56 | 12.83 |
| 2.8 | 10.36 | 10.64 | 10.92 | 11.20 | 11.48 | 11.76 | 12.04 | 12.32 | 12.60 | 12.88 | 13.16 | 13.44 |
| 2.9 | 10.88 | 11.17 | 11.46 | 11.75 | 12.04 | 12.33 | 12.62 | 12.91 | 13.20 | 13.49 | 13.78 | 14.07 |
| 3.0 | 11.40 | 11.70 | 12.00 | 12.30 | 12.60 | 12.90 | 13.20 | 13.50 | 19.80 | 14.10 | 14.40 | 14.70 |
| 3.1 | 11.94 | 12.25 | 12.56 | 12.87 | 13.18 | 13.49 | 13.80 | 14.11 | 14.42 | 14.73 | 15.04 | 15.35 |
| 3.2 | 12.48 | 12.80 | 13.12 | 13.44 | 13.76 | 14.08 | 14.40 | 14.72 | 15.04 | 15.36 | 15.68 | 16.00 |
| 3.3 | 13.04 | 13.37 | 13.70 | 14.03 | 14.36 | 14.69 | 15.02 | 15.35 | 15.68 | 16.01 | 16.34 | 16.67 |

续表

| 槽深/m | 底宽/m | | | | | | | | | | | |
|---|---|---|---|---|---|---|---|---|---|---|---|---|
| | 2.3 | 2.4 | 2.5 | 2.6 | 2.7 | 2.8 | 2.9 | 3.0 | 3.1 | 3.2 | 3.3 | 3.4 |
| | 土方量/$m^3$ | | | | | | | | | | | |
| 3.4 | 13.60 | 13.94 | 14.28 | 14.62 | 14.96 | 15.30 | 15.64 | 15.98 | 16.32 | 16.66 | 17.00 | 17.34 |
| 3.5 | 14.18 | 14.53 | 14.88 | 15.23 | 15.58 | 15.93 | 16.28 | 16.63 | 16.98 | 17.33 | 17.68 | 18.03 |
| 3.6 | 14.76 | 15.12 | 15.48 | 15.84 | 16.20 | 16.56 | 16.92 | 17.28 | 17.64 | 18.00 | 18.36 | 18.72 |
| 3.7 | 15.36 | 15.73 | 16.10 | 16.47 | 16.84 | 17.21 | 17.58 | 17.95 | 18.32 | 18.69 | 19.06 | 19.43 |
| 3.8 | 15.96 | 16.34 | 16.72 | 17.10 | 17.48 | 17.86 | 18.24 | 18.62 | 19.00 | 19.38 | 19.76 | 20.14 |
| 3.9 | 16.58 | 16.97 | 17.36 | 17.75 | 18.14 | 18.53 | 18.92 | 19.31 | 19.70 | 20.09 | 20.48 | 20.87 |
| 4.0 | 17.20 | 17.60 | 18.00 | 18.40 | 18.80 | 19.20 | 19.00 | 20.00 | 20.40 | 20.80 | 21.20 | 21.60 |
| 4.1 | 17.84 | 18.25 | 18.66 | 19.07 | 19.48 | 19.89 | 20.30 | 20.71 | 21.12 | 21.53 | 21.94 | 22.35 |

续表

| 槽深/m | 底宽/m | | | | | | | | | | | |
|---|---|---|---|---|---|---|---|---|---|---|---|---|
| | 2.3 | 2.4 | 2.5 | 2.6 | 2.7 | 2.8 | 2.9 | 3.0 | 3.1 | 3.2 | 3.3 | 3.4 |
| | 土方量/$m^3$ | | | | | | | | | | | |
| 4.2 | 18.48 | 18.90 | 19.32 | 19.74 | 20.16 | 20.58 | 21.00 | 21.42 | 21.84 | 22.26 | 22.68 | 23.10 |
| 4.3 | 19.14 | 19.57 | 20.00 | 20.43 | 20.86 | 21.29 | 21.72 | 22.15 | 22.58 | 23.01 | 23.44 | 23.87 |
| 4.4 | 19.80 | 20.24 | 20.68 | 21.12 | 21.58 | 22.00 | 22.44 | 22.88 | 23.32 | 23.76 | 24.20 | 24.64 |
| 4.5 | 20.48 | 20.93 | 11.38 | 21.83 | 22.28 | 22.73 | 23.18 | 23.63 | 24.08 | 24.53 | 24.98 | 25.43 |
| 4.6 | 21.16 | 21.62 | 22.08 | 22.54 | 23.00 | 23.46 | 23.92 | 24.38 | 24.84 | 25.30 | 25.76 | 26.22 |
| 4.7 | 21.86 | 22.33 | 22.80 | 23.27 | 23.74 | 24.21 | 24.68 | 25.15 | 25.62 | 26.09 | 26.56 | 27.30 |
| 4.8 | 22.56 | 23.04 | 23.52 | 24.00 | 24.48 | 24.96 | 25.44 | 25.92 | 26.40 | 26.88 | 27.36 | 27.84 |
| 4.9 | 23.28 | 23.77 | 24.26 | 24.75 | 25.24 | 25.73 | 26.22 | 26.71 | 27.20 | 27.69 | 28.18 | 28.67 |
| 5.0 | 24.00 | 24.50 | 25.00 | 25.50 | 26.00 | 26.50 | 27.00 | 27.50 | 28.00 | 28.50 | 29.00 | 29.50 |

**每1m沟槽土方数量表（坡度1∶0.67）** **表2-10**

| 槽深/m | 底宽/m | | | | | | | | | | | | |
|---|---|---|---|---|---|---|---|---|---|---|---|---|---|
| | 1.0 | 1.1 | 1.2 | 1.3 | 1.4 | 1.5 | 1.6 | 1.7 | 1.8 | 1.9 | 2.0 | 2.1 | 2.2 |
| | 土方量/m³ | | | | | | | | | | | | |
| 1.0 | 1.67 | 1.77 | 1.87 | 1.97 | 2.07 | 2.17 | 2.27 | 2.37 | 2.47 | 2.57 | 2.67 | 2.77 | 2.87 |
| 1.1 | 1.91 | 2.02 | 2.13 | 2.24 | 2.35 | 2.46 | 2.57 | 2.68 | 2.79 | 2.90 | 3.01 | 3.12 | 3.23 |
| 1.2 | 2.16 | 2.28 | 2.40 | 2.52 | 2.64 | 2.76 | 2.88 | 3.00 | 3.12 | 3.24 | 3.36 | 3.48 | 3.60 |
| 1.3 | 2.43 | 2.56 | 2.69 | 2.82 | 2.95 | 3.08 | 3.21 | 3.34 | 3.47 | 3.60 | 3.73 | 3.86 | 3.99 |
| 1.4 | 2.71 | 2.85 | 2.99 | 3.13 | 3.27 | 3.41 | 3.55 | 3.69 | 3.83 | 3.97 | 4.11 | 4.25 | 4.30 |
| 1.5 | 3.01 | 3.16 | 3.31 | 3.46 | 3.61 | 3.76 | 3.91 | 4.06 | 4.21 | 4.36 | 4.51 | 4.66 | 4.81 |
| 1.6 | 3.32 | 3.48 | 3.64 | 3.80 | 3.96 | 4.12 | 4.28 | 4.44 | 4.60 | 4.76 | 4.92 | 5.08 | 5.24 |
| 1.7 | 3.64 | 3.81 | 3.98 | 4.15 | 4.32 | 4.49 | 4.66 | 4.83 | 5.00 | 5.17 | 5.34 | 5.51 | 5.58 |
| 1.8 | 3.97 | 4.15 | 4.33 | 4.51 | 4.69 | 4.87 | 5.05 | 5.23 | 5.41 | 5.59 | 5.77 | 5.95 | 6.13 |

续表

| 槽深/m | 底宽/m | | | | | | | | | | | | |
|---|---|---|---|---|---|---|---|---|---|---|---|---|---|
| | 1.0 | 1.1 | 1.2 | 1.3 | 1.4 | 1.5 | 1.6 | 1.7 | 1.8 | 1.9 | 2.0 | 2.1 | 2.2 |
| | 土方量/$m^3$ | | | | | | | | | | | | |
| 1.9 | 4.32 | 4.51 | 4.70 | 4.89 | 5.08 | 5.27 | 5.46 | 5.65 | 5.84 | 6.03 | 6.22 | 6.41 | 6.60 |
| 2.0 | 4.68 | 4.88 | 5.08 | 5.28 | 5.48 | 5.68 | 5.88 | 6.08 | 6.28 | 6.48 | 6.68 | 6.88 | 7.08 |
| 2.1 | 5.05 | 5.26 | 5.47 | 5.68 | 5.89 | 6.10 | 6.31 | 6.52 | 6.73 | 6.94 | 7.15 | 7.36 | 7.57 |
| 2.2 | 5.44 | 5.66 | 5.88 | 6.10 | 6.32 | 6.54 | 6.76 | 6.98 | 7.20 | 7.42 | 7.64 | 7.86 | 8.08 |
| 2.3 | 5.84 | 6.07 | 6.30 | 6.53 | 6.76 | 6.90 | 7.22 | 7.45 | 7.68 | 7.91 | 8.14 | 8.37 | 8.60 |
| 2.4 | 6.26 | 6.50 | 6.74 | 6.98 | 7.22 | 7.46 | 7.70 | 7.94 | 8.18 | 8.42 | 8.60 | 8.90 | 9.14 |
| 2.5 | 6.69 | 6.94 | 7.19 | 7.44 | 7.69 | 7.94 | 8.19 | 8.44 | 8.69 | 8.94 | 9.19 | 9.44 | 9.69 |
| 2.6 | 7.13 | 7.39 | 7.65 | 7.91 | 8.17 | 8.43 | 8.69 | 8.95 | 9.21 | 9.47 | 9.73 | 9.09 | 10.25 |

续表

| 槽深/m | 底　宽/m | | | | | | | | | | | | |
|---|---|---|---|---|---|---|---|---|---|---|---|---|---|
| | 1.0 | 1.1 | 1.2 | 1.3 | 1.4 | 1.5 | 1.6 | 1.7 | 1.8 | 1.9 | 2.0 | 2.1 | 2.2 |
| | 土　方　量/$m^3$ | | | | | | | | | | | | |
| 2.7 | 7.58 | 7.85 | 8.12 | 8.39 | 8.66 | 8.93 | 9.20 | 9.47 | 9.74 | 10.01 | 10.28 | 10.55 | 10.82 |
| 2.8 | 8.05 | 8.33 | 8.61 | 8.89 | 9.17 | 9.45 | 9.73 | 10.01 | 10.29 | 10.57 | 10.85 | 11.13 | 11.41 |
| 2.9 | 8.53 | 8.82 | 9.11 | 9.40 | 9.69 | 9.98 | 10.27 | 10.56 | 10.85 | 11.14 | 11.43 | 11.72 | 12.01 |
| 3.0 | 9.03 | 9.33 | 9.63 | 9.43 | 10.23 | 10.53 | 10.83 | 11.13 | 11.43 | 11.73 | 12.03 | 12.33 | 12.63 |
| 3.1 | 9.53 | 9.85 | 10.16 | 10.47 | 10.78 | 11.08 | 11.39 | 11.70 | 12.00 | 12.32 | 12.63 | 12.94 | 13.25 |
| 3.2 | 10.06 | 10.38 | 10.70 | 11.02 | 11.34 | 11.66 | 11.98 | 12.30 | 12.62 | 12.94 | 13.26 | 13.58 | 13.90 |
| 3.3 | 10.62 | 10.93 | 11.26 | 11.59 | 11.92 | 12.24 | 12.57 | 12.90 | 13.23 | 13.56 | 13.89 | 14.22 | 14.55 |
| 3.4 | 10.92 | 11.26 | 11.60 | 11.94 | 12.28 | 12.85 | 13.19 | 13.53 | 13.87 | 14.21 | 14.55 | 14.89 | 15.23 |

续表

| 槽深/m | 底宽/m | | | | | | | | | | | | |
| --- | --- | --- | --- | --- | --- | --- | --- | --- | --- | --- | --- | --- | --- |
| | 1.0 | 1.1 | 1.2 | 1.3 | 1.4 | 1.5 | 1.6 | 1.7 | 1.8 | 1.9 | 2.0 | 2.1 | 2.2 |
| | 土方量/$m^3$ | | | | | | | | | | | | |
| 3.5 | 11.71 | 12.06 | 12.41 | 12.76 | 13.11 | 13.46 | 13.81 | 14.16 | 14.51 | 14.86 | 15.21 | 15.56 | 15.91 |
| 3.6 | 12.28 | 12.64 | 13.00 | 13.36 | 13.72 | 14.03 | 14.44 | 14.80 | 15.16 | 15.52 | 15.88 | 16.24 | 16.60 |
| 3.7 | 12.87 | 13.24 | 13.61 | 13.98 | 14.35 | 14.72 | 15.09 | 15.46 | 15.83 | 16.20 | 16.57 | 16.94 | 17.31 |
| 3.8 | 13.47 | 13.85 | 14.23 | 14.61 | 14.99 | 15.37 | 15.75 | 16.13 | 16.51 | 16.89 | 17.27 | 17.65 | 18.03 |
| 3.9 | 14.09 | 14.48 | 14.87 | 15.26 | 15.65 | 16.05 | 16.44 | 16.83 | 17.22 | 17.61 | 18.00 | 18.39 | 18.78 |
| 4.0 | 14.72 | 15.12 | 15.52 | 15.92 | 16.32 | 16.72 | 17.12 | 17.52 | 17.92 | 18.32 | 18.72 | 19.12 | 19.52 |
| 4.1 | 15.36 | 15.77 | 16.18 | 16.59 | 17.00 | 17.41 | 17.82 | 18.23 | 18.64 | 19.05 | 19.46 | 19.87 | 20.28 |
| 4.2 | 16.01 | 16.43 | 16.85 | 17.28 | 17.70 | 18.12 | 18.54 | 18.96 | 19.38 | 19.80 | 20.22 | 20.64 | 21.06 |

续表

| 槽深/m | 底宽/m | | | | | | | | | | | | |
|---|---|---|---|---|---|---|---|---|---|---|---|---|---|
| | 1.0 | 1.1 | 1.2 | 1.3 | 1.4 | 1.5 | 1.6 | 1.7 | 1.8 | 1.9 | 2.0 | 2.1 | 2.2 |
| | 土方量/$m^3$ | | | | | | | | | | | | |
| 4.3 | 16.69 | 17.12 | 17.55 | 17.98 | 18.41 | 18.84 | 19.27 | 19.70 | 20.13 | 20.56 | 20.99 | 21.42 | 21.85 |
| 4.4 | 17.37 | 17.81 | 18.25 | 18.69 | 19.13 | 19.57 | 20.01 | 20.45 | 20.89 | 21.33 | 21.77 | 22.21 | 22.65 |
| 4.5 | 18.07 | 18.52 | 18.97 | 19.42 | 19.87 | 20.32 | 20.77 | 21.22 | 21.67 | 22.12 | 22.57 | 23.02 | 23.47 |
| 4.6 | 18.78 | 19.24 | 19.70 | 20.16 | 20.62 | 21.08 | 21.54 | 22.00 | 22.46 | 22.92 | 23.38 | 23.84 | 24.30 |
| 4.7 | 19.50 | 19.97 | 20.44 | 20.91 | 21.38 | 21.85 | 22.32 | 22.79 | 23.26 | 23.73 | 24.20 | 24.67 | 25.14 |
| 4.8 | 20.24 | 20.72 | 21.20 | 21.68 | 22.16 | 22.64 | 23.12 | 23.60 | 24.08 | 24.56 | 25.04 | 25.52 | 26.00 |
| 4.9 | 20.99 | 21.48 | 21.97 | 22.46 | 22.95 | 23.44 | 23.33 | 24.42 | 24.91 | 25.40 | 25.89 | 26.38 | 26.87 |
| 5.0 | 21.75 | 22.25 | 22.75 | 23.25 | 23.75 | 24.25 | 24.75 | 25.25 | 25.75 | 26.25 | 26.75 | 27.25 | 27.75 |

续表

| 槽深/m | 底宽/m | | | | | | | | | | | |
|---|---|---|---|---|---|---|---|---|---|---|---|---|
| | 2.3 | 2.4 | 2.5 | 2.6 | 2.7 | 2.8 | 2.9 | 3.0 | 3.1 | 3.2 | 3.3 | 3.4 |
| | 土方量/$m^3$ | | | | | | | | | | | |
| 1.0 | 2.97 | 3.07 | 3.17 | 3.27 | 3.37 | 3.47 | 3.57 | 3.67 | 3.77 | 3.87 | 3.97 | 4.07 |
| 1.1 | 3.34 | 3.45 | 3.56 | 3.67 | 3.78 | 3.89 | 4.00 | 4.11 | 4.22 | 4.33 | 4.14 | 4.55 |
| 1.2 | 3.72 | 3.84 | 3.96 | 4.08 | 4.20 | 4.32 | 4.44 | 4.56 | 4.68 | 4.80 | 4.92 | 5.04 |
| 1.3 | 4.12 | 4.25 | 4.38 | 4.51 | 4.64 | 4.77 | 4.90 | 5.03 | 5.16 | 5.29 | 5.42 | 5.55 |
| 1.4 | 4.53 | 4.67 | 4.81 | 4.99 | 5.09 | 4.23 | 5.37 | 5.51 | 5.65 | 5.79 | 5.93 | 6.07 |
| 1.5 | 4.96 | 5.11 | 5.26 | 5.41 | 5.56 | 5.71 | 5.86 | 6.01 | 6.16 | 6.31 | 6.46 | 6.61 |
| 1.6 | 5.40 | 5.56 | 5.72 | 5.88 | 6.04 | 6.20 | 6.26 | 6.52 | 6.68 | 6.84 | 7.00 | 7.16 |
| 1.7 | 5.85 | 6.02 | 6.19 | 6.36 | 6.63 | 6.70 | 6.87 | 7.04 | 7.21 | 7.38 | 7.55 | 7.72 |

续表

| 槽深/m | 底宽/m | | | | | | | | | | | |
|---|---|---|---|---|---|---|---|---|---|---|---|---|
| | 2.3 | 2.4 | 2.5 | 2.6 | 2.7 | 2.8 | 2.9 | 3.0 | 3.1 | 3.2 | 3.3 | 3.4 |
| | 土方量/m³ | | | | | | | | | | | |
| 1.8 | 6.31 | 6.49 | 6.67 | 6.85 | 7.03 | 7.21 | 7.39 | 7.57 | 7.75 | 7.93 | 8.11 | 8.29 |
| 1.9 | 6.79 | 6.98 | 7.17 | 7.36 | 7.55 | 7.74 | 7.93 | 8.12 | 8.31 | 8.50 | 8.69 | 8.88 |
| 2.0 | 7.28 | 7.48 | 7.68 | 7.88 | 8.08 | 8.28 | 8.48 | 8.68 | 8.88 | 9.08 | 9.28 | 9.48 |
| 2.1 | 7.78 | 7.99 | 8.20 | 8.41 | 8.62 | 8.83 | 9.04 | 9.25 | 9.46 | 9.67 | 9.88 | 10.09 |
| 2.2 | 8.30 | 8.52 | 8.74 | 8.96 | 9.18 | 9.40 | 9.62 | 9.84 | 10.06 | 10.28 | 10.50 | 10.72 |
| 2.3 | 8.83 | 9.04 | 9.29 | 9.52 | 9.75 | 9.85 | 10.21 | 10.44 | 10.67 | 10.90 | 11.13 | 11.36 |
| 2.4 | 9.38 | 9.62 | 9.85 | 10.10 | 10.34 | 10.58 | 10.82 | 11.06 | 11.30 | 11.54 | 11.78 | 12.02 |
| 2.5 | 9.94 | 10.19 | 10.44 | 10.69 | 10.94 | 11.19 | 11.44 | 11.69 | 11.94 | 12.19 | 12.44 | 13.60 |

续表

| 槽深/m | 底宽/m | | | | | | | | | | | |
|---|---|---|---|---|---|---|---|---|---|---|---|---|
| | 2.3 | 2.4 | 2.5 | 2.6 | 2.7 | 2.8 | 2.9 | 3.0 | 3.1 | 3.2 | 3.3 | 3.4 |
| | 土方量/$m^3$ | | | | | | | | | | | |
| 2.6 | 10.51 | 10.77 | 11.03 | 11.29 | 11.55 | 11.81 | 12.07 | 12.33 | 12.59 | 12.85 | 13.11 | 13.37 |
| 2.7 | 11.09 | 11.36 | 11.63 | 11.90 | 12.17 | 12.44 | 12.71 | 12.98 | 13.25 | 13.52 | 13.79 | 14.06 |
| 2.8 | 11.69 | 11.97 | 12.25 | 12.53 | 12.81 | 13.09 | 13.37 | 13.65 | 13.96 | 14.21 | 14.49 | 14.77 |
| 2.9 | 12.30 | 12.59 | 12.88 | 13.17 | 13.46 | 13.75 | 14.04 | 14.33 | 14.62 | 14.91 | 15.20 | 15.49 |
| 3.0 | 12.93 | 13.23 | 13.53 | 13.83 | 14.13 | 14.43 | 14.73 | 15.03 | 15.33 | 15.63 | 15.93 | 16.23 |
| 3.1 | 13.56 | 13.87 | 14.18 | 14.49 | 14.80 | 15.11 | 15.42 | 15.73 | 16.04 | 16.35 | 16.66 | 16.97 |
| 3.2 | 14.22 | 14.54 | 14.86 | 15.18 | 15.50 | 15.82 | 16.14 | 16.46 | 16.78 | 17.10 | 17.42 | 17.74 |
| 3.3 | 14.88 | 15.21 | 15.54 | 15.87 | 16.20 | 16.53 | 16.86 | 17.19 | 17.52 | 17.85 | 18.18 | 18.51 |

续表

| 槽深/m | 底宽/m | | | | | | | | | | | |
|---|---|---|---|---|---|---|---|---|---|---|---|---|
| | 2.3 | 2.4 | 2.5 | 2.6 | 2.7 | 2.8 | 2.9 | 3.0 | 3.1 | 3.2 | 3.3 | 3.4 |
| | 土方量/$m^3$ | | | | | | | | | | | |
| 3.4 | 15.57 | 15.91 | 16.25 | 16.59 | 16.93 | 17.27 | 17.61 | 17.95 | 18.29 | 18.63 | 18.97 | 19.31 |
| 3.5 | 16.26 | 16.61 | 16.96 | 17.31 | 17.66 | 18.01 | 18.36 | 18.71 | 19.06 | 19.41 | 19.76 | 20.11 |
| 3.6 | 16.96 | 17.32 | 17.68 | 18.04 | 18.40 | 18.76 | 19.12 | 19.48 | 19.84 | 20.20 | 20.56 | 20.92 |
| 3.7 | 17.68 | 18.05 | 18.42 | 18.79 | 19.16 | 19.53 | 19.20 | 20.27 | 20.64 | 21.01 | 21.38 | 21.75 |
| 3.8 | 18.41 | 18.79 | 19.17 | 19.55 | 19.93 | 20.31 | 20.69 | 21.07 | 21.45 | 21.83 | 22.21 | 22.59 |
| 3.9 | 19.17 | 19.56 | 19.95 | 20.34 | 20.73 | 21.12 | 21.51 | 21.90 | 22.29 | 22.68 | 23.07 | 22.46 |
| 4.0 | 19.92 | 20.32 | 20.72 | 21.12 | 21.52 | 21.92 | 22.32 | 22.72 | 23.12 | 23.52 | 23.92 | 24.32 |
| 4.1 | 20.69 | 21.10 | 21.51 | 21.92 | 22.33 | 22.74 | 23.15 | 23.55 | 23.96 | 24.38 | 24.79 | 25.20 |

续表

| 槽深/m | 底宽/m | | | | | | | | | | | |
|---|---|---|---|---|---|---|---|---|---|---|---|---|
| | 2.3 | 2.4 | 2.5 | 2.6 | 2.7 | 2.8 | 2.9 | 3.0 | 3.1 | 3.2 | 3.3 | 3.4 |
| | 土方量/$m^3$ | | | | | | | | | | | |
| 4.2 | 21.48 | 21.90 | 22.32 | 22.74 | 23.16 | 23.58 | 24.00 | 24.42 | 24.84 | 25.26 | 25.68 | 26.10 |
| 4.3 | 22.28 | 22.71 | 23.14 | 23.57 | 24.00 | 24.43 | 24.86 | 25.29 | 25.72 | 26.12 | 26.58 | 27.01 |
| 4.4 | 23.09 | 23.53 | 23.97 | 24.41 | 24.85 | 25.29 | 25.73 | 26.17 | 26.61 | 27.05 | 27.49 | 27.93 |
| 4.5 | 23.92 | 24.37 | 24.82 | 25.27 | 26.72 | 26.17 | 26.62 | 27.07 | 27.52 | 27.97 | 28.42 | 28.87 |
| 4.6 | 24.76 | 25.22 | 25.68 | 26.14 | 26.60 | 27.06 | 27.52 | 27.97 | 28.43 | 28.89 | 29.35 | 29.81 |
| 4.7 | 25.61 | 26.08 | 26.55 | 27.02 | 27.49 | 27.96 | 28.43 | 28.90 | 29.37 | 29.84 | 30.31 | 30.78 |
| 4.8 | 26.48 | 26.96 | 27.44 | 27.92 | 28.40 | 28.88 | 29.36 | 29.83 | 30.32 | 30.80 | 31.28 | 31.76 |
| 4.9 | 27.36 | 27.85 | 28.34 | 28.83 | 29.32 | 29.81 | 30.30 | 30.79 | 31.28 | 31.77 | 32.26 | 32.75 |
| 5.0 | 28.25 | 28.75 | 29.25 | 29.75 | 30.25 | 30.75 | 31.25 | 31.75 | 32.25 | 32.75 | 33.25 | 33.75 |

**每1m沟槽土方数量表（坡度1∶0.75）** **表2-11**

| 槽深/m | 底宽/m | | | | | | | | | | | | |
|---|---|---|---|---|---|---|---|---|---|---|---|---|---|
| | 1.0 | 1.1 | 1.2 | 1.3 | 1.4 | 1.5 | 1.6 | 1.7 | 1.8 | 1.9 | 2.0 | 2.1 | 2.2 |
| | 土方量/$m^3$ | | | | | | | | | | | | |
| 1.0 | 1.75 | 1.85 | 1.95 | 2.05 | 2.15 | 2.25 | 2.35 | 2.45 | 2.55 | 2.65 | 2.75 | 2.85 | 2.95 |
| 1.1 | 2.01 | 2.12 | 2.23 | 2.34 | 2.45 | 2.56 | 2.67 | 2.78 | 2.89 | 3.00 | 3.11 | 3.21 | 3.33 |
| 1.2 | 2.28 | 2.40 | 2.52 | 2.64 | 2.76 | 2.88 | 3.00 | 3.12 | 3.24 | 3.36 | 3.48 | 3.60 | 3.72 |
| 1.3 | 2.57 | 2.70 | 2.83 | 2.96 | 3.09 | 3.22 | 3.35 | 3.48 | 3.61 | 3.74 | 3.87 | 4.00 | 4.13 |
| 1.4 | 2.87 | 3.01 | 3.15 | 3.29 | 3.43 | 3.57 | 3.71 | 3.85 | 3.99 | 4.13 | 4.27 | 4.41 | 4.55 |
| 1.5 | 3.19 | 3.34 | 3.49 | 3.64 | 3.79 | 3.94 | 4.09 | 4.24 | 4.39 | 4.54 | 4.69 | 4.84 | 4.99 |
| 1.6 | 3.52 | 3.68 | 3.84 | 4.00 | 4.16 | 4.32 | 4.48 | 4.64 | 4.80 | 4.91 | 5.12 | 5.28 | 5.44 |
| 1.7 | 3.87 | 4.04 | 4.21 | 4.38 | 4.55 | 4.72 | 4.89 | 5.06 | 5.23 | 5.40 | 5.57 | 5.74 | 5.91 |
| 1.8 | 4.23 | 4.41 | 4.59 | 4.77 | 4.95 | 5.13 | 5.31 | 5.49 | 5.67 | 5.85 | 6.03 | 6.21 | 6.39 |

续表

| 槽深/m | 底宽/m | | | | | | | | | | | | |
|---|---|---|---|---|---|---|---|---|---|---|---|---|---|
| | 1.0 | 1.1 | 1.2 | 1.3 | 1.4 | 1.5 | 1.6 | 1.7 | 1.8 | 1.9 | 2.0 | 2.1 | 2.2 |
| | 土方量/$m^3$ | | | | | | | | | | | | |
| 1.9 | 4.61 | 4.80 | 4.99 | 5.18 | 5.37 | 5.56 | 5.75 | 5.94 | 6.13 | 6.32 | 6.51 | 6.70 | 6.89 |
| 2.0 | 5.00 | 5.20 | 5.40 | 5.60 | 5.80 | 6.00 | 6.20 | 6.40 | 6.60 | 6.80 | 7.00 | 7.20 | 7.40 |
| 2.1 | 5.41 | 5.62 | 5.83 | 6.04 | 6.25 | 6.46 | 6.67 | 6.88 | 7.09 | 7.30 | 7.51 | 7.72 | 7.93 |
| 2.2 | 5.83 | 6.05 | 6.27 | 6.49 | 6.71 | 6.93 | 7.15 | 7.37 | 7.59 | 7.81 | 8.03 | 8.25 | 8.47 |
| 2.3 | 6.27 | 6.50 | 6.73 | 6.96 | 7.19 | 7.42 | 7.65 | 7.88 | 8.11 | 8.34 | 8.57 | 8.80 | 9.03 |
| 2.4 | 6.72 | 6.96 | 7.20 | 7.44 | 7.68 | 7.92 | 8.16 | 8.40 | 8.64 | 8.88 | 9.12 | 9.36 | 9.60 |
| 2.5 | 7.19 | 7.44 | 7.69 | 7.94 | 8.19 | 8.44 | 8.69 | 8.94 | 9.19 | 9.44 | 9.69 | 9.94 | 10.19 |
| 2.6 | 7.69 | 7.93 | 8.19 | 8.45 | 8.71 | 8.97 | 9.23 | 9.49 | 9.75 | 10.01 | 10.27 | 10.53 | 10.79 |

续表

| 槽深/m | 底 宽/m | | | | | | | | | | | | |
|---|---|---|---|---|---|---|---|---|---|---|---|---|---|
| | 1.0 | 1.1 | 1.2 | 1.3 | 1.4 | 1.5 | 1.6 | 1.7 | 1.8 | 1.9 | 2.0 | 2.1 | 2.2 |
| | 土 方 量/$m^3$ | | | | | | | | | | | | |
| 2.7 | 8.17 | 8.44 | 8.17 | 8.98 | 9.25 | 9.52 | 9.79 | 10.06 | 10.33 | 10.60 | 10.87 | 11.14 | 11.44 |
| 2.8 | 8.68 | 8.96 | 9.24 | 9.52 | 9.80 | 10.08 | 10.36 | 10.64 | 10.92 | 11.20 | 11.48 | 11.76 | 12.04 |
| 2.9 | 9.21 | 9.50 | 9.79 | 10.08 | 10.37 | 10.66 | 10.95 | 11.24 | 11.53 | 11.82 | 12.11 | 12.40 | 12.69 |
| 3.0 | 9.75 | 10.05 | 10.35 | 10.65 | 10.95 | 11.25 | 11.55 | 11.85 | 12.15 | 12.45 | 12.75 | 13.05 | 13.35 |
| 3.1 | 10.31 | 10.62 | 10.93 | 11.24 | 11.55 | 11.86 | 12.17 | 12.48 | 12.79 | 13.10 | 13.41 | 13.72 | 14.03 |
| 3.2 | 10.88 | 11.20 | 11.52 | 11.84 | 12.16 | 12.48 | 12.80 | 13.12 | 13.44 | 13.76 | 14.08 | 14.40 | 14.72 |
| 3.3 | 11.47 | 11.80 | 12.13 | 12.46 | 12.79 | 13.12 | 13.45 | 13.78 | 14.11 | 14.44 | 14.77 | 15.10 | 15.43 |
| 3.4 | 12.07 | 12.41 | 12.75 | 13.09 | 13.43 | 13.77 | 14.11 | 14.45 | 14.79 | 15.13 | 15.47 | 15.81 | 16.15 |

续表

| 槽深/m | 底宽/m | | | | | | | | | | | | |
|---|---|---|---|---|---|---|---|---|---|---|---|---|---|
| | 1.0 | 1.1 | 1.2 | 1.3 | 1.4 | 1.5 | 1.6 | 1.7 | 1.8 | 1.9 | 2.0 | 2.1 | 2.2 |
| | 土方量/$m^3$ | | | | | | | | | | | | |
| 3.5 | 12.69 | 13.04 | 13.39 | 13.74 | 14.09 | 14.44 | 14.79 | 15.14 | 15.49 | 15.84 | 16.19 | 16.54 | 16.89 |
| 3.6 | 13.32 | 13.68 | 14.04 | 14.40 | 14.76 | 15.12 | 15.48 | 15.84 | 16.20 | 16.56 | 16.92 | 17.28 | 17.64 |
| 3.7 | 13.97 | 14.34 | 14.71 | 15.08 | 15.45 | 15.82 | 16.19 | 16.56 | 16.93 | 17.30 | 17.67 | 18.04 | 18.41 |
| 3.8 | 14.63 | 15.01 | 15.39 | 15.77 | 16.15 | 16.53 | 16.91 | 17.29 | 17.67 | 18.05 | 18.43 | 18.81 | 19.19 |
| 3.9 | 15.31 | 15.70 | 16.09 | 16.48 | 16.87 | 17.26 | 17.65 | 18.04 | 18.43 | 18.82 | 19.21 | 19.60 | 19.99 |
| 4.0 | 16.00 | 16.40 | 16.80 | 17.20 | 17.60 | 18.00 | 18.40 | 18.80 | 19.20 | 19.60 | 20.00 | 20.40 | 20.80 |
| 4.1 | 16.71 | 17.12 | 17.53 | 17.94 | 18.35 | 18.76 | 19.17 | 19.58 | 19.99 | 20.40 | 20.81 | 21.22 | 21.63 |
| 4.2 | 17.43 | 17.85 | 18.27 | 18.69 | 19.11 | 19.53 | 19.95 | 20.37 | 20.79 | 21.21 | 21.63 | 22.05 | 22.47 |

续表

| 槽深/m | 底宽/m | | | | | | | | | | | | |
|---|---|---|---|---|---|---|---|---|---|---|---|---|---|
| | 1.0 | 1.1 | 1.2 | 1.3 | 1.4 | 1.5 | 1.6 | 1.7 | 1.8 | 1.9 | 2.0 | 2.1 | 2.2 |
| | 土方量/$m^3$ | | | | | | | | | | | | |
| 4.3 | 18.17 | 18.60 | 19.03 | 19.46 | 19.89 | 20.32 | 20.75 | 21.18 | 21.61 | 22.04 | 22.47 | 22.90 | 23.33 |
| 4.4 | 18.92 | 19.36 | 19.80 | 20.24 | 20.68 | 21.12 | 21.56 | 22.00 | 22.44 | 22.88 | 23.32 | 23.76 | 24.20 |
| 4.5 | 19.69 | 20.14 | 20.59 | 21.04 | 21.49 | 21.94 | 22.39 | 22.84 | 23.29 | 23.74 | 24.19 | 24.64 | 25.09 |
| 4.6 | 20.47 | 20.93 | 21.39 | 21.85 | 22.31 | 22.77 | 23.23 | 23.69 | 24.15 | 24.61 | 25.07 | 25.53 | 25.99 |
| 4.7 | 21.27 | 21.74 | 22.21 | 22.68 | 23.15 | 23.62 | 24.09 | 24.56 | 25.03 | 25.50 | 25.97 | 26.44 | 26.91 |
| 4.8 | 22.08 | 22.56 | 23.04 | 23.52 | 24.00 | 24.48 | 24.96 | 25.44 | 25.92 | 26.40 | 26.88 | 27.36 | 27.84 |
| 4.9 | 22.91 | 23.40 | 23.89 | 24.38 | 24.87 | 25.36 | 25.85 | 26.34 | 26.83 | 27.32 | 27.81 | 28.30 | 28.79 |
| 5.0 | 23.75 | 24.25 | 24.75 | 25.25 | 25.75 | 26.25 | 26.75 | 27.25 | 27.75 | 28.25 | 28.75 | 29.25 | 29.75 |

续表

| 槽深/m | 底宽/m | | | | | | | | | | | |
|---|---|---|---|---|---|---|---|---|---|---|---|---|
| | 2.3 | 2.4 | 2.5 | 2.6 | 2.7 | 2.8 | 2.9 | 3.0 | 3.1 | 3.2 | 3.3 | 3.4 |
| | 土方量/$m^3$ | | | | | | | | | | | |
| 1.0 | 3.05 | 3.15 | 3.25 | 3.35 | 3.45 | 3.55 | 3.65 | 3.75 | 3.85 | 3.95 | 4.05 | 4.15 |
| 1.1 | 3.44 | 3.55 | 3.66 | 3.77 | 3.88 | 3.99 | 4.10 | 4.21 | 4.32 | 4.43 | 4.54 | 4.65 |
| 1.2 | 3.84 | 3.96 | 4.08 | 4.20 | 4.32 | 4.44 | 4.56 | 4.68 | 4.80 | 4.92 | 5.04 | 5.16 |
| 1.3 | 4.26 | 4.39 | 4.52 | 4.65 | 4.78 | 4.91 | 5.04 | 5.17 | 5.30 | 5.43 | 5.56 | 5.69 |
| 1.4 | 4.69 | 4.83 | 4.97 | 5.11 | 5.25 | 5.39 | 5.53 | 5.67 | 5.81 | 5.95 | 6.09 | 6.23 |
| 1.5 | 5.14 | 5.29 | 5.44 | 5.59 | 5.74 | 5.89 | 6.04 | 6.19 | 6.34 | 5.49 | 6.64 | 6.79 |
| 1.6 | 5.60 | 5.76 | 5.92 | 6.08 | 6.24 | 6.40 | 6.56 | 6.72 | 6.88 | 7.04 | 7.20 | 7.36 |
| 1.7 | 6.08 | 6.25 | 6.42 | 6.59 | 6.76 | 6.93 | 7.10 | 7.27 | 7.44 | 7.61 | 7.78 | 7.95 |

续表

| 槽深/m | 底宽/m | | | | | | | | | | | |
|---|---|---|---|---|---|---|---|---|---|---|---|---|
| | 2.3 | 2.4 | 2.5 | 2.6 | 2.7 | 2.8 | 2.9 | 3.0 | 3.1 | 3.2 | 3.3 | 3.4 |
| | 土方量/$m^3$ | | | | | | | | | | | |
| 1.8 | 6.57 | 6.75 | 6.93 | 7.11 | 7.29 | 7.47 | 7.65 | 7.83 | 8.01 | 8.19 | 8.37 | 8.55 |
| 1.9 | 7.08 | 7.27 | 7.46 | 7.65 | 7.84 | 8.03 | 8.22 | 8.41 | 8.60 | 8.79 | 8.98 | 9.17 |
| 2.0 | 7.60 | 7.80 | 8.00 | 8.20 | 8.40 | 8.60 | 8.80 | 9.00 | 9.20 | 9.40 | 9.60 | 9.80 |
| 2.1 | 8.14 | 8.35 | 8.56 | 8.77 | 8.98 | 9.19 | 9.40 | 9.61 | 9.82 | 10.03 | 10.24 | 10.45 |
| 2.2 | 8.69 | 8.91 | 9.13 | 9.35 | 9.57 | 9.79 | 10.01 | 10.23 | 10.45 | 10.67 | 10.89 | 11.11 |
| 2.3 | 9.26 | 9.49 | 9.72 | 9.95 | 10.18 | 10.41 | 10.64 | 10.87 | 11.10 | 11.33 | 11.56 | 11.79 |
| 2.4 | 9.84 | 10.08 | 10.32 | 10.56 | 10.80 | 11.04 | 11.28 | 11.52 | 11.76 | 12.00 | 12.24 | 12.48 |
| 2.5 | 10.44 | 10.69 | 10.94 | 11.19 | 11.44 | 11.69 | 11.94 | 12.19 | 12.44 | 12.69 | 12.94 | 13.19 |

续表

| 槽深/m | 底宽/m | | | | | | | | | | | |
|---|---|---|---|---|---|---|---|---|---|---|---|---|
| | 2.3 | 2.4 | 2.5 | 2.6 | 2.7 | 2.8 | 2.9 | 3.0 | 3.1 | 3.2 | 3.3 | 3.4 |
| | 土方量/$m^3$ | | | | | | | | | | | |
| 2.6 | 11.05 | 11.31 | 11.57 | 11.83 | 12.09 | 12.35 | 12.61 | 12.87 | 13.13 | 13.39 | 13.65 | 13.91 |
| 2.7 | 11.68 | 11.95 | 12.22 | 12.49 | 12.76 | 13.03 | 13.30 | 13.57 | 13.84 | 14.11 | 14.38 | 14.65 |
| 2.8 | 12.32 | 12.60 | 12.88 | 13.16 | 13.44 | 13.72 | 14.00 | 14.28 | 14.56 | 14.84 | 15.12 | 15.40 |
| 2.9 | 12.98 | 13.27 | 13.56 | 13.85 | 14.14 | 14.43 | 14.72 | 15.01 | 15.30 | 15.59 | 15.88 | 16.17 |
| 3.0 | 13.65 | 13.95 | 14.25 | 14.55 | 14.85 | 15.15 | 15.45 | 15.75 | 16.05 | 16.35 | 16.65 | 16.95 |
| 3.1 | 14.34 | 14.65 | 14.96 | 15.27 | 15.58 | 15.79 | 16.20 | 16.51 | 16.82 | 17.13 | 17.44 | 17.75 |
| 3.2 | 15.04 | 15.36 | 15.68 | 16.00 | 16.32 | 16.64 | 16.96 | 17.28 | 17.60 | 17.92 | 18.24 | 18.56 |
| 3.3 | 15.76 | 16.09 | 16.42 | 16.75 | 17.08 | 17.41 | 17.74 | 18.07 | 18.40 | 18.73 | 19.06 | 19.39 |

续表

| 槽深/m | 底宽/m | | | | | | | | | | | |
|---|---|---|---|---|---|---|---|---|---|---|---|---|
| | 2.3 | 2.4 | 2.5 | 2.6 | 2.7 | 2.8 | 2.9 | 3.0 | 3.1 | 3.2 | 3.3 | 3.4 |
| | 土方量/$m^3$ | | | | | | | | | | | |
| 3.4 | 16.49 | 16.83 | 17.17 | 17.51 | 17.85 | 18.19 | 18.53 | 18.87 | 19.21 | 19.55 | 19.89 | 20.23 |
| 3.5 | 17.24 | 17.59 | 17.94 | 18.29 | 18.64 | 18.99 | 19.34 | 19.69 | 20.04 | 20.39 | 20.74 | 21.09 |
| 3.6 | 18.00 | 18.36 | 18.72 | 19.08 | 19.44 | 19.80 | 20.16 | 20.52 | 20.88 | 21.24 | 21.60 | 21.96 |
| 3.7 | 18.78 | 19.15 | 19.52 | 19.89 | 20.26 | 20.63 | 21.00 | 21.37 | 21.74 | 22.11 | 22.48 | 22.85 |
| 3.8 | 19.57 | 19.95 | 20.33 | 20.71 | 21.09 | 21.47 | 21.85 | 22.23 | 22.61 | 22.99 | 23.37 | 23.75 |
| 3.9 | 20.38 | 20.77 | 21.16 | 21.55 | 21.94 | 22.33 | 22.72 | 23.11 | 23.50 | 23.89 | 24.28 | 24.67 |
| 4.0 | 21.20 | 21.60 | 22.00 | 22.40 | 22.80 | 23.20 | 23.60 | 24.00 | 24.40 | 24.80 | 25.20 | 25.60 |
| 4.1 | 22.04 | 22.45 | 22.86 | 23.27 | 23.68 | 24.09 | 24.50 | 24.91 | 25.32 | 25.73 | 26.14 | 26.55 |

续表

| 槽深/m | 底宽/m | | | | | | | | | | | |
|---|---|---|---|---|---|---|---|---|---|---|---|---|
| | 2.3 | 2.4 | 2.5 | 2.6 | 2.7 | 2.8 | 2.9 | 3.0 | 3.1 | 3.2 | 3.3 | 3.4 |
| | 土方量/$m^3$ | | | | | | | | | | | |
| 4.2 | 22.89 | 23.31 | 23.73 | 24.15 | 24.57 | 24.99 | 25.41 | 25.83 | 26.25 | 26.67 | 27.09 | 27.51 |
| 4.3 | 23.76 | 24.19 | 24.62 | 25.05 | 25.48 | 25.91 | 26.34 | 26.77 | 27.20 | 27.63 | 28.06 | 28.49 |
| 4.4 | 24.64 | 25.08 | 25.52 | 25.96 | 26.40 | 26.84 | 27.28 | 27.72 | 28.16 | 28.60 | 29.04 | 29.48 |
| 4.5 | 25.54 | 25.99 | 26.44 | 26.89 | 27.34 | 27.79 | 28.24 | 28.69 | 29.14 | 29.59 | 30.04 | 30.49 |
| 4.6 | 26.45 | 26.91 | 27.37 | 27.83 | 28.29 | 28.75 | 29.21 | 29.67 | 30.13 | 30.59 | 31.05 | 31.51 |
| 4.7 | 27.85 | 28.32 | 28.79 | 29.26 | 29.73 | 30.20 | 30.67 | 31.14 | 31.61 | 31.61 | 32.08 | 32.55 |
| 4.8 | 28.32 | 28.80 | 29.28 | 29.76 | 30.24 | 30.72 | 31.20 | 31.68 | 32.16 | 32.64 | 33.12 | 33.60 |
| 4.9 | 29.28 | 29.77 | 30.26 | 30.75 | 31.24 | 31.73 | 32.22 | 32.71 | 33.20 | 33.69 | 34.18 | 34.67 |
| 5.0 | 30.25 | 30.75 | 31.25 | 31.75 | 32.25 | 32.75 | 33.25 | 33.75 | 34.25 | 34.75 | 35.25 | 35.75 |

每1m沟槽土方数量表（坡度1：1）　　表2-12

| 槽深/m | 底宽/m | | | | | | | | | | | | |
|---|---|---|---|---|---|---|---|---|---|---|---|---|---|
| | 1.0 | 1.1 | 1.2 | 1.3 | 1.4 | 1.5 | 1.6 | 1.7 | 1.8 | 1.9 | 2.0 | 2.1 | 2.2 |
| | 土方量/$m^3$ | | | | | | | | | | | | |
| 1.0 | 2.00 | 2.10 | 2.20 | 2.30 | 2.40 | 2.50 | 2.60 | 2.70 | 2.80 | 2.90 | 3.00 | 3.10 | 3.20 |
| 1.1 | 2.31 | 2.42 | 2.53 | 2.64 | 2.75 | 2.86 | 2.97 | 3.08 | 3.19 | 3.30 | 3.41 | 3.52 | 3.68 |
| 1.2 | 2.64 | 2.76 | 2.88 | 3.00 | 3.12 | 3.24 | 3.36 | 3.48 | 3.60 | 3.72 | 3.84 | 3.96 | 4.03 |
| 1.3 | 2.99 | 3.12 | 3.25 | 3.38 | 3.51 | 3.64 | 3.77 | 3.90 | 4.03 | 4.16 | 4.29 | 4.42 | 4.55 |
| 1.4 | 3.36 | 3.50 | 3.64 | 3.78 | 3.92 | 4.06 | 4.20 | 4.34 | 4.48 | 4.62 | 4.76 | 4.90 | 5.04 |
| 1.5 | 3.75 | 3.90 | 4.05 | 4.20 | 4.35 | 4.50 | 4.65 | 4.80 | 4.95 | 5.10 | 5.25 | 5.40 | 5.55 |
| 1.6 | 4.16 | 4.32 | 4.48 | 4.64 | 4.80 | 4.96 | 5.12 | 5.28 | 5.44 | 5.60 | 5.76 | 5.92 | 6.08 |
| 1.7 | 4.59 | 4.76 | 4.93 | 5.10 | 5.27 | 5.44 | 5.61 | 5.78 | 5.95 | 6.12 | 6.29 | 6.46 | 6.63 |
| 1.8 | 5.04 | 5.22 | 5.40 | 5.58 | 5.76 | 5.94 | 5.12 | 6.30 | 6.48 | 6.66 | 6.84 | 7.02 | 7.20 |

续表

| 槽深/m | 底宽/m |  |  |  |  |  |  |  |  |  |  |  |  |
| --- | --- | --- | --- | --- | --- | --- | --- | --- | --- | --- | --- | --- | --- |
|  | 1.0 | 1.1 | 1.2 | 1.3 | 1.4 | 1.5 | 1.6 | 1.7 | 1.8 | 1.9 | 2.0 | 2.1 | 2.2 |
|  | 土方量/$m^3$ |  |  |  |  |  |  |  |  |  |  |  |  |
| 1.9 | 5.51 | 5.70 | 5.89 | 6.08 | 6.27 | 6.46 | 6.65 | 6.84 | 7.03 | 7.22 | 7.41 | 7.60 | 7.79 |
| 2.0 | 6.00 | 6.20 | 6.40 | 6.60 | 6.80 | 7.00 | 7.20 | 7.40 | 7.60 | 7.80 | 8.00 | 8.20 | 8.40 |
| 2.1 | 6.51 | 6.72 | 6.93 | 7.14 | 7.35 | 7.56 | 7.77 | 7.98 | 8.19 | 8.40 | 8.61 | 8.82 | 9.03 |
| 2.2 | 7.04 | 7.26 | 7.48 | 7.70 | 7.92 | 8.14 | 8.36 | 8.58 | 8.80 | 9.02 | 9.24 | 9.46 | 9.68 |
| 2.3 | 7.59 | 7.82 | 8.05 | 8.28 | 8.51 | 8.74 | 8.97 | 9.20 | 9.43 | 9.66 | 9.89 | 10.12 | 10.35 |
| 2.4 | 8.16 | 8.40 | 8.64 | 8.88 | 9.12 | 9.36 | 9.60 | 9.84 | 10.08 | 10.32 | 10.56 | 10.80 | 11.04 |
| 2.5 | 8.75 | 9.00 | 9.25 | 9.50 | 9.75 | 10.00 | 10.25 | 10.50 | 10.75 | 11.00 | 11.25 | 11.50 | 11.75 |
| 2.6 | 9.36 | 9.62 | 9.88 | 10.14 | 10.40 | 10.66 | 10.92 | 11.18 | 11.44 | 11.70 | 11.96 | 12.22 | 12.48 |

续表

| 槽深/m | 底　宽/m | | | | | | | | | | | | |
|---|---|---|---|---|---|---|---|---|---|---|---|---|---|
| | 1.0 | 1.1 | 1.2 | 1.3 | 1.4 | 1.5 | 1.6 | 1.7 | 1.8 | 1.9 | 2.0 | 2.1 | 2.2 |
| | 土　方　量/$m^3$ | | | | | | | | | | | | |
| 2.7 | 9.99 | 10.26 | 10.53 | 10.80 | 11.07 | 11.34 | 11.61 | 11.88 | 12.15 | 12.42 | 12.69 | 12.96 | 13.23 |
| 2.8 | 10.64 | 10.92 | 11.20 | 11.48 | 11.76 | 12.04 | 12.32 | 12.60 | 12.80 | 13.16 | 13.44 | 13.72 | 14.00 |
| 2.9 | 11.31 | 11.60 | 11.89 | 12.18 | 12.47 | 12.76 | 13.05 | 13.34 | 13.63 | 13.92 | 14.21 | 14.50 | 14.79 |
| 3.0 | 12.00 | 12.30 | 12.60 | 12.90 | 13.20 | 13.50 | 13.80 | 14.10 | 14.40 | 14.70 | 15.00 | 15.30 | 15.60 |
| 3.1 | 12.71 | 13.02 | 13.33 | 13.64 | 13.95 | 14.26 | 14.57 | 14.88 | 15.19 | 15.50 | 15.81 | 16.12 | 16.43 |
| 3.2 | 13.44 | 13.76 | 14.08 | 14.40 | 14.72 | 15.04 | 15.36 | 15.68 | 16.00 | 16.32 | 16.64 | 16.96 | 17.28 |
| 3.3 | 14.19 | 14.52 | 14.85 | 15.18 | 15.51 | 15.84 | 16.17 | 16.50 | 16.83 | 17.16 | 17.49 | 17.82 | 18.15 |
| 3.4 | 14.96 | 15.30 | 15.64 | 15.98 | 16.32 | 16.66 | 17.00 | 17.34 | 17.68 | 18.02 | 18.36 | 18.70 | 19.04 |

续表

| 槽深/m | 底宽/m | | | | | | | | | | | | |
|---|---|---|---|---|---|---|---|---|---|---|---|---|---|
| | 1.0 | 1.1 | 1.2 | 1.3 | 1.4 | 1.5 | 1.6 | 1.7 | 1.8 | 1.9 | 2.0 | 2.1 | 2.2 |
| | 土方量/$m^3$ | | | | | | | | | | | | |
| 3.5 | 15.75 | 16.10 | 16.45 | 16.80 | 17.15 | 17.50 | 17.85 | 18.20 | 18.55 | 18.90 | 19.25 | 19.60 | 19.95 |
| 3.6 | 16.56 | 16.92 | 17.28 | 17.64 | 18.00 | 18.36 | 18.72 | 19.08 | 19.44 | 19.80 | 20.16 | 20.52 | 20.88 |
| 3.7 | 17.39 | 17.76 | 18.13 | 18.50 | 18.87 | 19.24 | 19.61 | 19.98 | 20.35 | 20.77 | 21.09 | 21.46 | 21.83 |
| 3.8 | 18.24 | 18.62 | 19.00 | 19.38 | 19.76 | 20.14 | 20.52 | 20.90 | 21.28 | 21.66 | 22.04 | 22.42 | 22.80 |
| 3.9 | 19.11 | 19.50 | 19.89 | 20.28 | 20.67 | 21.06 | 21.45 | 21.84 | 22.23 | 22.62 | 22.01 | 23.40 | 23.79 |
| 4.0 | 20.00 | 20.40 | 20.80 | 21.20 | 21.60 | 22.00 | 22.40 | 22.80 | 23.20 | 23.60 | 24.00 | 24.40 | 24.80 |
| 4.1 | 20.91 | 21.32 | 21.73 | 22.14 | 22.55 | 22.96 | 23.37 | 23.78 | 24.19 | 24.60 | 25.01 | 25.42 | 25.83 |
| 4.2 | 21.84 | 22.26 | 22.68 | 23.10 | 23.52 | 23.94 | 24.36 | 24.78 | 25.20 | 25.62 | 26.04 | 26.46 | 26.88 |

续表

| 槽深/m | 底宽/m | | | | | | | | | | | | |
|---|---|---|---|---|---|---|---|---|---|---|---|---|---|
| | 1.0 | 1.1 | 1.2 | 1.3 | 1.4 | 1.5 | 1.6 | 1.7 | 1.8 | 1.9 | 2.0 | 2.1 | 2.2 |
| | 土方量/$m^3$ | | | | | | | | | | | | |
| 4.3 | 22.79 | 23.22 | 23.65 | 24.08 | 24.51 | 24.94 | 25.37 | 25.80 | 26.23 | 26.66 | 27.09 | 27.52 | 27.95 |
| 4.4 | 23.76 | 24.20 | 24.64 | 25.08 | 25.52 | 25.96 | 26.40 | 26.84 | 27.28 | 27.72 | 28.16 | 28.60 | 29.04 |
| 4.5 | 24.75 | 25.20 | 25.65 | 26.10 | 26.55 | 27.00 | 27.45 | 27.90 | 28.35 | 28.80 | 29.25 | 29.70 | 30.15 |
| 4.6 | 25.76 | 26.22 | 26.68 | 27.14 | 27.60 | 28.06 | 28.52 | 28.98 | 29.44 | 29.90 | 30.36 | 30.82 | 31.28 |
| 4.7 | 26.79 | 27.26 | 27.73 | 28.20 | 28.67 | 29.14 | 29.61 | 30.08 | 30.55 | 31.02 | 31.49 | 31.96 | 32.43 |
| 4.8 | 27.84 | 28.32 | 28.80 | 29.28 | 29.76 | 30.24 | 30.72 | 31.20 | 31.68 | 32.16 | 32.64 | 33.12 | 33.60 |
| 4.9 | 28.91 | 29.40 | 29.89 | 30.38 | 30.87 | 31.36 | 31.85 | 32.34 | 32.83 | 32.32 | 33.81 | 34.30 | 34.79 |
| 5.0 | 30.00 | 30.50 | 31.00 | 31.50 | 32.00 | 32.50 | 33.00 | 33.50 | 34.00 | 34.50 | 35.00 | 35.50 | 36.00 |

续表

| 槽深/m | 底宽/m | | | | | | | | | | | |
|---|---|---|---|---|---|---|---|---|---|---|---|---|
| | 2.3 | 2.4 | 2.5 | 2.6 | 2.7 | 2.8 | 2.9 | 3.0 | 3.1 | 3.2 | 3.3 | 3.4 |
| | 土方量/$m^3$ | | | | | | | | | | | |
| 1.0 | 3.30 | 3.40 | 3.50 | 3.60 | 3.70 | 3.80 | 3.90 | 4.00 | 4.10 | 4.20 | 4.30 | 4.40 |
| 1.1 | 3.74 | 3.85 | 3.96 | 4.07 | 4.18 | 4.29 | 4.40 | 4.51 | 4.62 | 4.73 | 4.84 | 4.95 |
| 1.2 | 4.20 | 4.32 | 4.44 | 4.56 | 4.68 | 4.80 | 4.92 | 5.04 | 5.16 | 5.28 | 5.40 | 5.52 |
| 1.3 | 4.68 | 4.81 | 4.94 | 5.07 | 5.20 | 5.33 | 5.46 | 5.59 | 5.72 | 5.85 | 5.98 | 6.11 |
| 1.4 | 5.18 | 5.32 | 5.46 | 5.60 | 5.74 | 5.88 | 6.02 | 6.16 | 6.30 | 6.44 | 6.58 | 6.72 |
| 1.5 | 5.70 | 5.85 | 6.00 | 6.15 | 6.30 | 6.45 | 6.60 | 6.75 | 6.90 | 7.05 | 7.20 | 7.35 |
| 1.6 | 6.24 | 6.40 | 6.56 | 6.72 | 6.88 | 7.04 | 7.20 | 7.36 | 7.52 | 7.68 | 7.84 | 8.00 |
| 1.7 | 6.80 | 6.97 | 7.14 | 7.31 | 7.48 | 7.65 | 7.82 | 7.99 | 8.16 | 8.33 | 8.50 | 8.67 |

续表

| 槽深/m | 底宽/m | | | | | | | | | | | |
|---|---|---|---|---|---|---|---|---|---|---|---|---|
| | 2.3 | 2.4 | 2.5 | 2.6 | 2.7 | 2.8 | 2.9 | 3.0 | 3.1 | 3.2 | 3.3 | 3.4 |
| | 土方量/$m^3$ | | | | | | | | | | | |
| 1.8 | 7.38 | 7.56 | 7.74 | 7.92 | 8.10 | 8.28 | 8.46 | 8.64 | 8.82 | 9.00 | 9.18 | 9.36 |
| 1.9 | 7.98 | 8.17 | 8.36 | 8.55 | 8.74 | 8.93 | 9.12 | 9.31 | 9.50 | 9.69 | 9.88 | 10.07 |
| 2.0 | 8.60 | 8.80 | 9.00 | 9.20 | 9.40 | 9.60 | 9.80 | 10.00 | 10.20 | 10.40 | 10.60 | 10.80 |
| 2.1 | 9.24 | 9.45 | 9.66 | 9.87 | 10.08 | 10.29 | 10.50 | 10.71 | 10.92 | 11.13 | 11.34 | 11.55 |
| 2.2 | 9.90 | 10.12 | 10.34 | 10.56 | 10.78 | 11.00 | 11.22 | 11.44 | 11.66 | 11.88 | 12.10 | 12.32 |
| 2.3 | 10.58 | 10.81 | 11.04 | 11.27 | 11.50 | 11.73 | 11.96 | 12.19 | 12.42 | 12.65 | 12.88 | 13.11 |
| 2.4 | 11.28 | 11.52 | 11.76 | 12.00 | 12.24 | 12.48 | 12.72 | 12.96 | 13.20 | 13.44 | 13.68 | 13.92 |
| 2.5 | 12.00 | 12.25 | 12.50 | 12.75 | 13.00 | 13.25 | 13.50 | 13.75 | 14.00 | 14.25 | 14.50 | 14.75 |

续表

| 槽深/m | 底宽/m | | | | | | | | | | | |
|---|---|---|---|---|---|---|---|---|---|---|---|---|
| | 2.3 | 2.4 | 2.5 | 2.6 | 2.7 | 2.8 | 2.9 | 3.0 | 3.1 | 3.2 | 3.3 | 3.4 |
| | 土方量/$m^3$ | | | | | | | | | | | |
| 2.6 | 12.74 | 13.00 | 13.26 | 13.52 | 13.78 | 14.04 | 14.30 | 14.56 | 14.82 | 15.08 | 15.34 | 15.60 |
| 2.7 | 13.50 | 13.77 | 14.04 | 14.31 | 14.58 | 14.85 | 15.12 | 15.39 | 15.66 | 15.93 | 16.20 | 16.47 |
| 2.8 | 14.28 | 14.56 | 14.84 | 15.12 | 15.40 | 15.68 | 15.96 | 16.24 | 16.52 | 16.80 | 17.08 | 17.36 |
| 2.9 | 15.08 | 15.37 | 15.66 | 15.95 | 16.24 | 16.53 | 16.82 | 17.11 | 17.40 | 17.69 | 17.98 | 18.27 |
| 3.0 | 15.90 | 16.20 | 16.50 | 16.80 | 17.10 | 17.40 | 17.70 | 18.00 | 18.30 | 18.60 | 18.90 | 19.20 |
| 3.1 | 16.74 | 17.05 | 17.36 | 17.67 | 17.98 | 18.29 | 18.60 | 18.91 | 19.22 | 19.53 | 19.84 | 20.15 |
| 3.2 | 17.60 | 17.92 | 18.24 | 18.56 | 18.88 | 19.20 | 19.52 | 19.84 | 20.16 | 20.48 | 20.80 | 21.12 |
| 3.3 | 18.48 | 18.81 | 19.14 | 19.47 | 19.80 | 20.13 | 20.46 | 20.79 | 21.12 | 21.45 | 21.78 | 22.11 |

续表

| 槽深/m | 底宽/m | | | | | | | | | | | |
|---|---|---|---|---|---|---|---|---|---|---|---|---|
| | 2.3 | 2.4 | 2.5 | 2.6 | 2.7 | 2.8 | 2.9 | 3.0 | 3.1 | 3.2 | 3.3 | 3.4 |
| | 土方量/$m^3$ | | | | | | | | | | | |
| 3.4 | 19.38 | 19.72 | 20.06 | 20.40 | 20.74 | 21.08 | 21.42 | 21.76 | 22.10 | 22.44 | 22.78 | 23.12 |
| 3.5 | 20.30 | 20.65 | 21.00 | 21.35 | 21.70 | 22.05 | 22.40 | 22.75 | 23.10 | 23.45 | 23.80 | 24.15 |
| 3.6 | 21.24 | 21.60 | 21.96 | 22.32 | 22.68 | 23.04 | 23.40 | 23.76 | 24.12 | 24.48 | 24.84 | 25.20 |
| 3.7 | 22.20 | 22.57 | 22.94 | 23.31 | 23.68 | 24.05 | 24.42 | 24.79 | 25.16 | 25.53 | 25.90 | 26.27 |
| 3.8 | 23.18 | 23.56 | 23.94 | 24.32 | 24.70 | 25.08 | 25.46 | 25.84 | 26.22 | 26.60 | 26.98 | 27.36 |
| 3.9 | 24.18 | 24.57 | 24.96 | 25.35 | 25.74 | 26.13 | 26.52 | 26.91 | 27.30 | 27.69 | 28.08 | 28.47 |
| 4.0 | 25.20 | 25.60 | 25.00 | 26.40 | 26.80 | 27.20 | 27.60 | 28.00 | 28.40 | 28.80 | 29.20 | 29.60 |
| 4.1 | 26.24 | 26.65 | 27.06 | 27.47 | 27.88 | 28.29 | 28.70 | 29.11 | 29.52 | 29.93 | 30.34 | 30.75 |

续表

| 槽深/m | 底宽/m | | | | | | | | | | | |
|---|---|---|---|---|---|---|---|---|---|---|---|---|
| | 2.3 | 2.4 | 2.5 | 2.6 | 2.7 | 2.8 | 2.9 | 3.0 | 3.1 | 3.2 | 3.3 | 3.4 |
| | 土方量/$m^3$ | | | | | | | | | | | |
| 4.2 | 27.30 | 27.72 | 28.14 | 28.56 | 28.98 | 29.40 | 29.82 | 30.24 | 30.66 | 31.80 | 31.50 | 31.92 |
| 4.3 | 28.38 | 28.81 | 29.24 | 29.67 | 30.10 | 30.53 | 30.96 | 31.39 | 31.82 | 32.25 | 32.68 | 33.11 |
| 4.4 | 29.48 | 29.92 | 30.36 | 30.80 | 31.24 | 31.68 | 32.12 | 32.56 | 33.00 | 33.44 | 33.88 | 34.32 |
| 4.5 | 30.60 | 31.05 | 31.50 | 31.95 | 32.40 | 32.85 | 33.30 | 33.75 | 34.20 | 34.65 | 35.10 | 35.55 |
| 4.6 | 31.74 | 32.20 | 32.66 | 33.12 | 33.58 | 34.04 | 34.50 | 34.96 | 35.42 | 35.88 | 36.34 | 36.80 |
| 4.7 | 32.90 | 33.37 | 33.84 | 34.31 | 34.78 | 35.25 | 35.72 | 36.19 | 36.66 | 37.13 | 37.60 | 37.07 |
| 4.8 | 34.08 | 34.56 | 35.04 | 35.52 | 36.00 | 36.48 | 36.96 | 37.44 | 37.92 | 38.40 | 38.88 | 39.36 |
| 4.9 | 35.28 | 35.77 | 36.36 | 36.75 | 37.24 | 37.73 | 38.22 | 38.71 | 39.20 | 39.69 | 40.18 | 40.67 |
| 5.0 | 36.50 | 37.00 | 37.50 | 38.00 | 38.50 | 39.00 | 39.50 | 40.00 | 40.50 | 41.00 | 41.50 | 42.00 |

## 第五节　挖管道沟槽工程量计算

挖管道沟槽适用于地下给水排水管道、通信电线电缆等的挖土工程，其土方量按体积以立方米($m^3$)计算。挖槽开挖长度按中心线长度计算；沟底宽度，设计有规定的，按设计规定尺寸计算，设计无规定的，可按表 2-13 的规定计算。

**管道沟槽沟底宽度计算表　　表 2-13**

| 管径/mm | 铸铁管、钢管、石棉水泥管/m | 混凝土、钢筋混凝土、预应力混凝土管/m | 陶土管/m |
|---|---|---|---|
| 50～70 | 0.60 | 0.80 | 0.70 |
| 100～200 | 0.70 | 0.90 | 0.80 |
| 250～350 | 0.80 | 1.00 | 0.90 |
| 400～450 | 1.00 | 1.30 | 1.10 |
| 500～600 | 1.30 | 1.50 | 1.40 |
| 700～800 | 1.60 | 1.80 | |
| 900～1000 | 1.80 | 2.00 | |
| 1100～1200 | 2.00 | 2.30 | |

续表

| 管径/mm | 铸铁管、钢管、石棉水泥管/m | 混凝土、钢筋混凝土、预应力混凝土管/m | 陶土管/m |
|---|---|---|---|
| 1300～1400 | 2.20 | 2.60 | |

注：1. 计算管道挖土方工程量时，各种井类及管道（不含铸铁给水排水管）接口等处需加宽增加的土方量不另行计算，底面积大于 $20m^2$ 的井类，其增加工程量并入管沟土方内计算。

2. 铺设铸铁给水排水管道时其接口等处土方增加量，可按铸铁给水排水管道地沟土方总量的2.5%计算。

在计算管道沟槽土方工程量时，各种井类（如窨井、检查井等）及管道（不含铸铁给水排水管）接口等处，需加宽沟槽而增加的土方工程量，不另行计算；若井类的底面积大于 $20m^2$ 的，其增加的工程量并入管沟土方的计算。铺设铸铁给水排水管道时，其接口等处的土方增加量，可按铸铁给水排水管道沟槽土方量的2.5%计算。

管道沟槽的深度按沟底至室外地坪的深度计算。

## 第六节　挖基坑工程量计算

基坑断面常见形式　　表 2-14

| 项目 | 计算公式 | 图示 |
| --- | --- | --- |
| 不放坡和不带挡土板 | 方形和长方形<br>$V=Hab$<br>圆形<br>$V=H\pi R_1^2$<br>式中：$a$——坑基础长度，m；<br>$b$——坑基础宽度，m；<br>$\pi$——圆周率，3.1416；<br>$R_1$——坑底半径，m | 略 |

续表

| 项目 | | 计算公式 | 图示 |
|---|---|---|---|
| 放坡的地坑 | 矩形基坑 | 正方形或长方形地坑（见右图）<br>$V=H(a+2c)(b+2c)+kH^2\left[(a+2c)+(b+2c)+\frac{4}{3}kH\right]$<br>或简化公式<br>$V=(a+2c+kH)(b+2c+kH)H+\frac{1}{3}k^2H^3$<br>式中$\frac{1}{3}k^2H^3$ 的体积可从表 2-15 中查得 | 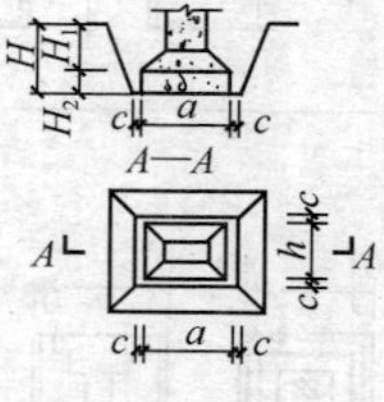 |
| | 圆形基坑 | $V=\frac{1}{3}\pi h(R_1^2+R_1R_2+R_2^2)$<br>式中：$V$——挖基坑的工作量，$m^3$；<br>$R_1=R+c$——基坑底挖土半径，m；<br>$R_2=R_1+kh$——基坑上口挖土半径，m | 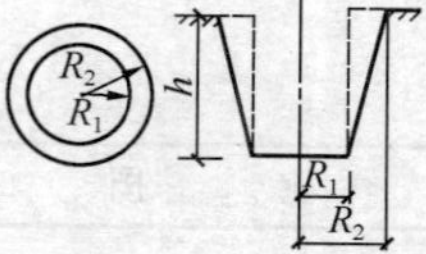 |

续表

| 项目 | | 计算公式 | 图示 |
|---|---|---|---|
| 不放坡和带挡土板 | 矩形基坑 | $V=(a+2c+0.2)(b+2c+0.2)h$ | 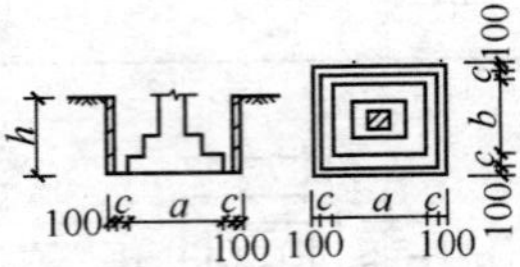 h; 100; c; a; c; 100; 100; c; a; c; 100; 100; c; b; c; 100 |
| | 圆形基坑 | $V=\pi(R_1+0.1)^2h$ | 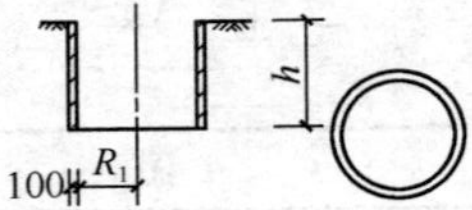 h; 100; $R_1$ |

## 地坑放坡时四角的角锥体体积（单位：$m^3$）

**表 2-15**

| 坑深/m | 放坡系数(*k*) | | | | | | | |
|---|---|---|---|---|---|---|---|---|
| | 1.10 | 0.26 | 0.30 | 0.33 | 0.50 | 0.67 | 0.75 | 1.00 |
| 1.20 | 0.01 | 0.04 | 0.05 | 0.06 | 0.14 | 0.26 | 0.32 | 0.58 |
| 1.30 | 0.01 | 0.05 | 0.07 | 0.08 | 0.18 | 0.33 | 0.41 | 0.73 |
| 1.40 | 0.01 | 0.06 | 0.08 | 0.10 | 0.23 | 0.41 | 0.51 | 0.91 |
| 1.50 | 0.01 | 0.07 | 0.10 | 0.12 | 0.28 | 0.51 | 0.63 | 1.13 |
| 1.60 | 0.01 | 0.09 | 0.12 | 0.15 | 0.34 | 0.61 | 0.77 | 1.37 |
| 1.70 | 0.02 | 0.10 | 0.15 | 0.18 | 0.41 | 0.74 | 0.92 | 1.64 |
| 1.80 | 0.02 | 0.12 | 0.17 | 0.21 | 0.49 | 0.87 | 1.09 | 1.94 |
| 1.90 | 0.02 | 0.14 | 0.21 | 0.25 | 0.57 | 1.03 | 1.29 | 2.29 |
| 2.00 | 0.03 | 0.17 | 0.24 | 0.29 | 0.67 | 1.20 | 1.50 | 2.67 |
| 2.10 | 0.03 | 0.19 | 0.28 | 0.34 | 0.77 | 1.39 | 1.74 | 3.09 |
| 2.20 | 0.04 | 0.22 | 0.22 | 0.39 | 0.89 | 1.59 | 2.00 | 3.55 |
| 2.30 | 0.04 | 0.25 | 0.37 | 0.44 | 1.01 | 1.82 | 2.28 | 4.06 |
| 2.40 | 0.05 | 0.29 | 0.41 | 0.50 | 1.15 | 2.07 | 2.59 | 4.61 |
| 2.50 | 0.05 | 0.33 | 0.47 | 0.57 | 1.30 | 2.34 | 2.93 | 5.21 |
| 2.60 | 0.06 | 0.37 | 0.53 | 0.64 | 1.46 | 2.63 | 3.30 | 5.88 |
| 2.70 | 0.07 | 0.41 | 0.59 | 0.71 | 1.64 | 2.95 | 3.69 | 6.56 |
| 2.80 | 0.07 | 0.46 | 0.66 | 0.80 | 1.83 | 3.28 | 4.12 | 7.31 |

续表

| 坑深/m | 放坡系数(*k*) | | | | | | | |
|---|---|---|---|---|---|---|---|---|
| | 1.10 | 0.26 | 0.30 | 0.33 | 0.50 | 0.67 | 0.75 | 1.00 |
| 2.90 | 0.08 | 0.51 | 0.73 | 0.89 | 2.03 | 3.65 | 4.57 | 8.13 |
| 3.00 | 0.09 | 0.56 | 0.81 | 0.98 | 2.25 | 4.04 | 5.06 | 9.00 |
| 3.10 | 0.10 | 0.62 | 0.90 | 1.08 | 2.48 | 4.46 | 5.59 | 9.93 |
| 3.20 | 0.11 | 0.68 | 0.98 | 1.19 | 2.73 | 4.90 | 6.14 | 10.92 |
| 3.30 | 0.12 | 0.75 | 1.08 | 1.30 | 2.99 | 5.38 | 6.74 | 11.98 |
| 3.40 | 0.13 | 0.82 | 1.18 | 1.43 | 3.28 | 5.88 | 7.37 | 13.10 |
| 3.50 | 0.14 | 0.90 | 1.29 | 1.56 | 3.57 | 6.42 | 8.04 | 14.29 |
| 3.60 | 0.16 | 0.97 | 1.40 | 1.69 | 3.89 | 6.98 | 8.75 | 15.55 |
| 3.70 | 0.17 | 1.06 | 1.52 | 1.84 | 4.22 | 7.58 | 9.50 | 16.88 |
| 3.80 | 0.18 | 1.14 | 1.65 | 1.99 | 4.57 | 8.21 | 10.29 | 18.29 |
| 3.90 | 0.20 | 1.24 | 1.78 | 2.15 | 4.94 | 8.88 | 11.12 | 19.77 |
| 4.00 | 0.21 | 1.33 | 1.92 | 2.32 | 5.33 | 9.58 | 12.00 | 21.33 |
| 4.10 | 0.23 | 1.44 | 2.07 | 2.50 | 5.74 | 10.31 | 12.92 | 22.97 |
| 4.20 | 0.25 | 1.54 | 2.22 | 2.69 | 6.17 | 11.09 | 13.89 | 24.69 |
| 4.30 | 0.27 | 1.66 | 2.39 | 2.89 | 6.63 | 11.90 | 14.91 | 26.50 |
| 4.40 | 0.28 | 1.78 | 2.56 | 3.09 | 7.10 | 12.75 | 15.97 | 28.39 |
| 4.50 | 0.30 | 1.90 | 2.73 | 3.31 | 7.59 | 13.64 | 17.09 | 30.38 |
| 4.60 | 0.32 | 2.03 | 2.92 | 3.53 | 8.11 | 14.56 | 18.25 | 32.45 |

续表

| 坑深/m | 放坡系数(k) | | | | | | | |
|---|---|---|---|---|---|---|---|---|
| | 1.10 | 0.26 | 0.30 | 0.33 | 0.50 | 0.67 | 0.75 | 1.00 |
| 4.70 | 0.35 | 2.16 | 3.11 | 3.77 | 8.65 | 15.54 | 19.47 | 34.61 |
| 4.80 | 0.37 | 2.30 | 3.32 | 4.01 | 9.22 | 16.65 | 20.74 | 36.86 |
| 4.90 | 0.39 | 2.45 | 3.53 | 4.27 | 9.80 | 17.60 | 22.06 | 39.21 |
| 5.00 | 0.42 | 2.60 | 3.75 | 4.54 | 10.42 | 18.70 | 23.44 | 41.67 |

注：正方形或长方形地坑的挖土体积（需放坡者），凡采用简化公式 $V=(a+2c+kH)\times(b+2c+kH)H+\frac{1}{3}k^2H^3$ 计算时，其四角的角锥体体积可按上表查得，$\frac{1}{3}k^2H^3$ 值即为地坑四角的角锥体体积。

## 第七节　回填土工程量计算

### 一、沟槽、基坑回填土

图 2-1 表示基础回填土。在基础完工后，需将基础周围的槽（坑）部分回填至室外地坪标高，如图示。沟槽、基坑的回填体积为挖方体积减去设计室外地坪以下埋设的砌筑物（包括基础垫层、基础等）体积，用公式表示为：

沟槽（坑）回填土体积（$m^3$）＝槽坑挖

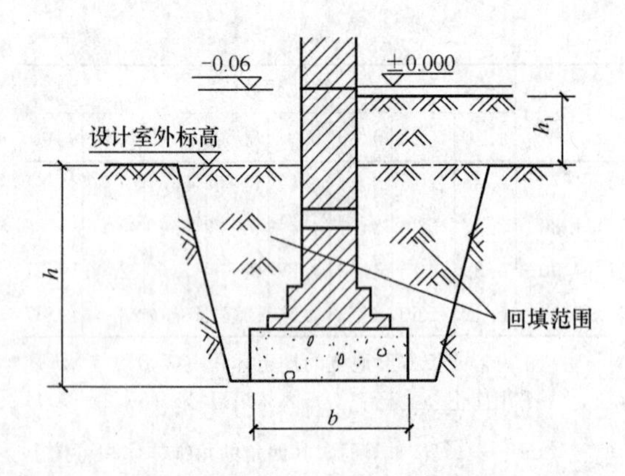


图 2-1　沟槽及回填土示意图

土体积-设计室外地坪以下埋设的砌筑体积

式中，埋设的砌筑体积，包括基础垫层、墙基、柱基、环形基础、基础梁、管道基础及室内地沟的体积等。

## 二、管道沟槽回填土

管道沟槽回填土体积（$m^3$）＝挖土体积－管径所占体积

式中，管径在 500mm 以下的管道所占体积不予扣除。

管径超过 500mm 以上（＞500mm）时，

按表 2-16 规定扣除管道所占体积（表中为每米管道应扣除土方量，$m^3$）。

**管道扣除土方体积表（$m^3$）　表 2-16**

| 管道名称 | | 钢管 | 铸铁管 | 混凝土管 |
|---|---|---|---|---|
| 管道直径/mm | 501600 | 0.21 | 0.24 | 0.33 |
| | 601800 | 0.44 | 0.49 | 0.60 |
| | 8011000 | 0.71 | 0.77 | 0.92 |
| | 10011200 | | | 1.15 |
| | 12011400 | | | 1.35 |
| | 14011600 | | | 1.55 |

## 第八节　余土或取土工程量计算

余土是指土方工程在经过挖土、砌筑基础以及各种回填土之后，尚有剩余的土方，需要运出场外；取土是指在回填土时，原来挖出的土不够回填所需，或者挖出土的质量不好需要换土回填，这些要由场外运入的土方量称取土。余土和取土的工程量应按下列公式计算：

余土输运体积＝挖土体积－回填土体积

取土运输体积＝回填土体积－挖土体积

## 第九节　土石方运距计算

土石方运距应以挖土重心至填土重心或弃土重心最近距离计算，挖土重心、填土重心、弃土重心按施工组织设计确定。如遇下列情况应增加运距：

一、人力及人力车运土、石方上坡坡度在15%以上，推土机、铲运机重车上坡坡度大于5%，斜道运距按斜道长度乘以表2-17的系数。

斜　道　系　数　　　　表2-17

| 项　　目 | 坡度/% | 系　　数 |
|---|---|---|
| 推土机、铲运机 | 5～10 | 1.75 |
| | 15以内 | 2 |
| | 20以内 | 2.25 |
| | 25以内 | 2.5 |
| 人力及人力车 | 15以上 | 5 |

二、采用人力垂直运输土、石方，垂直深度每米折合水平运距7m计算。

三、拖式铲运机 $3m^3$ 加 27m 转向距离，其余型号铲运机加45m转向距离。

推土机推土或推石渣以及铲运机运土情况下，如果他们重车上坡坡度大于5%时，其各自运距应按斜坡长度乘以以下规定的系数：

当坡度为5%～10%时，系数取1.75。

当坡度为10%～15%时，系数取2.00。

当坡度为15%～20%时，系数取2.25。

当坡度为20%～25%时，系数取2.50。

## 第十节　边坡土方工程量计算

为了保持土体的稳定和施工安全，挖方和填方的周边都应修筑成适当的边坡。边坡的表示方法如图2-2（$a$）所示。图中的$m$，为边坡底的宽度$b$与边坡高度$h$的比，称为放坡系数。当边坡高度$h$为已知时，所需边坡底宽度$b$即等于$mh$（$1:m=h:b$）。若边坡高度较大，可在满足土体稳定的条件下，根据不同的土层及其所受的压力，将边坡修筑成折线形，如图2-2（$b$）所示，以减小土方工程量。

边坡的放坡系数（边坡宽度：边坡高度）根据不同的填挖高度（深度）、土的物理性质和工程的重要性，在设计文件中应有明确的规

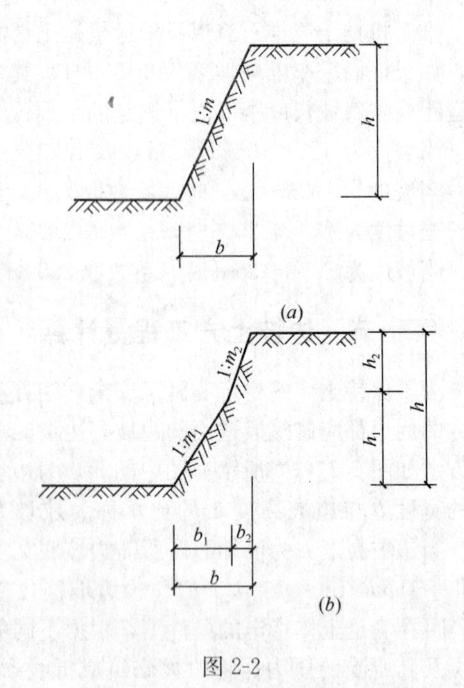


图 2-2

定。如设计文件中未作规定时，则可按照《建筑地基基础工程施工质量验收规范》GB 50202—2002 的规定采用。常用的挖方边坡坡度和填方高度限值见表 2-18 和表 2-19。

**水文地质条件良好时永久性土工构筑物挖方的边坡坡度　表 2-18**

| 挖方性质 | 边坡坡度 |
| --- | --- |
| 在天然湿度、层理均匀，不易膨胀的黏土、粉质黏土、粉土和砂土(不包括细砂、粉砂)内挖方、深度不超过 3m | (1：1)～(1：1.25) |
| 土质同上，深度为 3～12m | (1：1.25)～(1：1.50) |
| 干燥地区内土质结构未经破坏的干燥黄土及类黄土，深度不超过 12m | (1：0.1)～(1：1.25) |
| 在碎石和泥灰岩土内的挖方，深度不超过 12m，根据土的性质、层理特性和挖方深度确定 | (1：0.5)～(1：1.5) |

**填方边坡为 1：1.5 时的高度限值　表 2-19**

| 土的种类 | 填方高度/m |
| --- | --- |
| 黏土类土、黄土、类黄土 | 6 |
| 粉质黏土、泥灰岩土 | 6～7 |
| 粉土 | 6～8 |
| 中砂和粗砂 | 10 |
| 砾石和碎石土 | 10～12 |
| 易风化的岩石 | 12 |

## 第十一节　石方开挖爆破每 $1m^3$ 耗炸药量表

石方开挖爆破每 $1m^3$ 耗炸药量见表 2-20 所示。

表石方开挖爆破每 $1m^3$ 耗炸药量表　　表 2-20

| 炮眼种类 | | 炮眼耗药量 | | | | 平眼及隧洞耗药量 | | | |
|---|---|---|---|---|---|---|---|---|---|
| 炮眼深度 | | 1～1.5m | | 1.5～2.5m | | 1～1.5m | | 1.5～2.5m | |
| 岩石种类 | | 软石 | 坚石 | 软石 | 坚石 | 软石 | 坚石 | 软石 | 坚石 |
| 炸药种类 | 梯恩梯 | 0.30 | 0.25 | 0.35 | 0.30 | 0.35 | 0.30 | 0.40 | 0.35 |
| | 露天铵梯 | 0.40 | 0.35 | 0.45 | 0.40 | 0.45 | 0.40 | 0.50 | 0.45 |
| | 岩石铵梯 | 0.45 | 0.40 | 0.48 | 0.45 | 0.50 | 0.48 | 0.53 | 0.50 |
| | 黑炸药 | 0.50 | 0.55 | 0.55 | 0.60 | 0.55 | 0.60 | 0.65 | 0.68 |

# 第三章　常用面积、体积计算公式

## 第一节　三角形平面图形面积计算公式

三角形平面图形面积计算公式见表 3-1。

三角形平面图形面积计算表　　表 3-1

| 图形 | | 尺寸符号 | 面积(A)、表面积(S) | 重心(G) |
|---|---|---|---|---|
| 三角形 | B, c, a, α, G, h, A, D, b, C | $h$——高<br>$l$——1/2 周长<br>$a$、$b$、$c$——对应角 A、B、C 的边长 | $A=\frac{bh}{2}=\frac{1}{2}ab\sin\alpha$ | $GD=\frac{1}{3}BD$<br>$CD=DA$ |

续表

| 图　　形 | 尺寸符号 | 面积(A)、表面积(S) | 重心(G) |
| --- | --- | --- | --- |
| 直角三角形 | $a$、$b$——两直角边长<br>$c$——斜边长 | $AB=\frac{ab}{2}$<br>$c=\sqrt{a^2+b^2}$<br>$a=\sqrt{c^2-b^2}$<br>$b=\sqrt{c^2-a^2}$ | $GD=\frac{1}{3}BD$<br>$CD=DA$ |
| 锐角三角形 | $h$——高 | $A=\frac{bh}{2}$<br>$=\frac{b}{2}$<br>$\sqrt{a^2-\left(\frac{a^2+b^2-c^2}{2b}\right)^2}$<br>设 $s=\frac{1}{2}(a+b+c)$<br>则 $A=\sqrt{s(s-a)(s-b)(s-c)}$ | $GD=\frac{1}{3}BD$<br>$AD=DC$ |

续表

| 图形 | | 尺寸符号 | 面积(A)、表面积(S) | 重心(G) |
| --- | --- | --- | --- | --- |
| 钝角三角形 | 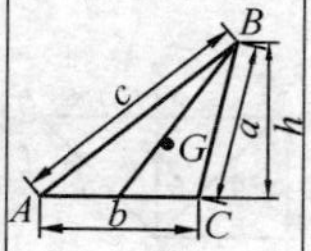 | $h$——高<br>$a$、$b$、$c$——边长 | $A=\frac{bh}{2}=\frac{b}{2}$<br>$\sqrt{a^2-\left(\frac{a^2+b^2-c^2}{2b}\right)^2}$<br>设 $s=\frac{1}{2}(a+b+c)$<br>则<br>$A=\sqrt{s(s-a)(s-b)(s-c)}$ | $GD=\frac{1}{3}BD$<br>$AD=DC$ |
| 等边三角形 | 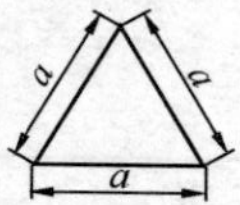 | $a$——边长 | $A=\frac{\sqrt{3}}{4}a^2=0.433a^2$ | 三角平分线的交点 |

续表

| 图形 | 尺寸符号 | 面积(A)、表面积(S) | 重心(G) |
| --- | --- | --- | --- |
| 等腰三角形 | 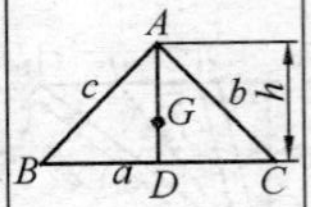 $b$——两腰<br>$a$——底边<br>$h$——$a$ 边上高 | $A=\frac{1}{2}ah$ | $GD=\frac{1}{3}h$<br>($BD=DC$) |

## 第二节　四边形平面图形面积计算公式

四边形平面图形面积计算公式见表 3-2。

**四边形平面图形面积计算表**　　**表 3-2**

| | 图形 | 尺寸符号 | 面积(A)、表面积(S) | 重心(G) |
|---|---|---|---|---|
| 正方形 | 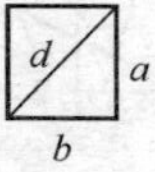 | $a$——边长<br>$d$——对角线 | $A=a^2$<br>$a=\sqrt{A}=0.707d$<br>$d=1.414a=1.414\sqrt{A}$ | 在对角线交点上 |
| 长方形 | 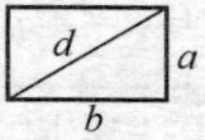 | $a$——短边<br>$b$——长边<br>$d$——对角线 | $A=ab$<br>$d=\sqrt{a^2+b^2}$ | 在对角线交点上 |

续表

| | 图形 | 尺寸符号 | 面积(A)、表面积(S) | 重心(G) |
|---|---|---|---|---|
| 平行四边形 | $B$ $C$ $\alpha$ $G$ $\beta$ $a$ $A$ $b$ $D$ | $a$、$b$——邻边<br>$h$——对边间的距离 | $a=bh=ab\sin\alpha$<br>$=\frac{\overline{AC}\cdot\overline{BD}}{2}\sin\beta$ | 在对角线交点上 |
| 梯形 | $DHC$ $E$ $h$ $G$ $F$ $A$ $K$ $B$ | $CE=AB$<br>$AF=CD$<br>$a=CD$(上底边)<br>$b=AB$(下底边)<br>$h$——高 | $A=\frac{a+b}{2}h$ | $HG=\frac{h}{3}\cdot\frac{a+2b}{a+b}$<br>$KG=\frac{h}{3}\cdot\frac{2a+b}{a+b}$ |
| 任意四边形 | $B$ $a$ $d_1$ $h_1$ $d$ $b$ $h_2$ $\varphi$ $d_2$ $C$ $c$ $D$ | $a$、$b$、$c$、$d$——四边长<br>$d_1$、$d_2$——两对角线长<br>$\varphi$——两对角线夹角 | $A=\frac{1}{2}d_1d_2\sin\varphi=\frac{1}{2}d_2(h_1+h_2)$<br>$=\sqrt{(p-a)(p-b)(p-c)(p-d)-abcd\cos\varphi}$<br>$p=\frac{1}{2}(a+b+c+d)$<br>$\varphi=\frac{1}{2}(\angle A+\angle C)$或$=\frac{1}{2}(\angle B+\angle C)$ | |

## 第三节　内接多边形平面面积计算公式

内接多边形平面面积计算公式见表 3-3。

**内接多边形平面面积计算表**　　　　**表 3-3**

| 图形 | | 公式 | 重心 |
|---|---|---|---|
| 正五边形 | | $A=2.3777R^2=3.6327r^2$<br>$a=1.1756R$ | 内接圆圆心 |
| 正六边形 | | $A=\frac{3\sqrt{3a^2}}{2}=2.5981a^2$<br>$=2.5981R^2=2\sqrt{3}r^2=3.4641r^2$<br>$R=a=1.155r$<br>$r=0.866a=0.866R$ | 内接圆圆心 |

续表

| 图形 | | 公式 | 重心 |
|---|---|---|---|
| 正七边形 | | $A=2.7365R^2=3.3714r^2$ | 内接圆圆心 |
| 正八边形 | | $A=4.828a^2=2.828R^2=3.314r^2$<br>$R=1.307a=1.082r$<br>$r=1.207a=0.924R$<br>$a=0.765R=0.828r$ | 内接圆圆心 |
| 正多边形 | | $\alpha=360°/n,\ \beta=180°-\alpha$<br>$a=2\sqrt{R^2-r^2}$<br>$A=\frac{nar}{2}=\frac{na}{2}\sqrt{R^2-\frac{a^2}{4}}$<br>$R=\sqrt{r^2+\frac{a^2}{4}},r=\sqrt{R^2-\frac{a^2}{4}}$ | 内接圆圆心 |

## 第四节 圆形、椭圆形平面面积计算公式

圆形、椭圆形平面面积计算公式见表 3-4。

圆形、椭圆形平面面积计算表 表 3-4

| 图形 | | 尺寸符号 | 面积(A)、表面积(S) | 重心(G) |
|---|---|---|---|---|
| 圆形 | | $r$——半径<br>$d$——直径<br>$p$——圆周长 | $A=\pi r^2=\frac{1}{4}\pi d^2$<br>$=0.785d^2=0.07958p^2$<br>$p=\pi d$ | 在圆心上 |
| 椭圆形 | | $d$——短轴<br>$D$——长轴<br>$r$——短半轴<br>$R$——长半轴 | $A=\pi Rr$<br>$=\frac{\pi}{4}Dd$ | 在主轴交点 $G$ 上 |

续表

| | 图形 | 尺寸符号 | 面积(A)、表面积(S) | 重心(G) |
|---|---|---|---|---|
| 扇形 | | $r$——半径<br>$l$——弧长<br>$\theta$——弧的对应中心角 | $A=\frac{1}{2}rl=\frac{\theta}{360}\pi r^2$<br>$l=\frac{\theta\pi}{180}r$ | |
| 弓形 | | $L$——弧长<br>$r$——半径<br>$\theta$——圆心角<br>$c$——弧长<br>$h$——高 | $A=\frac{1}{2}[r(L-c)+Ch]$<br>$A=\frac{\pi r^2\theta}{360°}-\frac{1}{2}c(r-h)$<br>式中：$r=\frac{c^2+4h^2}{8h}$<br>$h=r-\frac{1}{2}\sqrt{4r^2-c^2}$<br>$c=2\sqrt{h(2r-h)}$<br>$L\approx\sqrt{c^2+\frac{16}{3}h^2}$ | |

续表

| | 图形 | 尺寸符号 | 面积(A)、表面积(S) | 重心(G) |
|---|---|---|---|---|
| 圆环 | $R$, $r$, $d$, $D$ | $R$——外半径<br>$r$——内半径<br>$D$——外直径<br>$d$——内直径<br>$t$——环宽<br>$D_{pj}$——平均直径 | $A=\pi(R^2-r^2)$<br>$=\frac{\pi}{4}(D^2-d^2)=\pi D_{pj}t$ | 在圆心 O |
| 部分圆环 | $t$, $r$, $R$, $\alpha$, $R_{pj}$ | $R$——外半径<br>$r$——内半径<br>$D$——外直径<br>$d$——内直径<br>$t$——环宽<br>$R_{pj}$——圆环平均直径 | $A=\frac{\alpha\pi}{360}(D^2-r^2)$<br>$=\frac{\alpha\pi}{360}R_{pj}t$ | |
| 抛物线形 | $c$, $h$, $A$, $b$, $B$ | $b$——底边<br>$h$——高<br>$l$——曲线长<br>$s$——□ABC的面积 | $l=\sqrt{b+1.3333h^2}$<br>$A=\frac{2}{3}bh=\frac{4}{3}s$ | |

## 第五节　多面体体积和表面积计算公式

多面体体积和表面积计算公式见表 3-5。

多面体体积和表面积计算表　　表 3-5

| 图　形 | | 尺寸符号 | 体积($V$)、底面积($F$)<br>表面积($S$)、侧表面积($S_1$) | 重心($G$) |
|---|---|---|---|---|
| 立方体 | 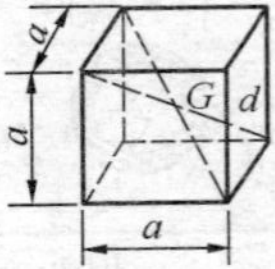 | $a$——棱<br>$d$——对角线 | $V=a^3$<br>$S=6a^2$<br>$S_1=4a^2$ | 在对角线交点上 |

续表

| 图形 | | 尺寸符号 | 体积(V)、底面积(F)、表面积(S)、侧表面积($S_1$) | 重心(G) |
|---|---|---|---|---|
| 长方体 | | $a$、$b$、$h$——边长<br>$O$——底面对角线交点 | $V=a\cdot b\cdot h$<br>$S=2(ab+ah+bh)$<br>$S_1=2h(a+b)$<br>$d=\sqrt{a^2+b^2+h^2}$ | $GO=\frac{h}{2}$ |
| 三棱体 | | $a$、$b$、$c$——边长<br>$h$——高<br>$O$——底面对角线交点 | $V=F\cdot h$<br>$S=(a+b+c)\cdot h+2F$<br>$S_1=2h(a+b+c)$ | $GO=\frac{h}{2}$ |

续表

| | 图　形 | 尺寸符号 | 体积($V$)、底面积($F$)、表面积($S$)、侧表面积($S_1$) | 重心($G$) |
|---|---|---|---|---|
| 棱锥 | 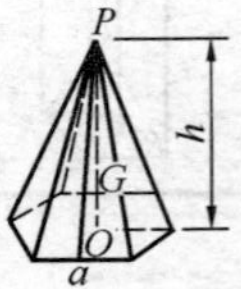 P, G, O, a, h | $f$——一个组合三角形的面积<br>$n$——组合三角形个数<br>$O$——锥体各对角线交点 | $V=\frac{1}{3}F \cdot h$<br>$S=nf+F$<br>$S_1=nf$ | $GO=\frac{h}{4}$ |

续表

| 图　形 | | 尺寸符号 | 体积(V)、底面积(F)、表面积(S)、侧表面积($S_1$) | 重心(G) |
|---|---|---|---|---|
| 正六角柱 | P d G(0) h Q a | $a$——底边长<br>$h$——高<br>$d$——对角线 | $V=\frac{3\sqrt{3}}{2}a^2h=2.5981a^2h$<br>$S=3\sqrt{3}a^2+6ah=5.1962a^2+6ah$<br>$S_1=6ah$<br>$d=\sqrt{h^2+4a^2}$ | $GQ=\frac{h}{2}$<br>（$P$、$Q$ 分别为上下底重心） |

续表

| 图形 | 尺寸符号 | 体积(V)、底面积(F)、表面积(S)、侧表面积($S_1$) | 重心(G) |
| --- | --- | --- | --- |
| 棱台 | $F_1$、$F_2$——两平行底面的面积<br>$h$——上下面间的距离<br>$a$——一个组合梯形面积<br>$n$——组合梯形个数 | $V=\frac{1}{3}h(F_1+F_2+\sqrt{F_1F_2})$<br>$S=an+F_1+F_2$<br>$S_1=an$ | $GQ=\frac{h}{4}\times\frac{F_1+2\sqrt{F_1F_2}+3F_2}{F_1+\sqrt{F_1F_2}+\sqrt{F_2}}$ |

续表

| | 图　形 | 尺寸符号 | 体积(V)、底面积(F)、表面积(S)、侧表面积($S_1$) | 重心(G) |
|---|---|---|---|---|
| 圆柱体 | | $r$——底面半径<br>$h$——高 | $V=\pi r^2 h$<br>$S=2\pi r(r+h)$<br>$S_1=2\pi rh$ | $GQ=\frac{h}{2}$<br>（$P$、$Q$ 分别为上下底重心） |
| 空心圆柱体 | | $R$——外半径<br>$r$——内半径<br>$\overline{R}$——平均半径<br>$t$——管壁厚度<br>$h$——高 | $V=\pi h(R^2-r^2)$<br>$=2\pi\overline{R}th$<br>$S=M+2\pi(R^2-r^2)$<br>$S_1=2\pi h(R+r)$<br>$=4\pi h\overline{R}$ | $GQ=\frac{h}{2}$ |

续表

| | 图　形 | 尺寸符号 | 体积(V)、底面积(F)、表面积(S)、侧表面积($S_1$) | 重心(G) |
|---|---|---|---|---|
| 斜截直圆柱 | 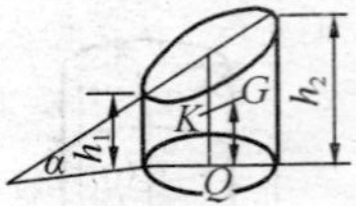 | $h_1$——最小高度<br>$h_2$——最大高度<br>$r$——底面半径 | $V=\pi r^2 \frac{h_1+h_2}{2}$<br>$S=\pi r(h_1+h_2)+\pi r^2 \times\left(1+\frac{1}{\cos\alpha}\right)$<br>$S_1=\pi r(h_1+h_2)$ | $GQ=\frac{h_1+h_2}{4}+\frac{r^2\tan^2\alpha}{4(h_1+h_2)}$<br>$GK=\frac{r^2\tan\alpha}{2(h_1+h_2)}$ |
| 圆锥体 | 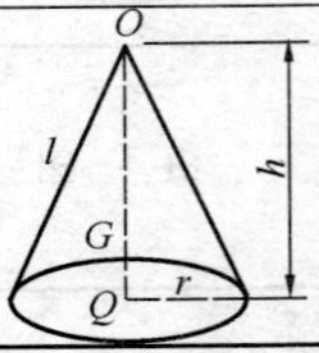 | $r$——底面半径<br>$h$——高<br>$l$——母线长 | $V=\frac{1}{3}\pi r^2 h$<br>$S_1=\pi r\sqrt{r^2+h^2}=\pi rl$<br>$l=\sqrt{r^2+h^2}$<br>$S=S_1+\pi r^2$ | $GO=\frac{h}{4}$ |

续表

| 图形 | | 尺寸符号 | 体积(V)、底面积(F)表面积(S)、侧表面积($S_1$) | 重心(G) |
|---|---|---|---|---|
| 圆台 | 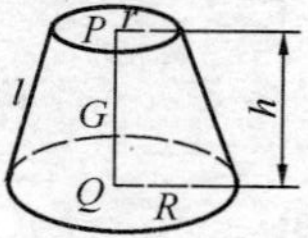 | $R$、$r$——底面半径<br>$h$——高<br>$l$——母线长 | $V=\frac{\pi h}{3}(R^2+r^2+Rr)$<br>$S_1=\pi l(R+r)$<br>$l=\sqrt{(R-r)^2+h^2}$<br>$S=S_1+\pi(R^2+r^2)$ | $GQ=\frac{h(R^2+2Rr+3r^2)}{4(R^2+Rr+r^2)}$<br>（$P$、$Q$分别为上下底圆心） |
| 球 | 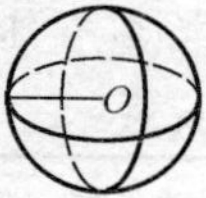 | $r$——半径<br>$d$——直径 | $V=\frac{4}{3}\pi r^3=\frac{\pi d^3}{6}=0.5236d^3$<br>$S=4\pi r^2=\pi d^2$ | 在球心上 |

续表

| 图形 | | 尺寸符号 | 体积(V)、底面积(F)、表面积(S)、侧表面积($S_1$) | 重心(G) |
|---|---|---|---|---|
| 球扇形 | | $r$——球半径<br>$a$——弓形底圆半径<br>$h$——拱高<br>$\alpha$——锥角（弧度） | $V=\frac{2}{3}\pi r^2 h\approx 2.0944r^2 h$<br>$S=\pi r(2h+a)$<br>侧表面（锥面部分）：<br>$S_1=\pi\alpha r$ | $GO=\frac{3}{8}(2r-h)$ |

续表

| 图形 | | 尺寸符号 | 体积(V)、底面积(F)、表面积(S)、侧表面积($S_1$) | 重心(G) |
|---|---|---|---|---|
| 球冠 | 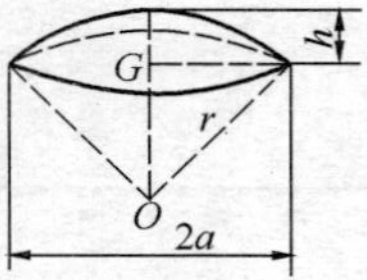 | $r$——球半径<br>$a$——拱底圆半径<br>$h$——拱高 | $V=\frac{\pi h}{6}(3a^2-h)$<br>$=\frac{\pi h^2}{3}(3r-h)$<br>$S=\pi(2rh+a^2)$<br>$=\pi(h^2+2a^2)$<br>侧面积（球面部分）：<br>$S_1=2\pi rh=\pi(a+h^2)$ | $GO=\frac{3(2r-h)^2}{4(3r-h)}$ |

续表

| 图形 | | 尺寸符号 | 体积(V)、底面积(F)<br>表面积(S)、侧表面积($S_1$) | 重心(G) |
|---|---|---|---|---|
| 圆环体 | 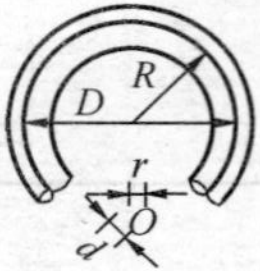 | R——圆环体平均半径<br>D——圆环体平均直径<br>d——圆环体截面直径<br>r——圆环体截面半径 | $V=2\pi^2Rr^2=\frac{1}{4}\pi^2Dd^2$<br>$S=4\pi^2Rr=\pi^2Dd$<br>$=39.478Rr$ | 在环中心上 |

续表

| 图　形 | | 尺寸符号 | 体积(V)、底面积(F)表面积(S)、侧表面积($S_1$) | 重心(G) |
|---|---|---|---|---|
| 球带体 | 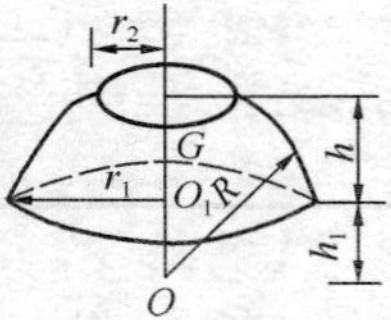 | R——球半径<br>$r_1$、$r_2$——底面半径<br>h——腰高<br>$h_1$——球心 O 至带底圆心 $O_1$ 的距离 | $V=\frac{\pi h}{6}(3r_1^2+3r_2^2+h^2)$<br>$S_1=2\pi Rh$<br>$S=2\pi Rh+\pi(r_1^2+r_2^2)$ | $GO=h_1+\frac{h}{2}$ |

续表

| 图形 | | 尺寸符号 | 体积(V)、底面积(F)、表面积(S)、侧表面积($S_1$) | 重心(G) |
|---|---|---|---|---|
| 桶形 | $D$, $d$, $l$ | $D$——中间断面直径<br>$d$——底直径<br>$l$——桶高 | 对于抛物线形桶板<br>$V=\frac{\pi l}{15}\left(2D^2+Dd+\frac{3}{4}d^2\right)$<br>对于圆形桶板<br>$V=\frac{\pi l}{12}(2D^2+d^2)$ | 在轴交点上 |

续表

| 图形 | | 尺寸符号 | 体积(V)、底面积(F)、表面积(S)、侧表面积($S_1$) | 重心(G) |
| --- | --- | --- | --- | --- |
| 椭球体 | $a$ $c$ $b$ $G$ | $a$、$b$、$c$——半轴 | $V=\frac{4}{3}abc\pi$<br>$S=2\sqrt{2}\cdot b\cdot\sqrt{a^2+b^2}$ | 在轴交点上 |
| 交叉圆柱体 | $d$ $l_1$ $l$ $G$ | $r$——圆柱半径<br>$r=\frac{d}{2}$<br>$l_1$、$l$——圆柱长 | $V=\pi r^2\left(l+l_1-\frac{2r}{3}\right)$ | 在两轴线交点上 |

续表

| 图　形 | | 尺寸符号 | 体积(V)、底面积(F)、表面积(S)、侧表面积($S_1$) | 重心(G) |
|---|---|---|---|---|
| 截头方锥体 | | $a'$、$b'$、$a$、$b$——上下底边长，$h$——高，$a_1$——截头棱长 | $V=\frac{h}{6}[ab+(a+a')(b+b')+a'b']$ $a_1=\frac{a'b-ab'}{b-b'}$ | $GQ=\frac{PQ}{2}\times\frac{ab+ab'+a'b+3a'b}{2ab+ab'+a'b+2a'}$（P、Q 分别为上下底重心） |

续表

| | 图　形 | 尺寸符号 | 体积($V$)、底面积($F$)、表面积($S$)、侧表面积($S_1$) | 重心($G$) |
|---|---|---|---|---|
| 弹簧 | 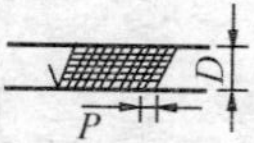 | $A$——截面积<br>$x$——圈数 | $V=Ax\sqrt{9.8695D^2+P^2}$ | |
| 楔形体 | 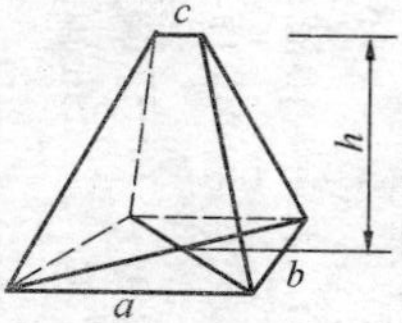 | $a$、$b$——下底边长<br>$c$——棱长<br>$h$——棱与底边距离(高) | $V=\frac{(2a+c)bh}{6}$ | |

## 第六节　护拱体积计算

设桥墩护拱如图 3-1 所示，则：

### 一、拱上护拱体积

$$V_A = \frac{1}{4}\left[B-2C-\frac{2f_1m_1}{3}\left(2-K_1+\frac{y_v}{f_1}\right)\right]K_1f_1L_1$$

当 $D=\frac{1}{4}L_1$ 时：

$$V_B = \frac{1}{8}\left[B-2C-\frac{2f_1m_1}{3}(3-K_1-K_2)\right]K_1f_1L_1$$

当 $D=\frac{1}{6}L_1$ 时：

$$V_B \approx \frac{1}{12}\left[B-2C-\frac{2f_1m_1}{3}(2-K_1-K_2)\right]K_1f_1L_1$$

式中　$B$——拱圈全宽；

$C$——拱顶处侧墙宽度；

$f_1$——拱圈外弧的高度；

$m_1$——拱侧墙内边坡（高：宽=1：$m_1$）；

$y_v$——拱圈外弧在 $\frac{1}{2}L_1$ 处坐标；

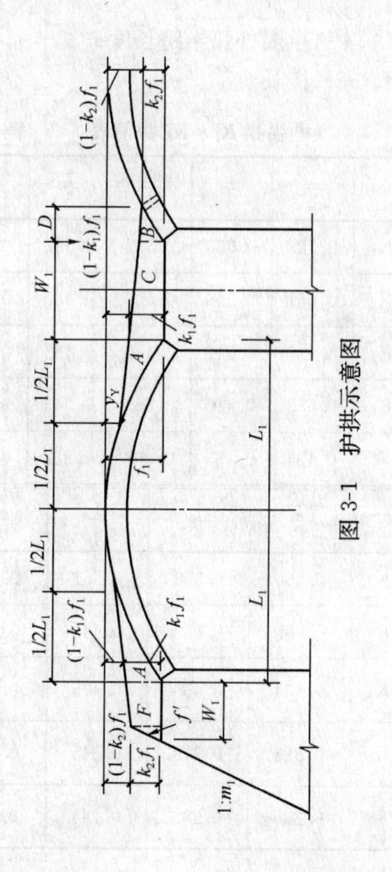

1/2L1
1/2L1
1/2L1
1/2L1
W1
D
(1−k1)f1
(1−k2)f1
k2f1
F
f′
W1
A
k1f1
L1
f1
yY
A
C
B
k1f1
L1
(1−k1)f1
(1−k2)f1
k2f1
1:m1


图 3-1 护拱示意图

$L_1$ ——拱圈外弧半跨长度；

$K_1$、$K_2$ ——棱长。

**圆弧拱 $K_1$、$K_2$ 数值表　　　　表 3-6**

| | | $\frac{1}{2}$ | $\frac{1}{3}$ | $\frac{1}{4}$ | $\frac{1}{5}$ | $\frac{1}{6}$ |
|---|---|---|---|---|---|---|
| $\frac{L_1}{4}$ | $K_1$ | 0.723 | 0.636 | 0.597 | 0.597 | 0.567 |
| | $K_2$ | 0.651 | 0.546 | 0.500 | 0.480 | 0.465 |
| $\frac{L_1}{6}$ | $K_1$ | 0.631 | 0.512 | 0.470 | 0.453 | 0.440 |
| | $K_2$ | 0.553 | 0.410 | 0.363 | 0.345 | 0.330 |
| $\frac{y_v}{f_1}$ | | 0.134 | 0.183 | 0.208 | 0.222 | 0.230 |

| | | $\frac{1}{7}$ | $\frac{1}{8}$ | $\frac{1}{9}$ | $\frac{1}{10}$ |
|---|---|---|---|---|---|
| $\frac{L_1}{4}$ | $K_1$ | 0.560 | 0.556 | 0.551 | 0.549 |
| | $K_2$ | 0.458 | 0.453 | 0.449 | 0.447 |
| $\frac{L_1}{6}$ | $K_1$ | 0.434 | 0.430 | 0.425 | 0.425 |
| | $K_2$ | 0.323 | 0.319 | 0.315 | 0.315 |
| $\frac{y_v}{f_1}$ | | 0.235 | 0.238 | 0.244 | 0.247 |

悬链线拱 $K_1$、$K_2$ 数值表　　表 3-7

| D | 系数 \ m | 1 | 1.347 | 1.756 | 2.24 | 2.814 | 3.5 |
|---|---|---|---|---|---|---|---|
| $\frac{L_1}{4}$ | $K_1$ | 0.542 | 0.554 | 0.566 | 0.579 | 0.591 | 0.600 |
| | $K_2$ | 0.438 | 0.451 | 0.464 | 0.478 | 0.492 | 0.506 |
| $\frac{L_1}{6}$ | $K_1$ | 0.417 | 0.428 | 0.439 | 0.451 | 0.462 | 0.474 |
| | $K_2$ | 0.306 | 0.317 | 0.329 | 0.341 | 0.363 | 0.365 |
| $\frac{y_v}{f_1}$ | | 0.25 | 0.24 | 0.23 | 0.22 | 0.21 | 0.20 |

| D | 系数 \ m | 4.324 | 5.321 | 6.536 | 8.031 | 9.889 |
|---|---|---|---|---|---|---|
| $\frac{L_1}{4}$ | $K_1$ | 0.617 | 0.629 | 0.643 | 0.656 | 0.670 |
| | $K_2$ | 0.520 | 0.534 | 0.549 | 0.564 | 0.580 |
| $\frac{L_1}{6}$ | $K_1$ | 0.486 | 0.498 | 0.511 | 0.524 | 0.537 |
| | $K_2$ | 0.378 | 0.390 | 0.405 | 0.418 | 0.438 |
| $\frac{y_v}{f_1}$ | | 0.19 | 0.18 | 0.17 | 0.16 | 0.15 |

二、墩顶护拱体积

$$V_c \approx [B-2C-f_1 m_1(2-K_1)]K_1 f_1 W_1$$

式中　$W_1$——桥墩顶宽；

其余符号意义同前。

桥台台顶护拱体积

$$V_F=\frac{f_1}{2}[(2C-2f_1 m_2)(K_1+K_3)+$$
$$f_1 m_2(K_1^2+K_3^2)](W_2-K_3 f_1 m_3)$$

式中　$K_3=\frac{K_1 L_1-K_0 W_2}{L_1-K_0 f_1 m_3}$

$K_0$——计算系数，圆弧拱查表 3-8，悬链线拱查表 3-9，$K_0=2(1-K_1-\frac{y_v}{f_1})$；

$m_2$——桥台侧墙内边坡(高：宽=1：$m_2$)；

$m_3$——桥台背坡（高：宽=1：$m_3$）；

$W_2$——桥台顶宽。

其余符号意义同前。

$$V'_F=\frac{1}{2}\left[B-2C-\frac{2}{3}(3-K_3)f_1 m_2\right]$$
$$K_3^2 f_1^2 m_3$$

式中符号意义同前。

**$K_0$ 系数表（圆弧拱）　　　表 3-8**

| $D$ \ $f_1/2L_1$ | $\frac{1}{2}$ | $\frac{1}{3}$ | $\frac{1}{4}$ | $\frac{1}{5}$ | $\frac{1}{6}$ |
|---|---|---|---|---|---|
| $\frac{L_1}{4}$ | 0.286 | 0.362 | 0.390 | 0.398 | 0.406 |
| $\frac{L_1}{6}$ | 0.470 | 0.610 | 0.644 | 0.650 | 0.660 |

| $D$ \ $f_1/2L_1$ | $\frac{1}{7}$ | $\frac{1}{8}$ | $\frac{1}{9}$ | $\frac{1}{10}$ |
|---|---|---|---|---|
| $\frac{L_1}{4}$ | 0.410 | 0.412 | 0.410 | 0.408 |
| $\frac{L_1}{6}$ | 0.662 | 0.664 | 0.662 | 0.656 |

**$K_0$ 数值表（悬链线拱）　　　表 3-9**

| $D$ \ $m$ | 1.000 | 1.347 | 1.756 | 2.24 | 2.814 | 3.500 |
|---|---|---|---|---|---|---|
| $\frac{L_1}{4}$ | 0.416 | 0.412 | 0.408 | 0.402 | 0.398 | 0.392 |
| $\frac{L_1}{6}$ | 0.666 | 0.664 | 0.662 | 0.658 | 0.656 | 0.652 |

| $D$ \ $m$ | 4.324 | 5.321 | 6.536 | 8.031 | 9.889 |
|---|---|---|---|---|---|
| $\frac{L_1}{4}$ | 0.386 | 0.382 | 0.374 | 0.368 | 0.360 |
| $\frac{L_1}{6}$ | 0.648 | 0.644 | 0.638 | 0.632 | 0.626 |

## 第七节　八字翼墙体积计算

涵洞洞口八字翼墙如图 4-2 所示。

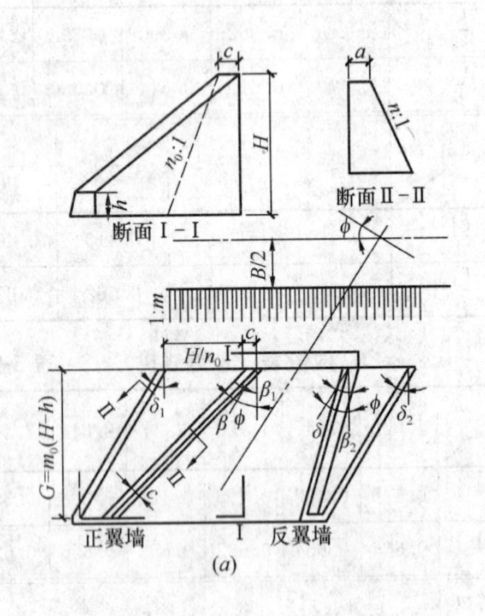


图 3-2　涵洞洞口八字翼墙（一）

（a）斜交斜做涵洞

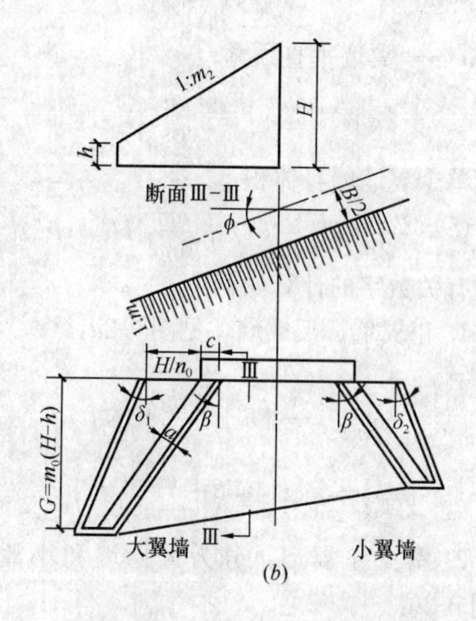


图 3-2 涵洞洞口八字翼墙（二）

（b）斜交正做涵洞

## 一、单个翼墙墙身体积计算公式

参看图 3-2，图中：

1∶$m$——路基边坡，$m$ 为路基边坡率；

1∶$m_0$——$m_0$ 为翼墙长度系数；

$n$∶1——翼墙正背坡；

$n_0$∶1——翼墙背坡；

$a$——翼墙垂直顶宽；

$c$——翼墙顶宽，$c=\dfrac{a}{\cos\beta}$。

单个翼墙墙身体积：

$$V=\frac{m_0 c}{2}(H^2-h^2)+\frac{m_0}{6n_0}(H^3-h^3)$$

式中有关数字的计算如下：

1. 正翼墙、反翼墙，见图 3-2$a$：

$$m_0=n_0$$

$$n_{0(\text{反})}^{(\text{正})}=\left(n\pm\frac{\sin\beta}{m}\right)\cos\beta$$

$$\delta_{(\text{正})}^{(\text{反})}=\cot\left(\tan\beta\mp\frac{1}{mn_{0(\text{反})}^{(\text{正})}}\right)$$

2. 斜交正翼墙：分为大翼墙和小翼墙，见图 3-2$b$：

$$m_{0(\text{小})}^{(\text{大})}=\frac{m\cos\beta}{\cos(\beta\pm\phi)}$$

$$n_{0(\text{小})}^{(\text{大})}=n\cos\beta+\frac{1}{m}\sin\beta\cos(\beta\pm\phi)$$

$$\delta_{(\text{小})}^{(\text{大})}=\cot\left[\tan\beta-\frac{\cos(\beta\pm\phi)}{mn_{0(\text{小})}^{(\text{大})}\cos\beta}\right]$$

## 二、单个翼墙墙身体积计算系数

单个翼墙墙身体积计算公式可改写为：

$$V=\psi(H^2-h^2)+\eta(H^3-h^3)$$

$$V=(\psi H^2+\eta H^3)-(\psi h^2+\eta h^3)$$
$$=V_H-V_h$$

式中 $V_H=\psi H^2+\eta H^3$；$V_h=\psi h^2+\eta h^3$；

$$\psi=\frac{1}{2}m_0c\text{；}\eta=\frac{m_0}{6n_0}$$

$\psi$、$n$ 数值见表 3-10 和表 3-11。

**$\psi$、$n$ 数值表** **表 3-10**

| 正翼墙 | | | | |
|---|---|---|---|---|
| $m=1.5$，$n=4$ | | | | |
| $\beta$ | $c$/cm | $n_0$ | $\psi$ | $\eta$ |
| 0° | 40 | 4.00 | 0.300 | 0.0625 |
| 5° | 40 | 4.04 | 0.300 | 0.0619 |
| 10° | 41 | 4.05 | 0.308 | 0.0619 |
| 15° | 41 | 4.03 | 0.308 | 0.0616 |
| 20° | 43 | 3.97 | 0.323 | 0.0629 |
| 25° | 44 | 3.88 | 0.330 | 0.0644 |
| 30° | 46 | 3.75 | 0.345 | 0.0667 |
| 35° | 49 | 3.59 | 0.368 | 0.0696 |
| 40° | 52 | 3.39 | 0.390 | 0.0737 |
| 45° | 57 | 3.16 | 0.428 | 0.0791 |
| 50° | 62 | 2.90 | 0.465 | 0.0862 |
| 55° | 70 | 2.61 | 0.525 | 0.0958 |
| 60° | 80 | 2.29 | 0.600 | 0.1092 |

续表

| 反　翼　墙 | | | | |
|---|---|---|---|---|
| $m=1.5$，$n=4$ | | | | |
| $\beta$ | $c$/cm | $n_0$ | $\psi$ | $\eta$ |
| 0° | 40 | 4.00 | 0.300 | 0.0625 |
| −5° | 40 | 3.93 | 0.300 | 0.0636 |
| −10° | 41 | 3.83 | 0.308 | 0.0653 |
| −15° | 41 | 3.70 | 0.308 | 0.0676 |
| −20° | 43 | 3.54 | 0.323 | 0.0706 |
| −25° | 44 | 3.37 | 0.330 | 0.0742 |
| −30° | 46 | 3.18 | 0.345 | 0.0786 |
| −35° | 49 | 2.96 | 0.368 | 0.0844 |
| −40° | 52 | 2.74 | 0.390 | 0.0912 |
| −45° | 57 | 2.50 | 0.428 | 0.1000 |
| −50° | 62 | 2.24 | 0.465 | 0.1116 |
| −55° | 70 | 1.98 | 0.525 | 0.1263 |
| −60° | 80 | 1.71 | 0.600 | 0.1462 |

表 3-11

**$\psi$、$\eta$数值表**

| $\Psi$ | $\beta$ | $c$/cm | 斜交正翼墙 $m=1.5, n=4$ | | | | | | | |
|---|---|---|---|---|---|---|---|---|---|---|
| | | | 大翼墙 | | | | 小翼墙 | | | |
| | | | $m_0$ | $n_0$ | $\psi$ | $\eta$ | $m_0$ | $n_0$ | $\psi$ | $\eta$ |
| 0° | 30° | 46 | 1.50 | 3.75 | 0.345 | 0.0667 | 1.50 | 3.75 | 0.345 | 0.0667 |
| 10° | 30° | 46 | 1.70 | 3.72 | 0.391 | 0.0762 | 1.38 | 3.78 | 0.317 | 0.0609 |
| 15° | 30° | 46 | 1.84 | 3.70 | 0.423 | 0.0829 | 1.34 | 3.79 | 0.308 | 0.0589 |
| 20° | 30° | 46 | 2.02 | 3.68 | 0.465 | 0.0915 | 1.32 | 3.79 | 0.304 | 0.0581 |
| 30° | 30° | 46 | 2.60 | 3.63 | 0.598 | 0.1194 | 1.30 | 3.80 | 0.299 | 0.0570 |
| 40° | 20° | 43 | 2.82 | 3.87 | 0.606 | 0.1214 | 1.50 | 3.97 | 0.323 | 0.0630 |
| 45° | 15° | 41 | 2.90 | 3.95 | 0.595 | 0.1225 | 1.67 | 4.01 | 0.342 | 0.0694 |
| 50° | 10° | 41 | 2.95 | 4.00 | 0.605 | 0.1229 | 1.93 | 4.03 | 0.396 | 0.0798 |
| 60° | 0° | 40 | 3.00 | 4.00 | 0.690 | 0.1250 | 3.00 | 4.00 | 0.600 | 0.1250 |
| 70° | 0° | 40 | 4.39 | 4.00 | 0.878 | 0.1829 | 4.39 | 4.00 | 0.878 | 0.1829 |

## 第八节　圆弧拱侧墙体积计算

### 一、体积

如图 3-3 所示，侧墙体积为半跨一边的数量，整跨全拱的侧墙体积应乘以 4。

体积用下列公式进行计算：

$$V=\frac{1}{2}(a+b)f_1L_1-aA-\frac{c}{f_1}\left(rA-\frac{1}{3}L_1^3\right)$$

式中　$L_1$——拱圈外弧半跨长度；

$f_1$——拱圈外弧的高度；

$r$——拱圈外弧的半径；

$A$——半割圆 $LMN$ 的面积；

$a$——侧墙顶宽（在拱弧顶处）；

$b=a+c=a+m_1f_1$。

$$V=K_1aL_1^2+K_2m_1L_1^3$$

式中　$K_1$、$K_2$——系数，见表 3-12。

**$K_1$、$K_2$ 系数表**　　表 3-12

| $\frac{f_1}{2L}$ | $\frac{1}{2}$ | $\frac{1}{3}$ | $\frac{1}{4}$ | $\frac{1}{5}$ | $\frac{1}{6}$ |
|---|---|---|---|---|---|
| $K_1$ | 0.2146 | 0.1828 | 0.1503 | 0.1261 | 0.1064 |
| $K_2$ | 0.0479 | 0.0313 | 0.0212 | 0.0161 | 0.0107 |

续表

| $\frac{f_1}{2L}$ | $\frac{1}{7}$ | $\frac{1}{8}$ | $\frac{1}{9}$ | $\frac{1}{10}$ |
|---|---|---|---|---|
| $K_1$ | 0.0923 | 0.0814 | 0.0727 | 0.0659 |
| $K_2$ | 0.0078 | 0.0062 | 0.0055 | 0.0046 |

如拱顶有厚度为 $h$ 的垫层，则侧墙系自拱顶以上距离 $h$ 处开始，则尚应加算直线部分体积，见图 3-3（$b$），其值为：

$$V' = \left(a_0 + \frac{m_1 h}{2}\right) h L_1$$

当为整跨全拱时，应乘以 4。

**二、侧墙勾缝面积**

$$A = K L_1^2$$

式中　系数 $K$ 见表 3-13；

其余符号意义同前。

上式为半跨一边的面积，整跨全拱应乘以 4。

如拱顶有厚度为 $h$ 的垫层，则侧墙系自拱顶以上距离 $h$ 处开始，则尚应加算直线部分面积 $A' = hL_1$；当为整跨全拱时，应乘以 4。

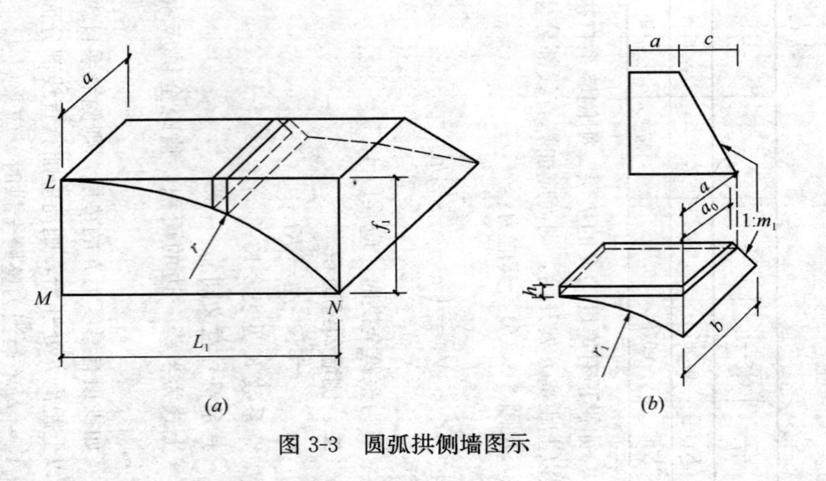


图 3-3 圆弧拱侧墙图示

系数 $K$ 值表　　　　表 3-13

| $f_1/2L_1$ | $\frac{1}{2}$ | $\frac{1}{3}$ | $\frac{1}{4}$ | $\frac{1}{5}$ | $\frac{1}{6}$ |
|---|---|---|---|---|---|
| $K$ | 0.2146 | 0.1828 | 0.1503 | 0.1261 | 0.1064 |

| $f_1/2L_1$ | $\frac{1}{7}$ | $\frac{1}{8}$ | $\frac{1}{9}$ | $\frac{1}{10}$ |
|---|---|---|---|---|
| $K_1$ | 0.0923 | 0.0814 | 0.0727 | 0.0659 |

## 第九节　悬链线拱侧墙体积计算

悬链线拱侧墙参见图 3-3。

### 一、体积

$$V=\frac{af_1L_1}{K(m-1)}(\sinh K-K)+\frac{f_1^2L_1m_1}{2K(m-1)^2}\left(\frac{1}{2}\sinh K chK-2\sinh K+\frac{3}{2}K\right)$$

式中　$m$——拱轴系数；

$$K=\ln(m+\sqrt{m^2-1})；$$

其余符号意义同前。

计算的体积为半跨一边的数量，整跨全拱的侧墙体积应乘以 4；如拱顶有厚度为 $h$ 的垫层，则侧墙系自拱顶以上距离 $h$ 处开始，则应加算直线部分体积，其值为：

$$V' = \left(a_0 + \frac{m_1 h}{2}\right) h L_1$$

式中符号意义同前。

当为整跨全拱时，应乘以 4。

以上公式按等截面悬链线拱导出，亦可近似地用于变截面悬链线拱。计算时可利用表 3-14的数值。

## 二、侧墙勾缝面积

$$A = \frac{L_1 f_1}{(m-1)K}(\sinh K - K)$$

式中符号意义同前。

当为整跨全拱时，上式应乘以 4；如拱顶有厚度为 $h$ 的垫层，则侧墙系自拱顶以上距离 $h$ 处开始，尚应加算直线部分面积 $A' = hL_1$；当为整跨全拱时，应乘以 4。

**悬链线拱侧墙体积计算辅助表　　表 3-14**

| $y_v/f$ | $m$ | $K$ | $\sinh K$ | $\sinh K \cdot \cosh K$ |
|---|---|---|---|---|
| 0.24 | 1.347 | 0.8107 | 0.9025 | 1.2157 |

续表

| $y_v/f$ | $m$ | $K$ | $\sinh K$ | $\sinh K\cdot\cosh K$ |
|---|---|---|---|---|
| 0.23 | 1.756 | 1.1630 | 1.4435 | 2.5348 |
| 0.22 | 2.240 | 1.4456 | 2.0044 | 4.4899 |
| 0.21 | 2.814 | 1.6946 | 2.6321 | 7.4067 |
| 0.20 | 3.500 | 1.9246 | 3.3578 | 11.7523 |
| 0.19 | 4.324 | 2.1437 | 4.2134 | 18.2187 |
| 0.18 | 5.321 | 2.3559 | 5.2334 | 27.8469 |
| 0.17 | 6.536 | 2.5646 | 6.4691 | 42.2820 |
| 0.16 | 8.031 | 2.7726 | 7.9798 | 64.0858 |
| 0.15 | 9.889 | 2.9820 | 9.8454 | 97.3612 |

## 第十节 锥形护坡体积计算

锥形护坡如图 3-4 所示。

椭圆锥底边方程式：

$$b^2x^2 + a^2y^2 = a^2b^2$$

$$u = \sqrt{\frac{1+m^2}{m}}t = a_0 t$$

$$v = \sqrt{\frac{1+n^2}{n}}t = \beta_0 t$$

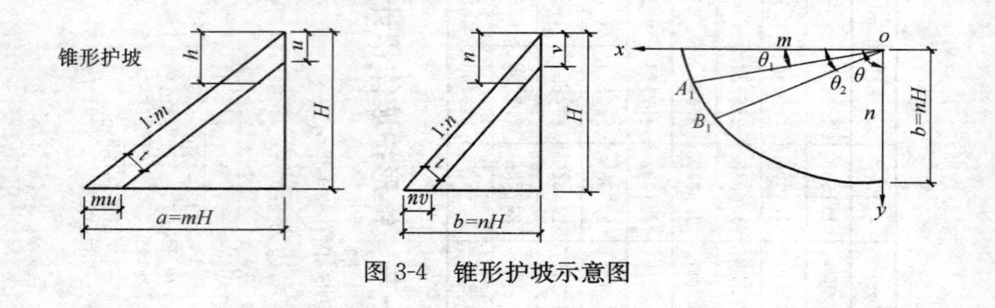


图 3-4　锥形护坡示意图

## 一、简化计算公式

1. 锥形护坡体积（$\theta=90°$ 时）

外锥体积：

$$V_1=\frac{\pi}{12}mnH^3=K_vH^3$$

内锥体积：

$$V_2=\frac{\pi}{12}mnH_0^3=K_vH_0^3$$

锥形片石护坡体积：

$$V=V_1-V_2=K_v(H^3-H_0^3)$$

式中 $K_v=\frac{\pi}{12}mn$；

$H_0$——内锥平均高度（$H_0=H-\sqrt{\alpha_0\beta_0 t}$）。$\alpha_0=\sqrt{\frac{1+m^2}{m}}$；$\beta_0=\sqrt{\frac{1+n^2}{n}}$。

2. 锥形护坡勾缝表面积（$\theta=90°$ 时）：

$$A=K_AH^2$$

式中 $K_A=K_v(\alpha_0+\sqrt{\alpha_0\beta_0}+\beta_0)$

以上公式中计算参数可查表3-15。若 $m$、$n$ 值与表列数值不符，可用公式计算。

计算参数表　　表 3-15

| $m$ | $n$ | $\alpha_0$ | $\beta_0$ | $\sqrt{\alpha_0\beta_0}$ | $K_v$ | $K_A$ |
|---|---|---|---|---|---|---|
| 1 | 1 | 1.414 | 1.414 | 1.414 | 0.262 | 1.110 |
| 1.5 | 1 | 1.202 | 1.414 | 1.304 | 0.393 | 1.541 |
| 1.5 | 1.25 | 1.202 | 1.280 | 1.240 | 0.491 | 1.828 |
| 1.75 | 1.25 | 1.152 | 1.280 | 1.214 | 0.573 | 2.089 |

## 二、积分计算公式

1. 锥形片石护坡体积

$$V = \beta(H-v)[(u+v)(+v)-2\mu v]+\frac{\alpha mn}{3}v^3$$

式中 $\alpha=\frac{1}{2}\arctan\frac{ab(\tan\theta_2-\tan\theta_1)}{b^2+a^2\tan\theta_1\tan\theta_2}$

$$\beta=\frac{mn}{4}\arctan\frac{mn(\tan\theta_2-\tan\theta_1)}{n^2+m^2\tan\theta_1\tan\theta_2}$$

或按下式计算：

$$V=\beta H[(u+v)H-2uv]=K_1H^2-K_2H$$

式中 $K_1=\beta(u+v)$；

$K_2=2\beta uv$；

其余符号意义同前。

2. 锥形护坡勾缝表面积

$$A=rH^2$$

式中

$$r=\frac{mn}{2}\int_{\theta_1}^{\theta_2}\sqrt{\frac{m^2n^2+m^2-(m^2-n^2)\cos^2\theta}{m^2-(m^2-n^2)\cos^2\theta}}d\theta$$

其余符号意义同前。

以上公式中的计算参数可查表3-16，若$\theta$、$m$、$n$及$t$值与表列数值不符，可用公式计算。

**锥坡体积计算参数表（$\theta=90°$时）　　表3-16**

| $m$ | $n$ | $t$/cm | $\alpha$ | $\beta$ | $\gamma$ | $K_1$ | $K_2$ |
|---|---|---|---|---|---|---|---|
| 1 | 1 | 25 | 0.7854 | 0.3927 | 1.1107 | 0.2777 | 0.0982 |
| 1.5 | 1 | 25 | 0.7854 | 0.5891 | 1.520 | 0.3853 | 0.1252 |
| 1.5 | 1.25 | 25 | 0.7854 | 0.7363 | 1.820 | 0.4570 | 0.1417 |
| 1.75 | 1.25 | 25 | 0.7854 | 0.8590 | 2.070 | 0.5224 | 0.1584 |

**三、当片石护坡高度为$H-h$时（即锥坡顶向下有$h$高度是草皮护坡者）**

1. 片石护坡体积

$$V=V_H-V_h$$

2. 片石护坡表面积

$$A=A_H-A_h$$

式中　$V_H$、$A_H$——全部锥形护坡的体积及表面积；

$V_h$、$A_h$——草皮护坡的体积及表面积。

# 第四章　造价员常用数据汇总

## 第一节　土石方工程工程量计算常用数据

### 一、打桩

1. 桩的规格

(1) 圆木桩，小头稍径 $\phi$200。

(2) 钢制桩，按［30c 槽钢计算，$\delta$ = 11.5mm，43.81kg/m。

2. 桩的数量

每打 $10m^3$ 或 10t 桩所需的根数（以选用的长度全部计算）见表 4-1。

**每打 $10m^3$ 或 10t 桩所需桩数　表 4-1**

| 桩　名 | 5m 以内 | | 8m 以内 | | 8m 以上 | |
|---|---|---|---|---|---|---|
| | 长度/m | 根/$10m^3$ | 长度/m | 根/$10m^3$ | 长度/m | 根/$10m^3$ |
| 圆木桩 | 4 | 62.50 | 7 | 31.15 | 10 | 19.27 |

续表

| 桩名 | 8m以内 | | 12m以内 | | 12m以上 | |
|---|---|---|---|---|---|---|
| | 长度/m | 根/10t | 长度/m | 根/10t | 长度/m | 根/10t |
| 陆上钢制桩 | 6 | 38.04 | 10 | 22.38 | | |
| 水上钢制桩 | 7 | 32.61 | 10 | 22.83 | 14 | 16.30 |

3. 桩距

每打 $10m^3$ 木质桩或10t钢桩单排距离见表4-2。

（1）圆木桩采用疏打，中心距间隔1m。

（2）钢制桩采用咬口密打，每打1m距离为4.17根。

**打桩单排距离（m）　　表4-2**

| 桩名 | 5m以内 | | 8m以内 | | 8m以上 | |
|---|---|---|---|---|---|---|
| | 长度 | 距离 | 长度 | 距离 | 长度 | 距离 |
| 圆木桩 | 4 | 62.50 | 7 | 31.15 | 10 | 19.27 |
| 桩名 | 8m以内 | | 12m以内 | | 12m以上 | |
| | 长度 | 距离 | 长度 | 距离 | 长度 | 距离 |
| 陆上圆木桩 | 6 | 9.12 | 10 | 5.47 | | |
| 水上圆木桩 | 7 | 7.82 | 10 | 5.47 | 14 | 3.91 |

4. 打桩入土深度

打桩入土深度见表4-3。

**入土深度（m）　　表4-3**

| 桩名 | 5m以内 | | 8m以内 | | 8m以上 | |
|---|---|---|---|---|---|---|
| | 长度 | 深度 | 长度 | 深度 | 长度 | 深度 |
| 陆上圆木桩 | 4 | 4 | 7 | 7 | 10 | 10 |
| 水上圆木桩 | 4 | 2 | 7 | 4 | 10 | 6 |
| 桩名 | 8m以内 | | 12m以内 | | 12m以上 | |
| | 长度 | 深度 | 长度 | 深度 | 长度 | 深度 |
| 陆上圆木桩 | 6 | 6 | 10 | 10 | | |
| 水上圆木桩 | 7 | 4 | 10 | 6 | 14 | 8 |

5. 材料摊销次数及损耗系数

材料摊销次数及损耗系数见表4-4。

**材料摊销次数及损耗系数　　表4-4**

| 名称 | 规格 | 摊销次数 | 损耗系数 |
|---|---|---|---|
| 槽钢 | [8—[30c | 50 | 1.064 |
| 圆木 | $\phi$10～$\phi$20 | 15 | 1.053 |
| 缆风桩 | $\phi$10×2m | 3 | 1.053 |

续表

| 名　称 | 规　格 | 摊销次数 | 损耗系数 |
|---|---|---|---|
| 板方材 | 0.4m×0.2m | 50 | 1.053 |
| 板方材 | 0.25m×0.25m | 50 | 1.053 |
| 板方材 | 0.075m×0.15m | 10 | 1.053 |
| 板方材 | 0.1m×0.2m | 10 | 1.053 |
| 木楔 | 0.075m×0.15/0.2m | 10 | 1.053 |
| 砂 | 中粗 | — | 1.040 |
| 桩靴 | $\phi$25 | 5 | — |
| 圆钉 | — | 2 | 1.020 |
| 钢丝 | 8″ | — | 1.030 |
| 扒钉 | $\phi$12×0.40 | 5 | 1.010 |
| 铁件 | — | — | 1.010 |
| 带帽螺栓 | — | — | 1.020 |

## 二、支撑工程

### 1. 有关数据取定

支撑工程有关数据取定见表4-5。

**支撑工程有关数据取定　　　表 4-5**

| 计算单位 | $100m^2$ |
| --- | --- |
| 选用槽坑宽度/m | 4.100 |
| 选用槽坑深度/m | 5.500 |
| 折合双面槽坑长/m | 9.100 |
| 以 4m 计算一档（档） | 2.275 |
| 上下支撑数/道 | 4.00 |
| 共计支撑数/根 | 31.850 |
| 槽钢挡土板支撑数/道 | 3.00 |
| 槽钢挡土板共计数/根 | 13.650 |

2. 挡土板用量取定

（1）每 $100m^2$ 木挡土板用量见表 4-6。

**每 $100m^2$ 木挡土板用量取定　　　表 4-6**

| 名称规格 | | 单位 | 数量/块 | 用量/$m^2$ |
| --- | --- | --- | --- | --- |
| 密撑 | 木板 0.075m×0.15m×4m | 块/$m^2$ | 166.83 | 7.507 |
| 疏撑 | 木板 0.075m×0.15m×4m | 块/$m^2$ | 95.55 | 4.30 |
| | 砖 240mm×115mm×53mm | 千块 | — | 0.182（千块） |

（2）每 100m² 竹挡土板用量见表 4-7。

**每 100m² 竹挡土板用量取定　　表 4-7**

| 名称规格 | | 单位 | 数量/块 | 用量/m² |
|---|---|---|---|---|
| 密撑 | 竹板 0.3m×4m | 块/m² | 83.40 | 100.00 |
| 疏撑 | 竹板 0.3m×4m | 块/m² | 59.15 | 71.000 |
| | 砖 240mm×115mm×53mm | 千块 | — | 0.127（千块） |

（3）每 100m² 钢挡土板用量见表 4-8。

**每 100m² 钢挡土板用量取定　　表 4-8**

| 名称规格 | | 单位 | 数量/块 | 用量/kg |
|---|---|---|---|---|
| 密撑 | 钢板 0.2m×4m | 块/m² | 125.125 | 4504.500 |
| 疏撑 | 钢板 0.2m×4m | 块/m² | 81.900 | 2948.400 |
| | 砖 240mm×115mm×53mm | 千块 | — | 0.155（千块） |

3. 支撑用量取定

（1）每 100m² 木挡土板、竹挡土板、钢挡土板的木支撑用量见表 4-9。

**每 $100m^2$ 木挡土板、竹挡土板、钢挡土板的木支撑用量　　表 4-9**

| 名称规格 | 单位 | 数量/块 | 用量/kg |
| --- | --- | --- | --- |
| 立竖板 0.075m×0.15m×2m | 块/$m^3$ | 18.20 | 0.410 |
| 立竖板 0.10m×0.20m×4m | 块/$m^3$ | 9.10 | 0.728 |
| 圆木 $\phi$20×3.60 | 块/$m^3$ | 31.85 | 4.300 |
| 木楔 0.075×0.15×0.25/2 | 块/$m^3$ | 63.70 | 0.090 |
| 扒钉 $\phi$12×0.40 | 只/kg | 127.40 | 45.250 |
| 纱绳 | m/kg | 56.00 | 14.700 |

（2）每 $100m^2$ 木挡土板、竹挡土板、钢挡土板的铁支撑用量见表 4-10。

**每 $100m^2$ 木挡土板、竹挡土板、钢挡土板的铁支撑用量　　表 4-10**

| 名称规格 | | 单位 | 数量/块 | 用量/kg |
| --- | --- | --- | --- | --- |
| 立竖板 | 0.075m×0.15m×2m | 块/$m^3$ | 18.20 | 0.410 |
| 立竖板 | 0.075m×0.15m×4m | 块/$m^3$ | 9.10 | 0.728 |
| 钢套管 | $\phi$70×5×3000 | 块/$m^3$ | 31.85 | 765.356 |
| 铁撑脚 | 大号 | 只/kg | 63.70 | 955.500 |
| 扒钉 $\phi$12×0.40 | | 只/kg | 127.40 | 45.250 |
| 纱绳 | | m/kg | 56.00 | 14.700 |

注：钢支撑增加黄油 2kg、废机油 1kg、回丝 0.5kg。

（3）槽钢挡土板支撑用量见表 4-11。

**槽钢挡土板支撑用量　　表 4-11**

| 名称规格 | 单位 | 数量/块 | 用量/kg |
|---|---|---|---|
| 槽钢［20c | m/t | 54.60/1.407 | 54.60/1.407 |
| 钢套管 $\phi$70×5×3000 | m/t | — | 13.65/328.010 |
| 铁撑脚（大号） | 只/kg | — | 27.30/409.540 |
| 圆木 $\phi$20×3.6 | 根/$m^3$ | 13.65/1.843 | — |
| 木模板 0.075×0.15 | m/$m^3$ | 54.60/0.614 | 54.60/0.614 |
| 木楔 0.075×0.15×0.25/2 | 只/$m^3$ | 27.30/0.038 | — |
| 钢丝 8″ | m/kg | 223.20/22.100 | 223.20/22.100 |
| 扒钉 $\phi$12×0.4 | 只/kg | 54.60/19.394 | 54.60/19.394 |
| 纱绳 | m/kg | 56.00/14.700 | 56.00/14.700 |
| 黄油 | kg | — | 2.00 |
| 废机油 | kg | — | 1.00 |
| 回丝 | kg | — | 0.50 |

4. 材料的摊铺次数及损耗系数

材料的摊铺次数及损耗系数见表 4-12。

**材料的摊铺次数及损耗系数　表 4-12**

| 名　称 | 规　格 | 摊销次数 | 损耗系数 |
|---|---|---|---|
| 槽钢 | [20c | 50 | 1.064 |
| 钢板 | 0.20m×4m | 50 | 1.020 |
| 钢套管 | $\phi$70×5×3000 | 50 | 1.020 |
| 铁撑脚 | 大号 | 50 | 1.010 |
| 圆木 | $\phi$20×3.6 | 20 | 1.053 |
| 竹挡土板 | 0.30m×4m | 20 | 1.031 |
| 砖 | 240mm×115mm×53mm | — | 1.053 |
| 扒钉 | $\phi$12×0.4 | 5 | 1.010 |
| 木板 | 0.075m×0.15m | 20 | 1.053 |
| 木板 | 0.10m×0.20m | 20 | 1.053 |

## 三、脚手架

1. 周转材料摊销量的计算方法。

钢管摊销量＝一次使用量×[架子施工期/钢管耐用期×(1－残值%)]

脚手架＝一次使用量×[架子施工期/脚手杆耐用期×(1－残值%)]

小圆木＝一次使用量×[架子施工期/小圆木耐用期×(1－残值%)]

竹(木)脚手板摊销量＝一次使用量×[架子施工期/脚手板耐用期×(1－残值%)]

扣件摊销量＝一次使用量×[架子施工期/底座耐用期×(1－残值%)]

安全网摊销量＝一次使用量×(施工期/安全网耐用期)

脚手钢丝摊销量＝一次使用量×[1－(回收率－残值)]

竹篾摊销量＝一次使用量

2. 脚手架材料耐用期、施工期和回收残值的取定见表 4-13。

**脚手架材料耐用期、施工期和回收残值**

**表 4-13**

| 名　称 | 耐用期限/月 | 回收率 | 残值/% |
|---|---|---|---|
| 脚手板（木） | 42 | — | 10 |
| 脚手板（竹） | 24 | — | 5 |
| 脚手杆（木） | 96 | — | 10 |
| 脚手杆（竹） | 48 | — | 5 |

续表

| 名称 | 耐用期限/月 | 回收率 | 残值/% |
|---|---|---|---|
| 钢管（附扣件） | 180 | — | 10 |
| 安全网 | 48 | — | — |
| 钢丝 | 1（次） | 80 | 40 |

注：架子施工期为3个月，安全网为1.5个月。

3. 脚手架的面积及每100m需用量见表4-14。

**脚手架的面积及每100m需用量（$m^2$）**

**表4-14**

| 材料名称 | 每块面积 | 每100m需用块数 | 每100m需用量 |
|---|---|---|---|
| 木脚手板 | 0.8 | 136 | 5.44 |
| 竹脚手板 | 0.75 | 170 | 127.5 |

注：双排钢管脚手块数为204块。

4. 每$100m^2$脚手架的材料依次需用量见表4-15。

## 每 100m² 脚手架的材料一次需用量

表 4-15

| 名称 | 单位 | 单排 | | | | 双排 | | | | | |
|---|---|---|---|---|---|---|---|---|---|---|---|
| | | 4m 内 | | 8m 内 | | 4m 内 | | | 8m 内 | | |
| | | 木 | 钢管 | 木 | 钢管 | 木 | 钢管 | 竹 | 木 | 钢管 | 竹 |
| 立杆 | 根 | 68 | 51 | 68 | 102 | 136 | 102 | 136 | 136 | 204 | 172 |
| 大横杆 | 根 | 60 | 51 | 120 | 102 | 100 | 85 | 125 | 220 | 187 | 275 |
| 剪刀撑 | 根 | 16 | 8 | 32 | 16 | 16 | 8 | 16 | 32 | 16 | 32 |
| 小横杆 | 根 | 136 | 202 | 340 | 354 | 136 | 152 | 202 | 340 | 305 | 406 |
| 木脚手板 | 块 | 136 | — | 136 | — | 136 | — | — | 136 | — | — |
| 竹脚手板 | 块 | — | 170 | — | 170 | — | 204 | 170 | — | 204 | 170 |
| 钢丝 8# | kg | 73 | — | 189 | — | 122 | — | — | 312 | — | — |
| 安全网 | m² | 300 | 300 | 300 | 300 | 300 | 300 | 300 | 300 | 300 | 300 |
| 直角扣件 | 个 | — | 355 | — | 660 | — | 559 | — | — | 1171 | — |
| 回转扣件 | 个 | — | 24 | — | 48 | — | 24 | — | — | 48 | — |
| 对接扣件 | 个 | — | 51 | — | 222 | — | 85 | — | — | 289 | — |
| 底座 | 个 | — | 51 | — | 51 | — | 102 | — | — | 102 | — |
| 竹篾 | 把 | — | — | — | — | — | 1042 | — | — | 2346 | — |
| 顶撑 | — | — | — | — | — | — | — | 136 | — | — | 340 |
| 抛撑 | — | — | — | — | — | — | — | — | — | — | 11 |

注：1. 竹篾每个接点 2 根，每把 6 根。

2. 顶撑 1 根分 2 次。

# 第二节　道路工程工程量计算常用数据

## 一、沥青混凝土路面配合比

沥青混凝土路面配合比见表 4-16。

**沥青混凝土路面配合比　　表 4-16**

| 编号 | 名称 | 规格 | 矿料配合比/% | | | | | 沥青用量(%)外加 | 单位重量/(t/m³) |
|---|---|---|---|---|---|---|---|---|---|
| | | | 10～30mm碎石 | 5～20mm碎石 | 2～10mm碎石 | 粗砂 | 矿粉 | | |
| 1 | 粗粒式沥青碎石 | LS-30 | 58 | — | 25 | 17 | — | 3.2±5 | 2.28 |
| 2 | 粗粒式沥青混凝土 | LH-30 | 35 | — | 24 | 36 | 5 | 4.2±5 | 2.36 |
| 3 | 中粒式沥青混凝土 | LH-20 | — | 38 | 29 | 28 | 5 | 4.3±5 | 2.35 |
| 4 | 细粒式沥青混凝土 | LH-10 | — | — | 48 | 44 | 8 | 5.1±5 | 2.30 |

## 二、水泥混凝土路面配合比

水泥混凝土路面配合比见表 4-17。

水泥混凝土路面配合比　　表 4-17

| 混凝土强度等级 | 水泥强度等级/kg | 水泥/kg | 中粗砂/kg | 35～80mm碎石/kg | 10～30mm碎石/kg | 5～20mm碎石/kg | 塑化剂/% | 加气剂/% | 水/kg |
|---|---|---|---|---|---|---|---|---|---|
| C20 | 32.5级 | 330 | 564 | 849 | 212 | 354 | 3 | 0.5 | 151 |

# 第三节　桥涵工程工程量计算常用数据

## 一、打桩工程常用数据

1. 打木制桩、钢筋混凝土板方桩，管桩土质取定见表 4-18。

土 质 取 定　　表 4-18

| 名　称 | 打桩 | | | 送桩 | |
|---|---|---|---|---|---|
| | 甲级土 | 乙级土 | 丙级土 | 乙级土 | 丙级土 |
| 圆木桩，梢径 $\phi 20$ $L=6$m | 90 | 10 | — | — | — |
| 木板桩，宽 0.20m，厚 0.06m，$L=6$m | 100 | — | — | — | — |

续表

| 名称 | | 打桩 | | | 送桩 | |
|---|---|---|---|---|---|---|
| | | 甲级土 | 乙级土 | 丙级土 | 乙级土 | 丙级土 |
| 混凝土桩 | $L \leqslant 8m$，$S \leqslant 0.05m^2$ | 80 | 20 | — | 100 | — |
| | $L \leqslant 8m$，$0.05m^2 < S \leqslant 0.105m^2$ | 80 | 20 | — | 100 | — |
| | $8m < L \leqslant 16m$，$0.105m^2 < S \leqslant 0.125m^2$ | 50 | 50 | — | 100 | — |
| | $16m < L \leqslant 24m$，$0.125m^2 < S \leqslant 0.16m^2$ | 40 | 60 | — | 100 | — |
| | $24m < L \leqslant 28m$，$0.16m^2 < S \leqslant 0.225m^2$ | 10 | 90 | — | 100 | — |
| | $28m < L \leqslant 32m$，$0.225m^2 < S \leqslant 0.25m^2$ | — | 50 | 50 | — | 100 |
| | $32m < L \leqslant 40m$，$0.25m^2 < S \leqslant 0.30m^2$ | — | 40 | 60 | — | 100 |
| 混凝土板桩 | $L \leqslant 8m$ | 80 | 20 | — | — | — |
| | $L \leqslant 12m$ | 70 | 30 | — | — | — |
| | $L \leqslant 16m$ | 60 | 40 | — | — | — |
| 管桩 | $\phi 400$　$L \leqslant 24m$ | 40 | 60 | — | 100 | — |
| | $\phi 550$　$L \leqslant 24m$ | 30 | 70 | — | 100 | — |
| PHC管桩 | $\phi 600$　$L \leqslant 25m$ | 20 | 80 | — | 100 | — |
| | $\phi 600$　$L \leqslant 50m$ | — | 50 | 50 | — | 100 |
| | $\phi 800$　$L \leqslant 25m$ | 20 | 80 | — | 100 | — |
| | $\phi 800$　$L \leqslant 50m$ | — | 50 | 50 | — | 100 |
| | $\phi 1000$　$L \leqslant 25m$ | 20 | 80 | — | 100 | — |
| | $\phi 1000$　$L \leqslant 50m$ | — | 50 | 50 | — | 100 |

2. 打钢筋混凝土板、方桩、管桩、桩帽及送桩帽取定见表 4-19。

**桩帽取定　　表 4-19**

| 名称 | | 单位 | 打桩帽 | 送桩帽 |
|---|---|---|---|---|
| 方桩 | $L \leqslant 8m$，$S \leqslant 0.05m^2$ | kg/只 | 100 | 200 |
| | $L \leqslant 8m$，$0.05m^2 < S \leqslant 0.105m^2$ | kg/只 | 200 | 400 |
| | $8m < L \leqslant 16m$，$0.105m^2 < S \leqslant 0.125m^2$ | kg/只 | 300 | 600 |
| | $16m < L \leqslant 24m$，$0.125m^2 < S \leqslant 0.16m^2$ | kg/只 | 400 | 800 |
| | $24m < L \leqslant 28m$，$0.16m^2 < S \leqslant 0.225m^2$ | kg/只 | 500 | 1000 |
| | $28m < L \leqslant 32m$，$0.225m^2 < S \leqslant 0.25m^2$ | kg/只 | 700 | 1400 |
| | $32m < L \leqslant 40m$，$0.25m^2 < S \leqslant 0.30m^2$ | kg/只 | 900 | 1800 |
| 板桩 | $L \leqslant 8m$ | kg/只 | 200 | — |
| | $L \leqslant 12m$ | kg/只 | 300 | — |
| | $L \leqslant 16m$ | kg/只 | 400 | — |

续表

| 名　称 | | 单位 | 打桩帽 | 送桩帽 |
|---|---|---|---|---|
| 管桩 | $\phi$400 壁厚 9cm | kg/只 | 400 | 800 |
| | $\phi$550 壁厚 9cm | kg/只 | 500 | 1000 |
| | $\phi$600 壁厚 10cm | kg/只 | 600 | 1200 |
| | $\phi$800 壁厚 11cm | kg/只 | 800 | 1600 |
| | $\phi$1000 壁厚 12cm | kg/只 | 1000 | 2000 |

3. 打桩工程辅助材料摊销取定见表 4-20。

**辅助材料摊销取定　　　表 4-20**

| 桩类别 | 单位 | 打桩帽 | | | 送桩帽 | |
|---|---|---|---|---|---|---|
| | | 甲级土 | 乙级土 | 丙级土 | 乙级土 | 丙级土 |
| 混凝土方桩 | $m^3$ | 450 | 300 | 210 | 240 | 170 |
| 混凝土方桩 | $m^3$ | 300 | 200 | — | 160 | — |
| 混凝土方桩 | $m^3$ | 225 | 170 | 130 | 150 | 110 |

4. 打钢管桩定额规定见表 4-21。

**钢管桩取定标准（单位：mm）表 4-21**

| 管径(外径) | $\phi$406.40 | $\phi$609.60 | $\phi$914.60 |
|---|---|---|---|
| 管壁 | 12 | 14 | 16 |
| 管长 | 30 | 50 | 70 |

## 二、钻孔灌注桩工程常用数据

护筒重量摊销计算见表 4-22。

护筒重量摊销计算　　表 4-22

<table>
<tr><th>名称</th><th>规　格</th><th>重量/(只/kg)</th><th>总重/(只/kg)</th><th>周转次数</th><th>损耗/%</th><th>使用量</th></tr>
<tr><td rowspan="10">钢护筒</td><td rowspan="2">长 2m，$\phi$800 壁厚 6mm 钢板</td><td>1</td><td>5</td><td rowspan="10">75</td><td rowspan="10">1.06</td><td rowspan="2">21.959</td></tr>
<tr><td>310.74</td><td>1553.70</td></tr>
<tr><td rowspan="2">长 2m，$\phi$1000 壁厚 8mm 钢板</td><td>1</td><td>5</td><td rowspan="2">26.141</td></tr>
<tr><td>369.92</td><td>1849.70</td></tr>
<tr><td rowspan="2">长 2m，$\phi$1200 壁厚 8mm 钢板</td><td>1</td><td>5</td><td rowspan="2">40.429</td></tr>
<tr><td>572.11</td><td>2860.55</td></tr>
<tr><td rowspan="2">长 2m，$\phi$1500 壁厚 8mm 钢板</td><td>1</td><td>5</td><td rowspan="2">64.363</td></tr>
<tr><td>910.8</td><td>4554</td></tr>
<tr><td rowspan="2">长 2m，$\phi$2000 壁厚 8mm 钢板</td><td>1</td><td>5</td><td rowspan="2">78.44</td></tr>
<tr><td>1109.99</td><td>5549.95</td></tr>
</table>

## 三、砌筑工程常用数据

砌筑砂浆配合比见表 4-23。

砌筑砂浆配合比　　表 4-23

| 项　目 | 单位 | 水泥砂浆 | | | |
|---|---|---|---|---|---|
| | | 砂浆强度等级 | | | |
| | | M10 | M7.5 | M5.0 | M2.5 |
| 425 号水泥(32.5 级) | kg | 286 | 237 | 188 | 138 |
| 中　砂 | kg | 1515 | 1515 | 1515 | 1515 |
| 水 | kg | 220 | 220 | 220 | 220 |

| 项　目 | 单位 | 混合砂浆 | | | |
|---|---|---|---|---|---|
| | | 砂浆强度等级 | | | |
| | | M10 | M7.5 | M5.0 | M2.5 |
| 425 号水泥(32.5 级) | kg | 265 | 212 | 156 | 95 |
| 中　砂 | kg | 1515 | 1515 | 1515 | 1515 |
| 石灰膏 | $m^3$ | 0.06 | 0.07 | 0.08 | 0.09 |
| 水 | kg | 400 | 400 | 400 | 600 |

## 四、钢筋工程常用数据

1. 钢筋构件 $\phi$10 以内，$\phi$10 以上钢筋权数取定见表 4-24。

**预制构件钢筋权数取定　　表 4-24**

| 钢筋规格/mm | 权数取定/% |
| --- | --- |
| $\phi6.5$ | 50 |
| $\phi8$ | 40 |
| $\phi10$ | 10 |
| $\phi12$ | 10 |
| $\phi14$ | 25 |
| $\phi16$ | 25 |
| $\phi18$ | 15 |
| $\phi20$ | 10 |
| $\phi22$ | 10 |
| $\phi25$ | 5 |

2. 现浇结构钢筋 $\phi10$ 以内，$\phi10$ 以上钢筋权数取定见表 4-25。

**现浇结构钢筋权数取定　　表 4-25**

| 钢筋规格/mm | 权数取定/% |
| --- | --- |
| $\phi6.5$ | 10 |
| $\phi8$ | 40 |
| $\phi10$ | 20 |

续表

| 钢筋规格/mm | 权数取定/% |
|---|---|
| ϕ8(箍筋) | 30 |
| ϕ12 | 20 |
| ϕ14 | 10 |
| ϕ16 | 5 |
| ϕ18 | 30 |
| ϕ20 | 25 |
| ϕ22 | 5 |
| ϕ25 | 5 |

## 五、混凝土工程常用数据

1. 方、板桩权数取定见表 4-26。

**方、板桩权数取定　　表 4-26**

| | | | | |
|---|---|---|---|---|
| 方桩 | 桩规格及长度/mm | 18×18×600<br>20×25×700 | 25×30×800<br>30×35×1200 | 40×40×1600<br>40×45×3200 |
| | 权数取定/% | 10 | 20 | 70 |

续表

| 板桩 | 桩规格及长度/mm | 20×50×600<br>20×50×700<br>20×50×800 | 20×50×1600<br>20×50×1200<br>20×50×1400 |
|---|---|---|---|
| | 权数取定/% | 30 | 70 |

2. 各类构筑物每 10m³ 混凝土模板接触面积见表 4-27 及表 4-28。

**每 10m³ 现浇混凝土模板接触面积　　表 4-27**

| 构筑物名称 | | 模板面积/m² |
|---|---|---|
| 基础 | | 7.62 |
| 承台 | 有底模 | 25.13 |
| | 无底模 | 12.07 |
| 支撑梁 | | 100.00 |
| 横梁 | | 68.33 |
| 轻型桥台 | | 42.00 |
| 板梁 | 实心板梁 | 15.18 |
| | 空心板梁 | 55.07 |
| 板拱 | | 38.41 |
| 挡墙 | | 16.08 |

续表

| 构筑物名称 | | 模板面积/$m^2$ |
|---|---|---|
| 接头 | 梁与梁 | 67.40 |
| | 柱与柱 | 100.00 |
| | 肋与肋 | 163.88 |
| | 拱上构件 | 133.33 |
| 防撞栏杆 | | 48.10 |
| 地梁、侧石、缘石 | | 68.33 |
| 实体式桥台 | | 14.99 |
| 拱桥 | 墩身 | 9.98 |
| | 台身 | 7.55 |
| 挂式墩台 | | 42.95 |
| 墩帽 | | 24.52 |
| 台帽 | | 37.99 |
| 墩盖梁 | | 30.31 |
| 台盖梁 | | 32.96 |
| 拱座 | | 17.76 |
| 拱肋 | | 53.11 |
| 拱上构件 | | 123.66 |

续表

| 构筑物名称 | | 模板面积/$m^2$ |
|---|---|---|
| 箱形梁 | 0号块件 | 48.79 |
| | 悬浇箱梁 | 51.08 |
| | 支架上浇箱梁 | 53.87 |
| 板 | 矩形连续板 | 32.09 |
| | 矩形空心板 | 108.11 |

**每 $10m^3$ 预制混凝土模板接触面积　　表 4-28**

| 构筑物名称 | | 模板面积/$m^2$ |
|---|---|---|
| 方　桩 | | 62.87 |
| 板　桩 | | 50.58 |
| 立柱 | 矩　形 | 36.19 |
| | 异　形 | 44.99 |
| 板 | 矩　形 | 24.03 |
| | 空　心 | 110.23 |
| | 微　弯 | 92.63 |
| T形梁 | | 120.11 |
| 实心板梁 | | 21.87 |

续表

| 构筑物名称 | | 模板面积/m² |
|---|---|---|
| 空心板梁 | 10m以内 | 37.97 |
| | 25m以内 | 64.17 |
| 工形梁 | | 115.97 |
| 槽形梁 | | 79.23 |
| 箱形块件 | | 63.15 |
| 箱形梁 | | 66.41 |
| 拱　助 | | 150.34 |
| 拱上构件 | | 273.28 |
| 桁架及拱片 | | 169.32 |
| 桁架拱联系梁 | | 162.50 |
| 缘石、人行道板 | | 27.40 |
| 栏杆、端柱 | | 368.30 |
| 板　拱 | | 38.41 |

注：表中含模量仅供参考，编制预算时按工程量计算规则执行。

3. 现浇混凝土配合比见表4-29。

**现浇混凝土配合比（单位：$m^3$）　　表 4-29**

| 项　目 | 单位 | 碎石(最大粒径：15mm) | | | | |
|---|---|---|---|---|---|---|
| | | 混凝土强度等级 | | | | |
| | | C20 | C25 | C30 | C35 | C40 |
| 425 号水泥(32.5 级) | kg | 418 | 473 | — | — | — |
| 525 号水泥(42.5 级) | kg | — | — | 455 | 504 | — |
| 625 号水泥(52.5 级) | kg | — | — | — | — | 477 |
| 中　砂 | kg | 663 | 643 | 650 | 631 | 641 |
| 5～15 碎石 | kg | 1168 | 1132 | 1144 | 1111 | 1129 |
| 水 | kg | 230 | 230 | 230 | 230 | 230 |

| 项　目 | 单位 | 碎石(最大粒径：15mm) | | | |
|---|---|---|---|---|---|
| | | 混凝土强度等级 | | | |
| | | C15 | C20 | C25 | C30 |
| 425 号水泥(32.5 级) | kg | 418 | 473 | — | — |
| 425 号水泥(32.5 级) | kg | 323 | 381 | 431 | 482 |
| 525 号水泥(42.5 级) | kg | — | — | — | — |
| 625 号水泥(52.5 级) | kg | — | — | — | — |
| 中　砂 | kg | 746 | 665 | 647 | 591 |
| 5～25 碎石 | kg | 1205 | 1224 | 1191 | 1191 |
| 水 | kg | 210 | 210 | 210 | 210 |

续表

| 项目 | 单位 | 碎石(最大粒径：25mm) | | | |
|---|---|---|---|---|---|
| | | 混凝土强度等级 | | | |
| | | C35 | C40 | C45 | C50 |
| 425号水泥(32.5级) | kg | — | — | — | — |
| 525号水泥(42.5级) | kg | 460 | 501 | — | — |
| 625号水泥(52.5级) | kg | — | — | 470 | 503 |
| 中砂 | kg | 636 | 585 | 595 | 584 |
| 5～25碎石 | kg | 1171 | 1178 | 1200 | 1177 |
| 水 | kg | 210 | 210 | 210 | 210 |

| 项目 | 单位 | 碎石(最大粒径：40mm) | | | |
|---|---|---|---|---|---|
| | | 混凝土强度等级 | | | |
| | | C7.5 | C10 | C15 | C20 |
| 425号水泥(32.5级) | kg | 230 | 253 | 299 | 353 |
| 中砂 | kg | 832 | 822 | 741 | 641 |
| 5～40碎石 | kg | 1233 | 1219 | 1249 | 1290 |
| 水 | kg | 190 | 190 | 190 | 190 |

续表

| 项　目 | 单位 | 碎石（最大粒径：40mm） | | | | | |
|---|---|---|---|---|---|---|---|
| | | 混凝土强度等级 | | | | | |
| | | C25 | C30 | C35 | C40 | C45 | C50 |
| 425 号水泥（32.5 级） | kg | 399 | 447 | 501 | — | — | — |
| 525 号水泥（42.5 级） | kg | — | — | — | 464 | 603 | — |
| 625 号水泥（52.5 级） | kg | — | — | — | — | — | 466 |
| 中　砂 | kg | 625 | 570 | 553 | 565 | 553 | 564 |
| 5～40 碎石 | kg | 1259 | 1262 | 1224 | 1250 | 1222 | 1248 |
| 水 | kg | 190 | 190 | 190 | 190 | 190 | 190 |

| 项　目 | 单位 | 碎石（最大粒径：70mm） | | |
|---|---|---|---|---|
| | | 混凝土强度等级 | | |
| | | C7.5 | C10 | C15 |
| 425 号水泥（32.5 级） | kg | 206 | 227 | 268 |
| 中　砂 | kg | 763 | 755 | 676 |
| 5～70 碎石 | kg | 1343 | 1330 | 1363 |
| 水 | kg | 170 | 170 | 170 |

4. 预制混凝土配合比见表 4-30。

**预制混凝土配合比（单位：m³）　　表 4-30**

| 项　目 | 单位 | 碎石（最大粒径：15mm） | | | | | |
|---|---|---|---|---|---|---|---|
| | | 混凝土强度等级 | | | | | |
| | | C20 | C25 | C30 | C35 | C40 | C45 |
| 425 号水泥（32.5 级） | kg | 400 | 452 | — | — | — | — |
| 525 号水泥（42.5 级） | kg | — | — | 434 | 482 | — | — |
| 625 号水泥（52.5 级） | kg | — | — | — | — | 456 | 493 |
| 中　砂 | kg | 674 | 654 | 661 | 643 | 653 | 602 |
| 5～15 碎石 | kg | 1186 | 1152 | 1164 | 1131 | 1149 | 1160 |
| 水 | kg | 220 | 220 | 220 | 220 | 220 | 220 |

| 项　目 | 单位 | 碎石（最大粒径：25mm） | | | | | | |
|---|---|---|---|---|---|---|---|---|
| | | 混凝土强度等级 | | | | | | |
| | | C20 | C25 | C30 | C35 | C40 | C45 | C50 |
| 425 号水泥（32.5 级） | kg | 362 | 401 | 459 | — | — | — | — |
| 525 号水泥（42.5 级） | kg | — | — | — | 437 | 477 | — | — |

续表

| 项目 | 单位 | 碎石（最大粒径：25mm） | | | | | | |
|---|---|---|---|---|---|---|---|---|
| | | 混凝土强度等级 | | | | | | |
| | | C20 | C25 | C30 | C35 | C40 | C45 | C50 |
| 625号水泥（52.5级） | kg | — | — | — | — | — | 447 | 479 |
| 中砂 | kg | 675 | 658 | 603 | 648 | 597 | 607 | 596 |
| 5～25碎石 | kg | 1243 | 1211 | 1214 | 1193 | 1202 | 1222 | 1201 |
| 水 | kg | 200 | 200 | 200 | 200 | 200 | 200 | 200 |

| 项目 | 单位 | 碎石（最大粒径：40mm） | | | | | | |
|---|---|---|---|---|---|---|---|---|
| | | 混凝土强度等级 | | | | | | |
| | | C20 | C25 | C30 | C35 | C40 | C45 | C50 |
| 425号水泥（32.5级） | kg | 335 | 378 | 424 | 474 | — | — | — |
| 525号水泥（42.5级） | kg | — | — | — | — | 440 | 476 | — |
| 625号水泥（52.5级） | kg | — | — | — | — | — | — | 442 |
| 中砂 | kg | 650 | 635 | 581 | 565 | 576 | 564 | 575 |
| 5～40碎石 | kg | 1810 | 1280 | 1286 | 1250 | 1274 | 1248 | 1276 |
| 水 | kg | 180 | 180 | 180 | 180 | 180 | 180 | 180 |

5. 水下混凝土配合比见表 4-31。

**水下混凝土配合比（单位：m³）　　表 4-31**

| 项　　目 | 单位 | 碎石（最大粒径：40mm） | | | | |
|---|---|---|---|---|---|---|
| | | 水下混凝土强度等级 | | | | |
| | | C20 | C25 | C30 | C35 | C40 |
| 425 号水泥（32.5 级） | kg | 427 | 483 | — | — | — |
| 525 号水泥（42.5 级） | kg | — | — | 465 | — | — |
| 625 号水泥（52.5 级） | kg | — | — | — | 451 | 488 |
| 中　砂 | kg | 789 | 764 | 773 | 779 | 762 |
| 5～40 碎石 | kg | 1033 | 1001 | 1012 | 1020 | 998 |
| 水 | kg | 230 | 230 | 230 | 230 | 230 |
| 木　钙 | kg | 1.07 | 1.21 | 1.16 | 1.13 | 1.22 |

## 六、桥梁构件安装常用数据

1. 安装空心板梁数据取定见表 4-32。

**空心板梁数据取定　　表 4-32**

| 梁长/mm | 10 | 13 | 16 | 20 | 25 |
|---|---|---|---|---|---|
| 取定长度/m | 8 | 10 | 13 | 18 | 21 |
| 梁重/t | 6 | 7.5 | 14 | 21 | 26 |
| 汽车式起重机 | 20 | 25 | 50 | 75 | 80 |

注：此表内系陆上安装板梁。

2. T梁数据取定见表4-33。

**T梁数据取定　　　　表4-33**

| 陆上安装T梁，梁长/m | 10 | 20 | 30 |
|---|---|---|---|
| 每片梁重取定/t | 13.5 | 24 | 40 |
| 汽车式起重机取定/t | 40 | 75 | 125 |

注：扒杆安装T梁取定按表中数据代入下列公式取定：(13.5+24+40)÷3=25.83(t)，取定20mT梁。

3. 工字梁数据取定见表4-34。

**工字梁数据取定　　　　表4-34**

| 陆上安装工字梁，梁长/m | 10 | 20 | 30 |
|---|---|---|---|
| 每片梁重取定/t | 5 | 14.73 | 26 |
| 汽车式起重机取定/t | 16 | 40 | 75 |

## 第四节　隧道工程工程量计算常用数据

### 一、混凝土、钢筋混凝土构件模板、钢筋含量表

1. 岩石隧道部分模板、钢筋含量（每$10m^3$混凝土）见表4-35。

岩石隧道部分模板、钢筋含量　　表 4-35

| 构筑物名称 | 混凝土衬砌厚度/cm | 接触面积/$m^2$ | 含钢筋量/kg | |
|---|---|---|---|---|
| | | | $\phi 10$以内 | $\phi 10$以上 |
| 平硐拱跨跨径10m以内 | 30～50 | 23.81 | 185 | 431 |
| 平硐拱跨跨径10m以内 | 50～80 | 15.51 | 154 | 359 |
| 平硐拱跨跨径10m以内 | 80以上 | 9.99 | 123 | 287 |
| 平硐拱跨跨径10m以上 | 30～50 | 24.09 | 62 | 544 |
| 平硐拱跨跨径10m以上 | 50～80 | 15.82 | 51 | 462 |
| 平硐拱跨跨径10m以上 | 80以上 | 10.32 | 41 | 369 |
| 平硐边墙 | 30～50 | 24.55 | 101 | 410 |
| 平硐边墙 | 50～80 | 17.33 | 82 | 328 |
| 平硐边墙 | 80以上 | 12.01 | 62 | 246 |
| 斜井拱跨跨径10m以内 | 30～50 | 26.19 | 198 | 461 |
| 斜井拱跨跨径10m以内 | 50～80 | 17.06 | 165 | 384 |

续表

| 构筑物名称 | 混凝土衬砌厚度/cm | 接触面积/m² | 含钢筋量/kg | |
|---|---|---|---|---|
| | | | φ10以内 | φ10以上 |
| 斜井边墙 | 30～50 | 27.01 | 108 | 439 |
| 斜井边墙 | 50～80 | 18.84 | 88 | 351 |
| 竖井 | 15～25 | 46.69 | — | 359 |
| 竖井 | 25～35 | 30.22 | — | 462 |
| 竖井 | 35～45 | 23.12 | — | 564 |

注：表中模板、钢筋含量仅供参考，编制预算时，应按施工图纸计算相应的模板接触面积和钢筋使用量。

2. 软土隧道部分模板、钢筋含量（每 $10m^3$ 混凝土）见表 4-36。

**软土隧道部分模板、钢筋含量　　表 4-36**

| 构筑物名称 | | 模板面积/m² | 钢筋含量 | |
|---|---|---|---|---|
| | | | φ10以内 | φ10以外 |
| 沉井 | 刃脚 | 18.21 | — | 1618 |
| 沉井 | 框架 | 15.11 | — | 1529 |
| 沉井 | 井壁、隔墙 | 22.00 | — | 1077 |
| 沉井 | 底板 | 0.76 | — | 682 |

续表

| 构筑物名称 | | 模板面积/$m^2$ | 钢筋含量 | |
|---|---|---|---|---|
| | | | $\phi10$ 以内 | $\phi10$ 以外 |
| 地下混凝土结构 | 地梁 | — | — | 1200 |
| | 底板(厚 0.6m 以内) | 3.00 | — | 800 |
| | 底板(厚 0.6m 以外) | 3.00 | — | 800 |
| | 墙(宽 0.5m 以内) | 66.70 | — | 900 |
| | 墙(宽 0.5m 以外) | 33.36 | — | 900 |
| | 衬墙 | 33.30 | — | 1000 |
| | 柱 | 62.16 | — | 1400 |
| | 梁(高 0.6m 以内) | 56.66 | — | 1400 |
| | 梁(高 0.6m 以外) | 51.06 | — | 1400 |
| | 平台、顶板(厚 0.3m 以内) | 39.30 | 80 | 720 |
| | 平台、顶板(厚 0.5m 以内) | 24.00 | — | 900 |
| | 平台、顶板(厚 0.5m 以外) | 18.52 | — | 900 |
| | 楼梯 | 78.26 | 87 | 663 |
| | 电缆沟 | 39.00 | 200 | — |
| | 车道侧石 | 37.50 | 96 | 64 |
| | 弓形底板 | 0.88 | 90 | 380 |
| | 支撑墙 | 66.70 | 220 | 900 |

## 二、混凝土、砌筑砂浆配合比表

泵送商品混凝土配合比见表4-37。

泵送商品混凝土配合比表（单位：$m^3$）

表 4-37

| 项　目 | 单位 | 碎石(最大粒径：15mm) | | | | |
|---|---|---|---|---|---|---|
| | | 混凝土强度等级 | | | | |
| | | C20 | C25 | C30 | C35 | C40 |
| 32.5级水泥 | kg | 409 | 466 | — | — | — |
| 42.5级水泥 | kg | — | — | 445 | 498 | — |
| 52.5级水泥 | kg | — | — | — | — | 473 |
| 木　钙 | kg | 1.02 | 1.17 | 1.11 | 1.25 | 1.18 |
| 中　砂 | kg | 819 | 793 | 802 | 778 | 790 |
| 5～15碎石 | kg | 1029 | 963 | 1008 | 978 | 923 |
| 水 | kg | 230 | 230 | 230 | 230 | 230 |

| 项　目 | 单位 | 碎石(最大粒径：15mm) | | | | |
|---|---|---|---|---|---|---|
| | | 混凝土强度等级 | | | | |
| | | C20 | C25 | C30 | C35 | C40 |
| 32.5级水泥 | kg | 376 | 429 | 479 | — | — |
| 42.5级水泥 | kg | — | — | 458 | 500 | — |

续表

| 项目 | 单位 | 碎石（最大粒径：25mm） | | | | |
|---|---|---|---|---|---|---|
| | | 混凝土强度等级 | | | | |
| | | C20 | C25 | C30 | C35 | C40 |
| 木钙 | kg | 0.94 | 1.07 | 1.20 | 1.15 | 1.25 |
| 中砂 | kg | 881 | 856 | 832 | 842 | 822 |
| 5～25碎石 | kg | 1021 | 992 | 964 | 976 | 953 |
| 水 | kg | 210 | 210 | 210 | 210 | 210 |

| 项目 | 单位 | 碎石（最大粒径：15mm） | | | | |
|---|---|---|---|---|---|---|
| | | 混凝土强度等级 | | | | |
| | | C20 | C25 | C30 | C35 | C40 |
| 32.5级水泥 | kg | 351 | 400 | 446 | — | — |
| 42.5级水泥 | kg | — | — | 427 | 466 | — |
| 木钙 | kg | 0.88 | 1.00 | 1.12 | 1.07 | 1.16 |
| 中砂 | kg | 940 | 916 | 893 | 902 | 883 |
| 5～40碎石 | kg | 1005 | 979 | 954 | 965 | 944 |
| 水 | kg | 190 | 190 | 190 | 190 | 190 |

注：表中各种材料用量仅供参考，各省、自治区、直辖市可按当地配合比情况，确定材料用量。

## 第五节　管网工程工程量计算常用数据

### 一、管道安装常用数据

1. 钢管安装（电弧焊）

（1）有关数据取定。

有效节长为：6m。

壁厚确定：*D*57×3.5；*D*76×4；*D*89×4；*D*114×4；*D*133×4.5；*D*159×5；*D*219×6；*D*273×8；*D*325×8；*D*426×10；*D*478×10；*D*530×12。

（2）运输机械配备取定见表4-38。

**运输机械配备取定（台班）　表4-38**

| 公称直径 | 汽车起重机5t | 载重汽车5t |
|---|---|---|
| 300 | 0.03 | 0.04 |
| 400 | 0.04 | 0.05 |
| 450 | 0.05 | 0.06 |
| 500 | 0.07 | 0.08 |

2. 直埋式预制保温管安装

（1）预制保温管规格取定见表4-39。

预制保温管规格取定　　表 4-39

| 公称直径 $DN$/mm | 50 | 65 | 80 | 100 | 125 | 150 | 200 |
|---|---|---|---|---|---|---|---|
| 钢管规格 $D \times \delta$/mm | 57×3.5 | 76×4 | 89×4 | 108×4 | 133×4.5 | 159×6 | 219×6 |
| 保温管外径 $D$/mm | 125 | 140 | 160 | 200 | 225 | 250 | 315 |
| 公称直径 $DN$/mm | 250 | 300 | 350 | 400 | 500 | 600 | |
| 钢管规格 $D \times \delta$/mm | 273×7 | 325×8 | 377×8 | 426×10 | 529×10 | 630×10 | |
| 保温管外径 $D$/mm | 400 | 450 | 500 | 560 | 661 | 750 | |

（2）保温管管节长度取定 12m，裸管长度 250mm。

（3）定额以区分不同公称直径以延长米“100m”为计算单位，不扣除管件长度。工序中出现的切口含在预制保温管管件中计算。

（4）保温管接头发泡连接，每个接头取定工日见表 4-40。

每个接头取定工日　　　　表 4-40

| 公称直径 | 50 | 65 | 80 | 100 | 125 | 150 | 200 |
|---|---|---|---|---|---|---|---|
| 工日 | 0.125 | 0.15 | 0.163 | 0.188 | 0.2 | 0.225 | 0.25 |
| 公称直径 | 250 | 300 | 350 | 400 | 500 | 600 | |
| 工日 | 0.313 | 0.363 | 0.388 | 0.4 | 0.45 | 0.5 | |

(5) 保温管管壳接头连接套管规格按表4-41取定，材料损耗系数取2%，每个接头用量长度为0.714m。

保温管管壳接头连接套管规格　　　　表 4-41

| 公称直径 DN/mm | 50 | 65 | 80 | 100 | 125 | 150 | 200 |
|---|---|---|---|---|---|---|---|
| 高密度聚乙烯管 D×δ/mm | 136×3.5 | 151×3.5 | 172×3.7 | 212×3.7 | 237×3.7 | 236×4 | 330×5 |
| 公称直径 DN/mm | 250 | 300 | 350 | 400 | 500 | 600 | |
| 高密度聚乙烯管 D×δ/mm | 418×6 | 471×6.5 | 525×8.5 | 586×8.5 | 688×9 | 786×12 | |

(6) 接头收缩带：材料损耗率取5%，规

格及每个接头的用量按表 4-42 取定。

规格及每个接头用量（单位：$m^2$）　**表 4-42**

| 公称直径/mm | 50 | 65 | 80 | 100 | 125 | 150 | 200 |
|---|---|---|---|---|---|---|---|
| 规格 $a \times b$/mm | 150×600 | 150×650 | 150×700 | 150×850 | 150×930 | 150×1000 | 150×1250 |
| 用量/$m^2$ | 0.189 | 0.205 | 0.221 | 0.268 | 0.293 | 0.315 | 0.394 |
| 公称直径/mm | 250 | 300 | 350 | 400 | 500 | 600 | |
| 规格 $a \times b$/mm | 225×1500 | 225×1650 | 225×1750 | 225×2050 | 225×2450 | 225×2750 | |
| 用量/$m^2$ | 0.709 | 0.78 | 0.827 | 0.969 | 1.158 | 1.3 | |

（7）聚氨酯硬质泡沫 A、B 料，材料损耗率取 5%，规格及每个接头容积 $V$ 按表 4-43 取定。

每个接头容积（单位：$m^3$）　**表 4-43**

| 公称直径/mm | 50 | 65 | 80 | 100 | 125 | 150 | 200 |
|---|---|---|---|---|---|---|---|
| 容积 | 0.007 | 0.007 | 0.009 | 0.014 | 0.016 | 0.018 | 0.025 |

续表

| 公称直径/mm | 250 | 300 | 350 | 400 | 500 | 600 | |
|---|---|---|---|---|---|---|---|
| 容积 | 0.042 | 0.048 | 0.055 | 0.067 | 0.08 | 0.091 | |

（8）塑料焊条。$DN \leqslant 200$ 采用 $\phi 4$，$DN >$ 200 采用厚度为 3mm 的塑料管下料，宽度为 12mm，损耗率取 15%，焊条规格及每个接头用量长度按表 4-44 取定。

**焊条规格及每个接头用量长度　　表 4-44**

| 公称直径/mm | 50 | 65 | 80 | 100 | 125 | 150 | 200 |
|---|---|---|---|---|---|---|---|
| 塑料焊条规格料 $D$/mm | 4 | 4 | 4 | 4 | 4 | 4 | 4 |
| 长度/m | 0.99 | 1.08 | 1.21 | 1.46 | 1.61 | 1.78 | 2.18 |
| 公称直径/mm | 250 | 300 | 350 | 400 | 500 | 600 | |
| 焊条用塑料管 $D \times \delta$/mm | 450 ×3 | 500 ×3 | 560 ×3 | 620 ×3 | 750 ×3 | 820 ×3 | |
| 长度/m | 0.028 | 0.028 | 0.028 | 0.028 | 0.028 | 0.028 | |

（9）运输机械配备取定见表 4-45。

运输机械配备取定（台班）　表 4-45

| DN | 65 | 80 | 100 | 125 | 150 | 200 |
|---|---|---|---|---|---|---|
| 载重汽车 5t | 0.024 | 0.040 | 0.056 | 0.064 | 0.072 | 0.088 |
| 汽车式起重机 5t | 0.088 | 0.112 | 0.152 | 0.192 | 0.200 | 0.312 |
| DN | 250 | 300 | 350 | 400 | 500 | 600 |
| 载重汽车 5t | 0.112 | 0.136 | 0.240 | 0.320 | 0.560 | 0.640 |
| 汽车式起重机 5t | 0.400 | 0.688 | 0.880 | 1.120 | 1.360 | 1.760 |

2. 钢板卷管安装（电弧焊）

（1）有关数据取定。

管材有效节长取定：

①DN≤1000mm 取定长度 6.4m/根；

② DN = 1200 ～ 2000mm 取定长度 4.8m/根；

③DN≥2200mm 取定长度 3.6m/根。

壁厚取定：

D219×5、6、7；D273×6、7、8；D325×6、7、8；D377×8、9、10；D426～D720×8、9、10；D820～D920×9、10、12；D1020～D1320×10、12、14；D1820～D3020×12、14、16。

（2）运输机械配备取定见表4-46。

**运输机械配备取定　　表4-46**

| 管径×壁厚 | 汽车式起重机 | | | | 载重汽车 | |
|---|---|---|---|---|---|---|
| | 5t | 8t | 12t | 16t | 5t | 8t |
| 325×8 | 0.06 | — | — | — | 0.01 | — |
| 377×8 | 0.07 | — | — | — | 0.02 | — |
| 377×9 | 0.07 | — | — | — | 0.02 | — |
| 377×10 | 0.07 | — | — | — | 0.03 | — |
| 426×9 | 0.08 | — | — | — | 0.03 | — |
| 426×10 | 0.11 | — | — | — | 0.03 | — |
| 478×8 | 0.11 | — | — | — | 0.03 | — |
| 478×9 | 0.13 | — | — | — | 0.04 | — |
| 478×10 | 0.13 | — | — | 0.04 | — | — |
| 529×8 | 0.11 | — | — | — | 0.03 | — |
| 529×9 | 0.13 | — | — | — | 0.04 | — |
| 529×10 | 0.14 | — | — | — | 0.05 | — |
| 630×8 | 0.14 | — | — | — | 0.04 | — |
| 630×9 | 0.15 | — | — | — | 0.05 | — |
| 630×10 | 0.17 | — | — | — | 0.06 | — |
| 720×8 | 0.15 | — | — | — | 0.06 | — |
| 720×9 | 0.17 | — | — | — | 0.07 | — |

续表

| 管径×壁厚 | 汽车式起重机 | | | | 载重汽车 | |
|---|---|---|---|---|---|---|
| | 5t | 8t | 12t | 16t | 5t | 8t |
| 720×10 | — | 0.19 | — | — | 0.07 | — |
| 820×9 | — | 0.19 | — | — | 0.07 | — |
| 820×10 | — | 0.21 | — | — | 0.07 | — |
| 820×12 | — | 0.22 | — | — | 0.08 | — |
| 920×9 | — | 0.21 | — | — | 0.08 | — |
| 920×10 | — | 0.24 | — | — | 0.08 | — |
| 920×12 | — | 0.27 | — | — | 0.09 | — |
| 1020×10 | — | 0.24 | — | — | 0.08 | — |
| 1020×12 | — | — | 0.25 | — | 0.09 | — |
| 1020×14 | — | — | 0.29 | — | 0.09 | — |
| 1220×12 | — | — | 0.29 | — | 0.09 | — |

| 管径×壁厚 | 汽车式起重机 | | | | | 载重汽车 | |
|---|---|---|---|---|---|---|---|
| | 5t | 8t | 12t | 16t | 20t | 5t | 8t |
| 1220×14 | — | — | — | 0.33 | 0.10 | — | — |
| 1420×10 | — | — | — | 0.29 | — | 0.09 | — |
| 1420×12 | — | — | — | 0.33 | — | 0.10 | — |
| 1420×14 | — | — | — | 0.39 | — | 0.11 | — |
| 1620×10 | — | — | — | 0.33 | — | — | 0.10 |

续表

| 管径×壁厚 | 汽车式起重机 | | | | | 载重汽车 | |
|---|---|---|---|---|---|---|---|
| | 5t | 8t | 12t | 16t | 20t | 5t | 8t |
| 1620×12 | — | — | — | 0.39 | — | — | 0.11 |
| 1620×14 | — | — | — | 0.45 | — | — | 0.13 |
| 1820×12 | — | — | — | 0.45 | — | — | 0.13 |
| 1820×14 | — | — | — | — | 0.55 | — | 0.15 |
| 1820×16 | — | — | — | — | 0.61 | — | 0.15 |
| 2020×12 | — | — | — | — | 0.50 | — | 0.14 |
| 2020×14 | — | — | — | — | 0.61 | — | 0.15 |
| 2020×16 | — | — | — | — | 0.78 | — | 0.17 |
| 2220×12 | — | — | — | — | 0.67 | — | 0.16 |
| 2220×14 | — | — | — | — | 0.80 | — | 0.18 |
| 2220×16 | — | — | — | — | 0.84 | — | 0.19 |
| 2420×12 | — | — | — | — | 0.78 | — | 0.17 |
| 2420×14 | — | — | — | — | 0.84 | — | 0.19 |
| 2420×16 | — | — | — | — | 0.90 | — | 0.20 |
| 2620×12 | — | — | — | — | 0.88 | — | 0.19 |
| 2620×14 | — | — | — | — | 0.94 | — | 0.22 |
| 2620×16 | — | — | — | — | 1.02 | — | 0.25 |
| 2820×12 | — | — | — | — | 0.96 | — | 0.23 |
| 2820×14 | — | — | — | — | 1.00 | — | 0.26 |
| 2820×16 | — | — | — | — | 1.13 | — | 0.28 |

续表

| 管径×壁厚 | 汽车式起重机 | | | | | 载重汽车 | |
|---|---|---|---|---|---|---|---|
| | 5t | 8t | 12t | 16t | 20t | 5t | 8t |
| 3020×12 | — | — | — | — | 1.10 | — | 0.27 |
| 3020×14 | — | — | — | — | 1.20 | — | 0.29 |
| 3020×16 | — | — | — | — | 1.23 | — | 0.31 |

3. 塑料管安装

（1）对接熔接塑料管有效节长取定：

*D*50、*D*63　取定长度 80m　盘管；

*D*75　　　　取定长度 40m　盘管；

*D*90 以上　　取定长度 10m　直管。

（2）电熔件熔接塑料管有效节长取定：

*D*50、*D*63　取定长度 80m　盘管；

*D*75 以上　　取定长度 10m　直管。

（3）塑料管熔接用三氯乙烯消耗量取定见表 4-47。

**塑料管熔接用三氯乙烯消耗量取定　表 4-47**

| 管　径 | 50 | 63 | 75 | 90 | 110 | 125 | 200 |
|---|---|---|---|---|---|---|---|
| 三氯乙烯/kg | 0.01 | 0.01 | 0.01 | 0.02 | 0.02 | 0.02 | 0.02 |

4. 套管内铺设钢板卷管

（1）牵引推进用人工工日取定见表 4-48。

牵引推进用人工工日取定（10m） **表 4-48**

| 项目名称 | 管外径/mm | | | | | | | | | | |
|---|---|---|---|---|---|---|---|---|---|---|---|
| | 219 | 273 | 325 | 426 | 529 | 630 | 720 | 820 | 920 | 1020 | 1220 |
| 牵引推进 | 0.34 | 0.41 | 0.48 | 0.79 | 1.07 | 1.4 | 1.69 | 1.98 | 2.51 | 2.51 | 3.22 |
| 台车制安 | 2.04 | 2.36 | 3.26 | 3.46 | 4.28 | 5.2 | 5.81 | 7.04 | 7.65 | 7.65 | 8.87 |

（2）牵引推进用材料消耗见表 4-49。

牵引推进用材料消耗（10m） **表 4-49**

| 项目 | | 滚轮托架用扁钢 | 滚轮 | 垫圈 | 带帽螺栓 |
|---|---|---|---|---|---|
| 单位 | | kg | 套 | kg | kg |
| 管外径/mm | 219 | 33.08 | 2.0 | 0.854 | 2.1 |
| | 273 | 38.75 | 2.0 | 0.854 | 2.1 |
| | 325 | 44.21 | 2.0 | 0.854 | 2.1 |
| | 377 | 49.51 | 2.0 | 0.854 | 2.1 |
| | 426 | 54.81 | 2.0 | 0.854 | 2.1 |
| | 529 | 65.62 | 2.0 | 0.854 | 2.1 |

续表

| 项目 | | 滚轮托架用扁钢 | 滚轮 | 垫圈 | 带帽螺栓 |
|---|---|---|---|---|---|
| 单位 | | kg | 套 | kg | kg |
| 管外径/mm | 630 | 76.22 | 2.0 | 0.854 | 2.1 |
| | 720 | 85.67 | 2.0 | 0.854 | 2.1 |
| | 820 | 96.16 | 2.0 | 0.854 | 2.1 |
| | 920 | 106.67 | 2.0 | 0.854 | 2.1 |
| | 1020 | 117.16 | 2.0 | 0.854 | 2.1 |
| | 1220 | 138.15 | 2.0 | 0.854 | 2.1 |

## 二、管件制作、安装常用数据

（1）弯头制作运输机械配备取定见表 4-50。

**30°弯头运输机械配备取定　表 4-50**

| 管径×壁厚 | 汽车式起重机 | | | 载重汽车 | |
|---|---|---|---|---|---|
| | 12t | 16t | 20t | 5t | 8t |
| 1020×10 | 0.011 | — | — | 0.003 | — |
| 1020×12 | 0.015 | — | — | 0.005 | — |
| 1020×14 | 0.017 | — | — | 0.007 | — |
| 1220×10 | 0.017 | — | — | 0.007 | — |

续表

| 管径×壁厚 | 汽车式起重机 | | | 载重汽车 | |
|---|---|---|---|---|---|
| | 12t | 16t | 20t | 5t | 8t |
| 1220×12 | 0.021 | — | — | 0.008 | — |
| 1220×14 | — | 0.024 | — | 0.008 | — |
| 1420×10 | — | 0.021 | — | 0.008 | — |
| 1420×12 | — | 0.027 | — | 0.009 | — |
| 1420×14 | — | 0.028 | — | 0.009 | — |
| 1620×10 | — | 0.027 | — | — | 0.009 |
| 1620×12 | — | 0.029 | — | — | 0.009 |
| 1620×14 | — | 0.029 | — | — | 0.009 |
| 1820×12 | — | 0.033 | — | — | 0.01 |
| 1820×16 | — | — | 0.039 | — | 0.011 |
| 1820×14 | — | — | 0.045 | — | 0.013 |
| 2020×12 | — | — | 0.039 | — | 0.011 |
| 2020×14 | — | — | 0.045 | — | 0.013 |
| 2020×16 | — | — | 0.067 | — | 0.016 |

（2）支管加强筋用量按表4-51取定。

**支管加强筋用量取定（个）** **表 4-51**

| 三通直径/mm | 圆钢直径/mm | 圆钢理论重量/(kg/m) | 钢筋的长度/m | 钢筋用量/kg |
|---|---|---|---|---|
| 219 | 9 | 0.499 | 1.08 | 0.54 |
| 273 | 12 | 0.888 | 1.34 | 1.19 |
| 325 | 12 | 0.888 | 1.60 | 1.42 |
| 426 | 12 | 0.888 | 2.10 | 1.86 |
| 529 | 15 | 1.39 | 2.60 | 3.62 |
| 630 | 15 | 1.39 | 3.10 | 4.31 |
| 720 | 15 | 1.39 | 3.54 | 4.92 |
| 820 | 15 | 1.39 | 4.03 | 5.61 |
| 920 | 15 | 1.39 | 4.53 | 6.29 |
| 1020 | 15 | 1.39 | 5.02 | 6.98 |

(3) 铸铁管件重及所占权数见表 4-52。

**铸铁管件重及所占权数** **表 4-52**

| 公称管径 | 每个弯头重及所占权数 | 每个三通重及所占权数 | 每个异径管重及所占权数 | 合重/kg |
|---|---|---|---|---|
| 75 | 17.97×0.6 | 26.92×0.3 | 20.57×0.1 | 21 |

续表

| 公称管径 | 每个弯头重及所占权数 | 每个三通重及所占权数 | 每个异径管重及所占权数 | 合重/kg |
|---|---|---|---|---|
| 100 | 22.97×0.6 | 34.32×0.3 | 25×0.1 | 27 |
| 150 | 40.00×0.6 | 54.62×0.3 | 31×0.1 | 44 |
| 200 | 65.47×0.6 | 78.59×0.3 | 42×0.1 | 68 |
| 250 | 93.01×0.6 | 108.77×0.3 | 62×0.1 | 95 |
| 300 | 141.42×0.6 | 145.35×0.3 | 85×0.1 | 138 |
| 350 | 176.92×0.6 | 204.05×0.3 | 108×0.1 | 179 |
| 400 | 226.84×0.6 | 268.13×0.3 | 147×0.1 | 232 |
| 450 | 270.94×0.6 | 332.44×0.03 | 178×0.1 | 281 |
| 500 | 351.50×0.6 | 406.68×0.3 | 203×0.1 | 354 |
| 600 | 527.34×0.6 | 570.67×0.3 | 287×0.1 | 517 |

（4）钢塑过渡接头安装有关数据取定。

①钢管部分外径及壁厚取定见表 4-53。

**钢管部分外径及壁厚取定**（单位：mm）

**表 4-53**

| 外径 | 57 | 108 | 159 |
|---|---|---|---|
| 壁厚 | 3.5 | 4.0 | 4.5 |

②焊接机、熔接机消耗台班取定见表 4-54。

**焊接机、熔接机消耗台班取定（台班）**

**表 4-54**

| 管径 | 57 | 108 | 159 | 50 | 75 |
|---|---|---|---|---|---|
| 焊接机 | 0.04 | 0.08 | 0.14 | — | — |
| 熔接机 | — | — | — | 0.04 | 0.07 |
| 管径 | 90 | 110 | 125 | 150 | |
| 焊接机 | — | — | — | — | |
| 熔接机 | 0.09 | 0.14 | 0.19 | 0.25 | |

（5）直埋式预制保温管管件安装有关数据取定。

①刀割与清理保护层、壳为两个标准管头的人工及辅助材料取定见表 4-55。

**人工及辅助材料取定　　表 4-55**

| 公称直径 | 50 | 65 | 80 | 100 | 125 |
|---|---|---|---|---|---|
| 工日 | 0.045 | 0.051 | 0.058 | 0.094 | 0.119 |
| 钢丝/kg | 0.08 | 0.08 | 0.08 | 0.08 | 0.08 |
| 破布/kg | 0.025 | 0.028 | 0.035 | 0.038 | 0.04 |

续表

| 公称直径 | 150 | 200 | 250 | 300 | 350 |
|---|---|---|---|---|---|
| 工日 | 0.147 | 0.219 | 0.35 | 0.444 | 0.475 |
| 钢丝/kg | 0.08 | 0.08 | 0.08 | 0.01 | 0.01 |
| 破布/kg | 0.048 | | 0.052 | 0.055 | 0.058 |

| 公称直径 | 400 | 500 | 600 |
|---|---|---|---|
| 工日 | 0.616 | 0.918 | 1.125 |
| 钢丝/kg | 0.01 | 0.012 | 0.012 |
| 破布/kg | 0.06 | 0.065 | 0.068 |

②运输机械配备取定见表 4-56。

**运输机械配备取定（台班）　表 4-56**

| *DN* | 250 | 300 | 350 | 400 | 500 | 600 |
|---|---|---|---|---|---|---|
| 载重汽车 5t | 0.004 | 0.006 | 0.007 | 0.008 | 0.009 | 0.009 |
| 汽车式起重机 5t | 0.013 | 0.017 | 0.019 | 0.021 | 0.025 | 0.031 |

## 三、法兰阀门安装常用数据

（1）每副平焊法兰安装用配套螺栓规格见表 4-57。

每副平焊法兰安装用配套螺栓规格　表 4-57

| 外径×壁厚 | 螺栓规格 | 重量/kg |
| --- | --- | --- |
| 57×0.4 | M12×50 | 0.319 |
| 75×4.0 | M12×50 | 0.319 |
| 89×4.0 | M16×55 | 0.635 |
| 108×5.0 | M16×55 | 0.635 |
| 133×5.0 | M16×60 | 1.338 |
| 159×6.0 | M16×60 | 1.338 |
| 219×6.0 | M16×65 | 1.404 |
| 273×8.0 | M16×70 | 2.208 |
| 325×8.0 | M20×70 | 3.747 |
| 377×10.0 | M20×75 | 3.906 |
| 426×10.0 | M20×80 | 5.42 |
| 478×10.0 | M20×80 | 5.42 |
| 529×10.0 | M20×85 | 5.84 |
| 630×8.0 | M22×85 | 8.89 |
| 720×10.0 | M22×90 | 10.668 |
| 820×10.0 | M27×95 | 19.962 |
| 920×10.0 | M27×100 | 19.962 |
| 1020×10.0 | M27×105 | 24.633 |

续表

| 外径×壁厚 | 螺栓规格 | 重量/kg |
| --- | --- | --- |
| 1220×10.0 | | |
| 1420×10.0 | | |
| 1620×10.0 | | |
| 1820×16.0 | | |
| 2020×16.0 | | |

（2）对焊法兰安装螺栓规格及用量见表4-58。

**对焊法兰安装螺栓规格及用量表　　表 4-58**

| 外径×壁厚 | 螺栓规格 | 重量/kg |
| --- | --- | --- |
| 57×3.5 | M12×50 | 0.319 |
| 76×4.0 | M12×50 | 0.319 |
| 89×4.0 | M16×60 | 0.669 |
| 108×4.0 | M16×60 | 0.669 |
| 133×4.5 | M16×65 | 1.404 |
| 159×5.0 | M16×70 | 1.472 |
| 273×8.0 | M16×75 | 2.31 |
| 325×8.0 | M20×75 | 3.906 |

续表

| 外径×壁厚 | 螺栓规格 | 重量/kg |
| --- | --- | --- |
| 377×9.0 | M20×75 | 3.906 |
| 426×9.0 | M20×75 | 5.208 |
| 428×9.0 | M20×75 | 5.208 |
| 529×9.0 | M20×80 | 5.42 |
| 630×9.0 | M22×80 | 8.25 |
| 820×10.0 | M27×85 | 18.804 |
| 920×10.0 | | |

（3）与阀门连接用管道壁厚取定表 4-59。

**与阀门连接用管道壁厚取定表　　表 4-59**

| 外径/mm | 壁厚/mm | 外径/mm | 壁厚/mm |
| --- | --- | --- | --- |
| 57 | 3.5 | 920 | 10.0 |
| 108 | 4.0 | 1020 | 10.0 |
| 159 | 4.5 | 1220 | 12.0 |
| 219 | 6.0 | 1420 | 12.0 |
| 325 | 8.0 | 1620 | 12.0 |
| 426 | 8.0 | 1820 | 14.0 |
| 530 | 8.0 | 2020 | 14.0 |
| 630 | 10.0 | 2220 | 14.0 |
| 720 | 10.0 | 2420 | 14.0 |
| 820 | 10.0 | | |

（4）齿轮传动阀门、电动阀门运输机械配备取定见表 4-60。

**阀门运输机械配备取定（台班）　　表 4-60**

| ND | 250 | 300 | 400 | 500 | 600 |
| --- | --- | --- | --- | --- | --- |
| 载重汽车 5t | 0.008 | 0.010 | 0.015 | 0.030 | 0.060 |
| 汽车式起重机 5t | 0.024 | 0.033 | 0.061 | 0.110 | 0.150 |
| 汽车式起重机 8t | | | | | |
| 汽车式起重机 12t | | | | | |
| **ND** | **700** | **800** | **900** | **1000** | **1200** |
| 载重汽车 5t | 0.080 | 0.090 | 0.090 | 0.130 | |
| 汽车式起重机 5t | | | | | |
| 汽车式起重机 8t | 0.21 | 0.25 | 0.27 | | |
| 汽车式起重机 12t | | | | 0.29 | 0.45 |

## 四、集中供热用容器具安装常用数据

（1）除污器运输机械配备取定见表 4-61。

**除污器运输机械配备取定（台班）　表 4-61**

| DN | 200 | 250 | 300 | 350 | 400 |
| --- | --- | --- | --- | --- | --- |
| 载重汽车 5t | 0.008 | 0.008 | 0.008 | 0.009 | 0.010 |

（2）焊接钢套筒补偿器运输机械配备取定见表 4-62。

焊接钢套筒补偿器运输　　表 4-62

机械配备取定（台班）

| DN | 300 | 400 | 500 | 600 | 800 | 1000 |
| --- | --- | --- | --- | --- | --- | --- |
| 载重汽车 5t | 0.006 | 0.008 | 0.009 | 0.010 | 0.011 | 0.014 |
| 汽车式起重机 5t | 0.015 | 0.020 | 0.024 | 0.030 | | |
| 汽车式起重机 8t | | | | | 0.037 | 0.051 |

（3）焊接法兰式波纹补偿器运输机械配备取定见表 4-63。

焊接法兰式波纹补偿器运输　表 4-63

机械配备取定（台班）

| ND | 400 | 500 | 600 | 800 | 1000 |
| --- | --- | --- | --- | --- | --- |
| 载重汽车 5t | 0.004 | 0.007 | 0.008 | 0.09 | 0.010 |
| 汽车式起重机 5t | 0.014 | 0.019 | 0.024 | | |
| 汽车式起重机 8t | | | | 0.025 | |
| 汽车式起重机 12t | | | | | 0.033 |

## 五、每米管道土方量

每米管道土方数量见表 4-64。

每米管道土方数量表 表 4-64

| 高度/m | 宽度/m | | | | | | | | | | | | | | | |
|---|---|---|---|---|---|---|---|---|---|---|---|---|---|---|---|---|
| | 1.0 | 1.1 | 1.2 | 1.3 | 1.4 | 1.5 | 1.6 | 1.7 | 1.8 | 1.9 | 2.0 | 2.1 | 2.2 | 2.3 | 2.4 | 2.5 |
| 1.0 | 1.33 | 1.43 | 1.53 | 1.63 | 1.73 | 1.83 | 1.93 | 2.03 | 2.13 | 2.23 | 2.33 | 2.43 | 2.53 | 2.63 | 2.73 | 2.83 |
| 1.1 | 1.50 | 1.61 | 1.72 | 1.83 | 1.94 | 2.05 | 2.16 | 2.27 | 2.38 | 2.49 | 2.60 | 2.71 | 2.82 | 2.93 | 3.04 | 3.15 |
| 1.2 | 1.68 | 1.80 | 1.92 | 2.04 | 2.16 | 2.28 | 2.40 | 2.52 | 2.64 | 2.76 | 2.88 | 3.00 | 3.12 | 3.24 | 3.36 | 3.48 |
| 1.3 | 1.86 | 1.99 | 2.12 | 2.25 | 2.38 | 2.51 | 2.64 | 2.77 | 2.90 | 3.03 | 3.16 | 3.29 | 3.42 | 3.55 | 3.68 | 3.81 |
| 1.4 | 2.05 | 2.19 | 2.33 | 2.47 | 2.61 | 2.75 | 2.89 | 3.03 | 3.17 | 3.31 | 3.45 | 3.59 | 3.73 | 3.87 | 4.01 | 4.15 |
| 1.5 | 2.24 | 2.39 | 2.54 | 2.69 | 2.84 | 2.99 | 3.14 | 3.29 | 3.44 | 3.59 | 3.74 | 3.89 | 4.04 | 4.19 | 4.34 | 4.49 |
| 1.6 | 2.44 | 2.60 | 2.76 | 2.92 | 3.08 | 3.24 | 3.40 | 3.56 | 3.72 | 3.88 | 4.04 | 4.20 | 4.36 | 4.52 | 4.68 | 4.84 |
| 1.7 | 2.65 | 2.82 | 2.99 | 3.16 | 3.33 | 3.50 | 3.67 | 3.84 | 4.01 | 4.18 | 4.35 | 4.52 | 4.69 | 4.86 | 5.03 | 5.20 |
| 1.8 | 2.87 | 3.05 | 3.23 | 3.41 | 3.59 | 3.77 | 3.95 | 4.13 | 4.31 | 4.49 | 4.67 | 4.85 | 5.03 | 5.21 | 5.39 | 5.57 |
| 1.9 | 3.09 | 3.28 | 3.47 | 3.66 | 3.85 | 4.04 | 4.23 | 4.42 | 4.61 | 4.80 | 4.99 | 5.18 | 5.37 | 5.56 | 5.75 | 5.94 |
| 2.0 | 3.32 | 3.52 | 3.72 | 3.92 | 4.12 | 4.32 | 4.52 | 4.72 | 4.92 | 5.12 | 5.32 | 5.52 | 5.72 | 5.92 | 6.12 | 6.32 |
| 2.1 | 3.56 | 3.77 | 3.98 | 4.19 | 4.40 | 4.61 | 4.82 | 5.03 | 5.24 | 5.45 | 5.66 | 5.87 | 6.08 | 6.29 | 6.50 | 6.71 |
| 2.2 | 3.80 | 4.02 | 4.24 | 4.46 | 4.68 | 4.90 | 5.12 | 5.34 | 5.56 | 5.78 | 6.00 | 6.22 | 6.44 | 6.66 | 6.88 | 7.10 |

续表

| 高度/m | 宽度/m | | | | | | | | | | | | | | | |
|---|---|---|---|---|---|---|---|---|---|---|---|---|---|---|---|---|
| | 1.0 | 1.1 | 1.2 | 1.3 | 1.4 | 1.5 | 1.6 | 1.7 | 1.8 | 1.9 | 2.0 | 2.1 | 2.2 | 2.3 | 2.4 | 2.5 |
| 2.3 | 4.05 | 4.28 | 4.51 | 4.74 | 4.97 | 5.20 | 5.43 | 5.66 | 5.89 | 6.12 | 6.35 | 6.58 | 6.81 | 7.04 | 7.27 | 7.50 |
| 2.4 | 4.30 | 4.54 | 4.78 | 5.02 | 5.26 | 5.50 | 5.74 | 5.98 | 6.22 | 6.46 | 6.70 | 6.94 | 7.18 | 7.42 | 7.66 | 7.90 |
| 2.5 | 4.56 | 4.81 | 5.06 | 5.31 | 5.56 | 5.81 | 6.06 | 6.31 | 6.56 | 6.81 | 7.06 | 7.31 | 7.56 | 7.81 | 8.06 | 8.31 |
| 2.6 | 4.83 | 5.09 | 5.35 | 5.61 | 5.87 | 6.13 | 6.39 | 6.65 | 6.91 | 7.17 | 7.43 | 7.69 | 7.95 | 8.21 | 8.47 | 8.73 |
| 2.7 | 5.11 | 5.38 | 5.65 | 5.92 | 6.19 | 6.46 | 6.73 | 7.00 | 7.27 | 7.54 | 7.81 | 8.08 | 8.35 | 8.62 | 8.89 | 9.16 |
| 2.8 | 5.39 | 5.67 | 5.95 | 6.23 | 6.51 | 6.79 | 7.07 | 7.35 | 7.63 | 7.91 | 8.19 | 8.47 | 8.75 | 9.03 | 9.31 | 9.59 |
| 2.9 | 5.68 | 5.97 | 6.26 | 6.55 | 6.84 | 7.13 | 7.42 | 7.71 | 8.00 | 8.29 | 8.58 | 8.87 | 9.16 | 9.45 | 9.74 | 10.03 |
| 3.0 | 5.97 | 6.27 | 6.57 | 6.87 | 7.17 | 7.47 | 7.77 | 8.07 | 8.37 | 8.67 | 8.97 | 9.27 | 9.57 | 9.87 | 10.17 | 10.47 |
| 3.1 | 6.27 | 8.22 | 8.53 | 8.84 | 9.15 | 9.46 | 9.77 | 10.08 | 10.39 | 10.70 | 11.01 | 11.32 | 11.63 | 11.94 | 12.25 | 12.56 |
| 3.2 | 6.58 | 8.64 | 8.96 | 9.28 | 9.60 | 9.92 | 10.24 | 10.56 | 10.88 | 11.20 | 11.52 | 11.84 | 12.16 | 12.48 | 12.80 | 13.12 |
| 3.3 | 6.89 | 9.08 | 9.41 | 9.74 | 10.07 | 10.40 | 10.73 | 11.06 | 11.39 | 11.72 | 12.05 | 12.38 | 12.71 | 13.04 | 13.37 | 13.70 |
| 3.4 | 7.21 | 9.52 | 9.86 | 10.20 | 10.54 | 10.88 | 11.22 | 11.56 | 11.90 | 12.24 | 12.58 | 12.92 | 13.26 | 13.60 | 13.94 | 14.28 |
| 3.5 | 7.54 | 9.98 | 10.33 | 10.68 | 11.03 | 11.38 | 11.73 | 12.08 | 12.43 | 12.78 | 13.13 | 13.48 | 13.83 | 14.18 | 14.53 | 14.88 |

续表

| 高度/m | 宽度/m | | | | | | | | | | | | | | | |
|---|---|---|---|---|---|---|---|---|---|---|---|---|---|---|---|---|
| | 1.0 | 1.1 | 1.2 | 1.3 | 1.4 | 1.5 | 1.6 | 1.7 | 1.8 | 1.9 | 2.0 | 2.1 | 2.2 | 2.3 | 2.4 | 2.5 |
| 3.6 | 7.88 | 10.44 | 10.80 | 11.16 | 11.52 | 11.88 | 12.24 | 12.60 | 12.96 | 13.32 | 13.68 | 14.04 | 14.40 | 14.76 | 15.12 | 15.48 |
| 3.7 | 8.22 | 10.92 | 11.29 | 11.66 | 12.03 | 12.40 | 12.77 | 13.14 | 13.51 | 13.88 | 14.25 | 14.62 | 14.99 | 15.36 | 15.73 | 16.10 |
| 3.8 | 8.57 | 11.40 | 11.78 | 12.16 | 12.54 | 12.92 | 13.30 | 13.68 | 14.06 | 14.44 | 14.82 | 15.20 | 15.58 | 15.96 | 16.34 | 16.72 |
| 3.9 | 8.92 | 11.90 | 12.29 | 12.68 | 13.07 | 13.46 | 13.85 | 14.24 | 14.63 | 15.02 | 15.41 | 15.80 | 16.19 | 16.58 | 16.97 | 17.36 |
| 4.0 | 9.28 | 12.40 | 12.80 | 13.20 | 13.60 | 14.00 | 14.40 | 14.80 | 15.20 | 15.60 | 16.60 | 16.40 | 16.80 | 17.20 | 17.60 | 18.00 |
| 4.1 | 9.65 | 12.92 | 13.33 | 13.74 | 14.15 | 14.56 | 14.97 | 15.38 | 15.79 | 16.20 | 16.61 | 17.02 | 17.43 | 17.84 | 18.25 | 18.66 |
| 4.2 | 10.02 | 13.44 | 13.86 | 14.28 | 14.70 | 15.12 | 15.54 | 15.96 | 16.38 | 16.80 | 17.22 | 17.64 | 18.06 | 18.48 | 18.90 | 19.32 |
| 4.3 | 10.40 | 13.98 | 14.41 | 14.84 | 15.27 | 15.70 | 16.13 | 16.56 | 16.99 | 17.42 | 17.85 | 18.28 | 18.71 | 19.14 | 19.57 | 20.00 |
| 4.4 | 10.79 | 14.52 | 14.96 | 15.40 | 15.84 | 16.28 | 16.72 | 17.16 | 17.60 | 18.04 | 18.48 | 18.92 | 19.36 | 19.80 | 20.24 | 20.68 |
| 4.5 | 11.18 | 15.08 | 15.53 | 15.98 | 16.43 | 16.88 | 17.33 | 17.78 | 18.23 | 18.68 | 19.13 | 19.58 | 20.03 | 20.48 | 20.93 | 21.38 |
| 4.6 | 11.58 | 15.64 | 16.10 | 16.56 | 17.02 | 17.48 | 17.94 | 18.40 | 18.86 | 19.32 | 19.78 | 20.24 | 20.70 | 21.16 | 21.62 | 22.08 |

续表

| 高度/m | 宽度/m | | | | | | | | | | | | | | | |
|---|---|---|---|---|---|---|---|---|---|---|---|---|---|---|---|---|
| | 1. 0 | 1. 1 | 1. 2 | 1. 3 | 1. 4 | 1. 5 | 1. 6 | 1. 7 | 1. 8 | 1. 9 | 2. 0 | 2. 1 | 2. 2 | 2. 3 | 2. 4 | 2. 5 |
| 4. 7 | 11. 99 | 16. 22 | 16. 69 | 17. 16 | 17. 63 | 18. 10 | 18. 57 | 19. 04 | 19. 51 | 19. 98 | 20. 45 | 20. 92 | 21. 39 | 21. 86 | 22. 33 | 22. 80 |
| 4. 8 | 12. 40 | 16. 80 | 17. 28 | 17. 76 | 18. 24 | 18. 72 | 19. 20 | 19. 68 | 20. 16 | 20. 64 | 21. 12 | 21. 60 | 22. 08 | 22. 56 | 23. 04 | 23. 52 |
| 4. 9 | 12. 82 | 17. 40 | 17. 89 | 18. 38 | 18. 87 | 19. 36 | 19. 85 | 20. 34 | 20. 83 | 21. 32 | 21. 81 | 22. 30 | 22. 79 | 23. 28 | 23. 77 | 24. 26 |
| 5. 0 | 13. 25 | 18. 00 | 18. 50 | 19. 00 | 19. 50 | 20. 00 | 20. 50 | 21. 00 | 21. 50 | 22. 00 | 22. 5 | 23. 00 | 23. 50 | 24. 00 | 24. 50 | 25. 00 |
| 5. 1 | 13. 68 | 18. 62 | 19. 13 | 19. 64 | 20. 15 | 20. 66 | 21. 17 | 21. 68 | 22. 19 | 22. 70 | 23. 21 | 23. 72 | 24. 23 | 24. 74 | 25. 25 | 25. 76 |
| 5. 2 | 14. 12 | 19. 24 | 19. 76 | 20. 28 | 20. 80 | 21. 32 | 21. 84 | 22. 36 | 22. 88 | 23. 40 | 23. 92 | 24. 44 | 24. 96 | 25. 48 | 26. 00 | 26. 52 |
| 5. 3 | 14. 57 | 19. 88 | 20. 41 | 20. 94 | 21. 47 | 22. 00 | 22. 53 | 23. 06 | 23. 59 | 24. 12 | 24. 65 | 25. 18 | 25. 71 | 26. 24 | 26. 77 | 27. 30 |
| 5. 4 | 15. 02 | 20. 52 | 21. 06 | 21. 60 | 22. 14 | 2. 68 | 23. 22 | 23. 76 | 24. 30 | 24. 84 | 25. 38 | 25. 92 | 26. 46 | 27. 00 | 27. 54 | 28. 08 |
| 5. 5 | 15. 48 | 21. 18 | 21. 73 | 22. 28 | 22. 83 | 23. 38 | 23. 93 | 24. 48 | 25. 03 | 25. 58 | 26. 13 | 26. 68 | 27. 23 | 27. 78 | 28. 33 | 28. 88 |
| 5. 6 | 15. 95 | 21. 84 | 22. 40 | 22. 96 | 23. 52 | 24. 08 | 24. 64 | 25. 20 | 25. 76 | 26. 32 | 26. 88 | 27. 44 | 28. 00 | 28. 56 | 29. 12 | 29. 68 |
| 5. 7 | 16. 42 | 22. 52 | 23. 09 | 23. 66 | 24. 23 | 24. 80 | 25. 37 | 25. 94 | 26. 51 | 27. 08 | 27. 65 | 28. 22 | 28. 79 | 29636 | 29. 93 | 30. 50 |

续表

| 高度/m | 宽度/m | | | | | | | | | | | | | | | |
|---|---|---|---|---|---|---|---|---|---|---|---|---|---|---|---|---|
| | 1.0 | 1.1 | 1.2 | 1.3 | 1.4 | 1.5 | 1.6 | 1.7 | 1.8 | 1.9 | 2.0 | 2.1 | 2.2 | 2.3 | 2.4 | 2.5 |
| 5.8 | 16.90 | 23.20 | 23.78 | 24.36 | 24.94 | 25.52 | 26.10 | 26.68 | 27.26 | 27.84 | 28.42 | 29.00 | 29.58 | 30.16 | 30.74 | 31.32 |
| 5.9 | 17.39 | 23.90 | 24.49 | 25.08 | 25.67 | 26.26 | 26.85 | 27.44 | 28.03 | 28.62 | 29.21 | 29.80 | 30.39 | 30.98 | 31.57 | 32.16 |
| 6.0 | 17.88 | 24.60 | 25.20 | 25.80 | 26.40 | 27.00 | 27.60 | 28.20 | 28.80 | 29.40 | 30.00 | 30.60 | 31.20 | 31.80 | 32.40 | 33.00 |
| 6.1 | 34.10 | 34.71 | 35.32 | 35.93 | 36.54 | 37.15 | 37.76 | 38.37 | 38.98 | 39.59 | 40.20 | 40.81 | 41.42 | 42.03 | 42.64 | 43.25 |
| 6.2 | 34.61 | 35.23 | 35.85 | 36.47 | 37.09 | 37.71 | 38.33 | 38.95 | 39.57 | 40.19 | 40.81 | 41.31 | 42.05 | 42.67 | 43.29 | 43.91 |
| 6.3 | 35.12 | 35.75 | 36.38 | 37.01 | 37.64 | 38.27 | 38.90 | 39.53 | 40.16 | 40.79 | 41.42 | 42.05 | 42.68 | 43.31 | 43.94 | 44.57 |
| 6.4 | 35.64 | 36.28 | 36.92 | 37.56 | 38.20 | 38.84 | 39.48 | 40.12 | 40.76 | 41.40 | 42.04 | 42.68 | 43.32 | 43.96 | 44.60 | 45.24 |
| 6.5 | 36.16 | 36.81 | 37.46 | 38.11 | 38.76 | 39.41 | 40.06 | 40.71 | 41.36 | 42.01 | 42.66 | 43.31 | 43.96 | 44.61 | 45.26 | 45.91 |
| 6.6 | 36.69 | 37.35 | 38.01 | 38.67 | 39.33 | 39.99 | 40.65 | 41.31 | 41.97 | 42.63 | 43.29 | 43.95 | 44.61 | 45.27 | 45.93 | 46.59 |
| 6.7 | 37.23 | 37.90 | 38.57 | 39.24 | 39.91 | 40.58 | 41.25 | 41.29 | 42.59 | 43.26 | 43.93 | 44.60 | 45.27 | 45.94 | 46.61 | 47.28 |
| 6.8 | 37.78 | 38.46 | 39.14 | 39.82 | 40.50 | 41.18 | 41.86 | 42.54 | 43.22 | 43.90 | 44.58 | 45.26 | 45.94 | 46.62 | 47.30 | 47.98 |

续表

| 高度/m | 宽度/m | | | | | | | | | | | | | | | |
|---|---|---|---|---|---|---|---|---|---|---|---|---|---|---|---|---|
| | 1.0 | 1.1 | 1.2 | 1.3 | 1.4 | 1.5 | 1.6 | 1.7 | 1.8 | 1.9 | 2.0 | 2.1 | 2.2 | 2.3 | 2.4 | 2.5 |
| 6.9 | 38.33 | 39.02 | 39.71 | 40.40 | 41.09 | 41.78 | 42.47 | 43.16 | 43.85 | 44.54 | 45.23 | 45.92 | 46.61 | 47.30 | 47.99 | 48.68 |
| 7.0 | 38.89 | 39.59 | 40.29 | 40.99 | 41.69 | 42.39 | 43.09 | 43.79 | 44.49 | 45.19 | 45.89 | 46.59 | 47.29 | 47.99 | 48.69 | 49.39 |
| 7.1 | 39.46 | 40.17 | 40.88 | 41.59 | 42.30 | 43.01 | 43.72 | 44.43 | 45.14 | 45.85 | 46.56 | 47.27 | 47.98 | 48.69 | 49.40 | 50.11 |
| 7.2 | 40.03 | 40.75 | 41.47 | 42.19 | 42.91 | 43.63 | 44.35 | 45.07 | 45.79 | 46.51 | 47.23 | 47.95 | 48.67 | 49.39 | 50.11 | 50.83 |
| 7.3 | 40.61 | 41.34 | 42.07 | 42.80 | 43.53 | 44.26 | 44.99 | 45.72 | 46.45 | 47.18 | 47.91 | 48.64 | 49.37 | 50.10 | 50.83 | 51.56 |
| 7.4 | 41.19 | 41.93 | 42.67 | 43.41 | 44.15 | 44.89 | 45.63 | 46.37 | 47.11 | 47.85 | 48.59 | 49.33 | 50.07 | 50.81 | 51.55 | 52.29 |
| 7.5 | 41.78 | 42.53 | 43.28 | 44.03 | 44.78 | 45.58 | 46.28 | 47.03 | 47.78 | 48.53 | 49.28 | 50.03 | 50.78 | 51.53 | 52.28 | 53.03 |
| 7.6 | 42.38 | 43.14 | 43.90 | 44.66 | 45.42 | 46.18 | 46.94 | 47.70 | 48.46 | 49.22 | 49.98 | 50.74 | 51.50 | 52.26 | 53.02 | 53.78 |
| 7.7 | 42.99 | 43.76 | 44.53 | 45.30 | 46.07 | 46.84 | 47.61 | 48.38 | 49.15 | 49.92 | 50.69 | 51.46 | 52.23 | 53.00 | 53.77 | 54.54 |
| 7.8 | 43.60 | 44.38 | 45.16 | 45.94 | 46.72 | 47.50 | 48.28 | 49.06 | 49.84 | 50.62 | 51.40 | 52.18 | 52.96 | 53.74 | 54.52 | 55.30 |
| 7.9 | 44.22 | 45.01 | 45.80 | 46.59 | 47.38 | 48.17 | 48.96 | 49.75 | 50.54 | 51.33 | 52.12 | 52.91 | 53.70 | 54.49 | 55.28 | 56.07 |

续表

| 高度/m | 宽度/m | | | | | | | | | | | | | | | |
|---|---|---|---|---|---|---|---|---|---|---|---|---|---|---|---|---|
| | 1.0 | 1.1 | 1.2 | 1.3 | 1.4 | 1.5 | 1.6 | 1.7 | 1.8 | 1.9 | 2.0 | 2.1 | 2.2 | 2.3 | 2.4 | 2.5 |
| 8.0 | 44.84 | 45.64 | 46.44 | 47.24 | 48.04 | 48.84 | 49.64 | 50.44 | 51.24 | 52.04 | 52.84 | 53.64 | 54.44 | 55.24 | 56.04 | 56.84 |
| 8.1 | 45.47 | 46.28 | 47.09 | 47.90 | 48.71 | 49.52 | 50.33 | 51.14 | 51.95 | 52.76 | 53.57 | 54.38 | 55.19 | 56.00 | 56.81 | 57.62 |
| 8.2 | 46.11 | 46.93 | 47.75 | 48.57 | 49.39 | 50.21 | 51.03 | 51.85 | 52.67 | 53.49 | 54.31 | 55.13 | 55.95 | 56.77 | 57.59 | 58.41 |
| 8.3 | 46.75 | 47.58 | 48.41 | 49.24 | 50.07 | 50.90 | 51.73 | 52.56 | 53.39 | 54.22 | 55.05 | 55.88 | 56.71 | 57.54 | 58.37 | 59.20 |
| 8.4 | 47.40 | 48.24 | 49.08 | 49.92 | 50.76 | 51.60 | 52.44 | 53.28 | 54.12 | 54.96 | 55.80 | 56.64 | 57.48 | 58.32 | 59.16 | 60.00 |
| 8.5 | 48.06 | 48.91 | 49.76 | 50.61 | 51.46 | 52.31 | 53.16 | 54.01 | 54.86 | 55.71 | 56.56 | 57.41 | 58.26 | 59.11 | 59.96 | 60.81 |
| 8.6 | 48.73 | 49.59 | 50.45 | 51.31 | 52.17 | 53.03 | 53.89 | 54.75 | 55.61 | 56.47 | 57.33 | 58.19 | 59.05 | 59.91 | 60.77 | 61.63 |
| 8.7 | 49.40 | 50.27 | 51.14 | 52.01 | 52.88 | 53.75 | 54.62 | 55.49 | 56.36 | 57.23 | 58.10 | 58.97 | 59.84 | 60.71 | 61.58 | 62.45 |
| 8.8 | 50.08 | 50.96 | 51.84 | 52.72 | 53.60 | 54.48 | 55.36 | 56.24 | 57.12 | 58.00 | 58.88 | 59.76 | 60.64 | 61.52 | 62.40 | 63.28 |
| 8.9 | 50.76 | 51.65 | 52.54 | 53.43 | 54.32 | 55.21 | 56.10 | 56.99 | 57.88 | 58.77 | 59.66 | 60.55 | 61.44 | 62.33 | 63.22 | 64.11 |
| 9.0 | 51.45 | 52.35 | 53.25 | 54.15 | 55.05 | 55.95 | 56.85 | 57.75 | 58.65 | 59.55 | 60.45 | 61.35 | 62.25 | 63.15 | 64.05 | 64.95 |

续表

| 高度/m | 宽度/m | | | | | | | | | | | | | | | |
|---|---|---|---|---|---|---|---|---|---|---|---|---|---|---|---|---|
| | 2.6 | 2.7 | 2.8 | 2.9 | 3.0 | 3.1 | 3.2 | 3.3 | 3.4 | 3.5 | 3.6 | 3.7 | 3.8 | 3.9 | 4.0 | 4.1 |
| 1.0 | 2.93 | 3.03 | 3.13 | 3.23 | 3.33 | 3.43 | 3.53 | 3.63 | 3.73 | 3.83 | 3.93 | 4.03 | 4.13 | 4.23 | 4.33 | 4.43 |
| 1.1 | 3.26 | 3.37 | 3.48 | 3.59 | 3.70 | 3.81 | 3.92 | 4.03 | 4.14 | 4.25 | 4.36 | 4.47 | 4.58 | 4.69 | 4.80 | 4.91 |
| 1.2 | 3.60 | 3.72 | 3.84 | 3.96 | 4.08 | 4.20 | 4.32 | 4.44 | 4.56 | 4.68 | 4.80 | 4.92 | 5.04 | 5.16 | 5.28 | 5.40 |
| 1.3 | 3.94 | 4.07 | 4.20 | 4.33 | 4.46 | 4.59 | 4.72 | 4.85 | 4.98 | 5.11 | 5.24 | 5.37 | 5.50 | 5.63 | 5.76 | 5.89 |
| 1.4 | 4.29 | 4.43 | 4.57 | 4.71 | 4.85 | 4.99 | 5.13 | 5.27 | 5.41 | 5.55 | 5.69 | 5.83 | 5.97 | 6.11 | 6.25 | 6.93 |
| 1.5 | 4.64 | 4.79 | 4.94 | 5.09 | 5.24 | 5.39 | 5.54 | 5.69 | 5.84 | 5.99 | 6.14 | 6.29 | 6.44 | 6.59 | 6.74 | 6.89 |
| 1.6 | 5.00 | 5.16 | 5.32 | 5.48 | 5.64 | 5.80 | 5.96 | 6.12 | 6.28 | 6.44 | 6.60 | 6.76 | 6.92 | 7.08 | 7.24 | 7.40 |
| 1.7 | 5.37 | 5.54 | 5.71 | 5.88 | 6.06 | 6.22 | 6.39 | 6.56 | 6.73 | 6.90 | 7.07 | 7.24 | 7.41 | 7.58 | 7.75 | 7.92 |
| 1.8 | 5.75 | 5.93 | 6.11 | 6.29 | 6.47 | 6.65 | 6.83 | 7.01 | 7.19 | 7.37 | 7.55 | 7.73 | 7.91 | 8.09 | 8.27 | 8.45 |
| 1.9 | 6.13 | 6.32 | 6.51 | 6.70 | 6.89 | 7.08 | 7.27 | 7.46 | 7.65 | 7.84 | 8.03 | 8.22 | 8.41 | 8.60 | 8.79 | 8.98 |
| 2.0 | 6.52 | 6.72 | 6.92 | 7.12 | 7.32 | 7.52 | 7.72 | 7.92 | 8.12 | 8.32 | 8.52 | 8.72 | 8.92 | 9.12 | 9.32 | 9.52 |

续表

| 高度 | 宽度/m | | | | | | | | | | | | | | | |
|---|---|---|---|---|---|---|---|---|---|---|---|---|---|---|---|---|
| /m | 2.6 | 2.7 | 2.8 | 2.9 | 3.0 | 3.1 | 3.2 | 3.3 | 3.4 | 3.5 | 3.6 | 3.7 | 3.8 | 3.9 | 4.0 | 4.1 |
| 2.1 | 6.92 | 7.13 | 7.34 | 7.55 | 7.76 | 7.97 | 8.18 | 8.39 | 8.60 | 8.81 | 9.02 | 9.23 | 9.44 | 9.65 | 9.86 | 10.07 |
| 2.2 | 7.32 | 7.54 | 7.76 | 7.98 | 8.20 | 8.42 | 8.64 | 8.86 | 9.08 | 9.30 | 9.52 | 9.74 | 9.96 | 10.18 | 10.40 | 10.62 |
| 2.3 | 7.73 | 7.96 | 8.19 | 8.42 | 8.65 | 8.88 | 9.11 | 9.34 | 9.57 | 9.80 | 10.03 | 10.26 | 10.49 | 10.72 | 10.95 | 11.18 |
| 2.4 | 8.14 | 8.38 | 8.62 | 8.86 | 9.10 | 9.34 | 9.58 | 9.82 | 10.06 | 10.30 | 10.54 | 10.78 | 11.02 | 11.26 | 11.50 | 11.74 |
| 2.5 | 8.56 | 8.81 | 9.06 | 9.31 | 9.56 | 9.81 | 10.06 | 10.31 | 10.56 | 10.81 | 11.06 | 11.31 | 11.56 | 11.81 | 12.06 | 12.31 |
| 2.6 | 8.99 | 9.25 | 9.51 | 9.77 | 10.03 | 10.29 | 10.55 | 10.81 | 11.07 | 11.33 | 11.59 | 11.85 | 12.11 | 12.37 | 12.63 | 12.89 |
| 2.7 | 9.43 | 9.70 | 9.97 | 10.24 | 10.51 | 10.78 | 11.05 | 11.32 | 11.59 | 11.86 | 12.13 | 12.40 | 12.67 | 12.94 | 13.21 | 13.48 |
| 2.8 | 9.87 | 10.15 | 10.43 | 10.71 | 10.99 | 11.27 | 11.55 | 11.83 | 12.11 | 12.39 | 12.67 | 12.95 | 13.23 | 13.51 | 13.79 | 14.07 |
| 2.9 | 10.32 | 10.61 | 10.90 | 11.19 | 11.48 | 11.77 | 12.06 | 12.35 | 12.64 | 12.93 | 13.22 | 13.51 | 13.80 | 14.09 | 14.38 | 14.67 |
| 3.0 | 10.77 | 11.07 | 11.37 | 11.67 | 11.97 | 12.27 | 12.57 | 12.87 | 13.17 | 13.47 | 13.77 | 14.07 | 14.37 | 14.67 | 14.97 | 15.27 |
| 3.1 | 12.87 | 13.18 | 13.49 | 13.80 | 14.11 | 14.42 | 14.73 | 15.04 | 15.35 | 15.66 | 15.97 | 16.28 | 16.59 | 16.90 | 17.21 | 17.52 |

续表

| 高度/m | 宽度/m | | | | | | | | | | | | | | | |
|---|---|---|---|---|---|---|---|---|---|---|---|---|---|---|---|---|
| | 2.6 | 2.7 | 2.8 | 2.9 | 3.0 | 3.1 | 3.2 | 3.3 | 3.4 | 3.5 | 3.6 | 3.7 | 3.8 | 3.9 | 4.0 | 4.1 |
| 3.2 | 13.44 | 13.76 | 14.08 | 14.40 | 14.72 | 15.04 | 15.36 | 15.68 | 16.00 | 16.32 | 16.64 | 16.96 | 17.28 | 17.60 | 17.92 | 18.24 |
| 3.3 | 14.03 | 14.36 | 14.69 | 15.02 | 15.35 | 15.68 | 16.01 | 16.34 | 16.67 | 17.00 | 17.33 | 17.66 | 17.99 | 18.32 | 18.65 | 18.98 |
| 3.4 | 14.62 | 14.96 | 15.30 | 15.64 | 15.98 | 16.32 | 16.66 | 17.00 | 17.34 | 17.68 | 18.02 | 18.36 | 18.70 | 19.04 | 19.38 | 19.72 |
| 3.5 | 15.23 | 15.58 | 15.93 | 16.28 | 16.63 | 16.98 | 17.33 | 17.68 | 18.03 | 18.38 | 18.73 | 19.08 | 19.43 | 19.78 | 20.13 | 20.48 |
| 3.6 | 15.84 | 16.20 | 16.56 | 16.92 | 17.28 | 17.64 | 18.00 | 18.36 | 18.72 | 19.08 | 19.44 | 19.80 | 20.16 | 20.52 | 20.88 | 21.24 |
| 3.7 | 16.47 | 16.84 | 17.21 | 17.58 | 17.95 | 18.32 | 18.69 | 19.06 | 19.43 | 19.80 | 20.17 | 20.54 | 20.91 | 21.28 | 21.65 | 22.02 |
| 3.8 | 17.10 | 17.48 | 17.86 | 18.24 | 18.62 | 19.00 | 19.38 | 19.76 | 20.14 | 20.52 | 20.90 | 21.28 | 21.66 | 22.04 | 22.42 | 22.80 |
| 3.9 | 17.75 | 18.14 | 18.53 | 18.92 | 19.31 | 19.70 | 20.09 | 20.48 | 20.87 | 21.26 | 21.65 | 22.04 | 22.43 | 22.82 | 23.21 | 23.60 |
| 4.0 | 18.40 | 18.80 | 19.20 | 19.60 | 20.00 | 20.40 | 20.80 | 21.20 | 21.60 | 22.00 | 22.40 | 22.80 | 23.20 | 23.60 | 24.00 | 24.40 |
| 4.1 | 19.07 | 19.48 | 19.89 | 20.30 | 20.71 | 21.12 | 21.53 | 21.94 | 22.35 | 22.76 | 23.17 | 23.58 | 23.99 | 24.40 | 24.81 | 25.22 |
| 4.2 | 19.74 | 20.16 | 20.58 | 21.00 | 21.42 | 21.84 | 22.26 | 22.68 | 23.10 | 23.52 | 23.94 | 24.36 | 24.78 | 25.20 | 25.62 | 26.04 |

续表

| 高度/m | 宽度/m | | | | | | | | | | | | | | | |
|---|---|---|---|---|---|---|---|---|---|---|---|---|---|---|---|---|
| | 2.6 | 2.7 | 2.8 | 2.9 | 3.0 | 3.1 | 3.2 | 3.3 | 3.4 | 3.5 | 3.6 | 3.7 | 3.8 | 3.9 | 4.0 | 4.1 |
| 4.3 | 20.43 | 20.86 | 21.29 | 21.72 | 22.15 | 22.58 | 23.01 | 23.44 | 23.87 | 24.30 | 24.73 | 25.16 | 25.59 | 26.02 | 26.45 | 26.88 |
| 4.4 | 21.12 | 21.56 | 22.00 | 22.44 | 22.88 | 23.32 | 23.76 | 24.20 | 24.64 | 25.08 | 25.52 | 25.96 | 26.40 | 26.84 | 27.28 | 27.72 |
| 4.5 | 21.83 | 22.28 | 22.73 | 23.18 | 23.63 | 24.08 | 24.53 | 24.98 | 25.43 | 25.88 | 26.33 | 26.78 | 27.23 | 27.68 | 28.13 | 28.58 |
| 4.6 | 22.54 | 23.00 | 23.46 | 23.92 | 24.38 | 24.84 | 25.30 | 25.76 | 26.22 | 26.68 | 27.14 | 27.60 | 28.06 | 28.52 | 28.98 | 29.44 |
| 4.7 | 23.27 | 23.74 | 24.21 | 24.68 | 25.15 | 25.62 | 26.09 | 26.56 | 27.03 | 27.50 | 27.97 | 28.44 | 28.91 | 29.38 | 29.85 | 30.32 |
| 4.8 | 24.00 | 24.48 | 24.96 | 25.44 | 25.92 | 26.40 | 26.88 | 27.36 | 27.84 | 28.32 | 28.80 | 29.28 | 29.76 | 30.24 | 30.72 | 31.20 |
| 4.9 | 24.75 | 25.24 | 25.73 | 26.22 | 26.71 | 27.20 | 27.69 | 28.18 | 28.67 | 29.16 | 29.65 | 30.14 | 30.63 | 31.12 | 31.61 | 32.10 |
| 5.0 | 25.50 | 26.00 | 26.50 | 27.00 | 27.50 | 28.00 | 28.50 | 29.00 | 29.50 | 30.00 | 30.50 | 31.00 | 31.50 | 32.00 | 32.50 | 33.00 |
| 5.1 | 26.27 | 26.78 | 27.29 | 27.80 | 28.31 | 28.82 | 29.33 | 29.84 | 30.35 | 30.86 | 31.37 | 31.88 | 32.39 | 32.90 | 33.41 | 33.92 |
| 5.2 | 27.04 | 27.56 | 28.08 | 28.60 | 29.12 | 29.64 | 30.16 | 30.68 | 31.20 | 31.72 | 32.24 | 32.76 | 33.28 | 33.80 | 34.32 | 34.84 |
| 5.3 | 27.83 | 28.36 | 28.89 | 29.42 | 29.95 | 30.48 | 31.01 | 31.54 | 32.07 | 32.60 | 33.13 | 33.66 | 34.19 | 34.72 | 35.25 | 35.78 |

续表

| 高度/m | 宽度/m | | | | | | | | | | | | | | | |
|---|---|---|---|---|---|---|---|---|---|---|---|---|---|---|---|---|
| | 2.6 | 2.7 | 2.8 | 2.9 | 3.0 | 3.1 | 3.2 | 3.3 | 3.4 | 3.5 | 3.6 | 3.7 | 3.8 | 3.9 | 4.0 | 4.1 |
| 5.4 | 28.62 | 29.16 | 29.70 | 30.24 | 30.78 | 31.32 | 31.86 | 32.40 | 32.94 | 33.48 | 34.02 | 34.56 | 35.10 | 35.64 | 36.18 | 36.72 |
| 5.5 | 29.43 | 29.98 | 30.53 | 31.08 | 31.63 | 32.18 | 32.73 | 33.28 | 33.83 | 34.38 | 34.93 | 35.48 | 36.03 | 36.58 | 37.13 | 37.68 |
| 5.6 | 30.24 | 30.80 | 31.36 | 31.92 | 32.48 | 33.04 | 33.60 | 34.16 | 34.72 | 35.28 | 35.84 | 36.40 | 36.96 | 37.52 | 38.08 | 38.64 |
| 5.7 | 31.07 | 31.64 | 32.21 | 32.78 | 33.35 | 33.92 | 34.49 | 35.06 | 35.63 | 36.20 | 36.77 | 37.34 | 37.91 | 38.48 | 39.05 | 39.62 |
| 5.8 | 31.90 | 32.48 | 33.06 | 33.64 | 34.22 | 34.80 | 35.38 | 35.96 | 36.54 | 37.12 | 37.70 | 38.28 | 38.86 | 39.44 | 40.02 | 40.60 |
| 5.9 | 32.75 | 33.34 | 33.93 | 34.52 | 35.11 | 35.70 | 36.29 | 36.88 | 37.47 | 38.06 | 38.65 | 39.24 | 39.83 | 40.42 | 41.01 | 41.60 |
| 6.0 | 33.60 | 34.20 | 34.80 | 35.40 | 36.00 | 36.60 | 37.20 | 37.80 | 38.40 | 39.00 | 39.60 | 40.20 | 40.80 | 41.40 | 42.00 | 42.60 |
| 6.1 | 43.86 | 44.47 | 45.08 | 45.69 | 46.30 | 46.91 | 47.52 | 48.13 | 48.74 | 49.35 | 49.96 | 50.57 | 51.18 | 51.79 | 52.40 | 53.01 |
| 6.2 | 44.53 | 45.15 | 45.77 | 46.39 | 47.01 | 47.63 | 48.25 | 48.87 | 49.49 | 50.11 | 50.73 | 51.35 | 51.97 | 52.59 | 53.21 | 53.83 |
| 6.3 | 45.20 | 45.83 | 46.46 | 47.09 | 47.72 | 48.35 | 48.98 | 49.61 | 50.24 | 50.87 | 51.50 | 52.13 | 52.76 | 53.39 | 54.02 | 54.65 |
| 6.4 | 45.88 | 46.52 | 47.16 | 47.80 | 48.44 | 49.08 | 49.72 | 50.36 | 51.00 | 51.64 | 52.28 | 52.92 | 53.56 | 54.20 | 54.84 | 55.48 |

续表

| 高度/m | 宽度/m | | | | | | | | | | | | | | | |
|---|---|---|---|---|---|---|---|---|---|---|---|---|---|---|---|---|
| | 2.6 | 2.7 | 2.8 | 2.9 | 3.0 | 3.1 | 3.2 | 3.3 | 3.4 | 3.5 | 3.6 | 3.7 | 3.8 | 3.9 | 4.0 | 4.1 |
| 6.5 | 46.56 | 47.21 | 47.86 | 48.51 | 49.16 | 49.81 | 50.46 | 51.11 | 51.76 | 52.41 | 53.06 | 53.71 | 54.36 | 55.01 | 55.66 | 56.31 |
| 6.6 | 47.25 | 47.91 | 48.57 | 49.23 | 49.89 | 50.55 | 51.21 | 51.87 | 52.53 | 53.19 | 53.85 | 54.51 | 55.17 | 55.83 | 56.49 | 57.15 |
| 6.7 | 47.95 | 48.62 | 49.29 | 49.96 | 50.63 | 51.30 | 51.97 | 52.64 | 53.31 | 53.98 | 54.65 | 55.32 | 55.99 | 56.66 | 57.33 | 58.00 |
| 6.8 | 48.66 | 49.34 | 50.02 | 50.70 | 51.38 | 52.06 | 52.74 | 53.42 | 54.10 | 54.78 | 55.46 | 56.14 | 56.82 | 57.50 | 58.18 | 58.86 |
| 6.9 | 49.37 | 50.06 | 50.75 | 51.44 | 52.13 | 52.82 | 53.51 | 54.20 | 54.89 | 55.58 | 56.27 | 56.96 | 57.65 | 58.34 | 59.03 | 59.72 |
| 7.0 | 50.09 | 50.79 | 51.49 | 52.19 | 52.89 | 53.59 | 54.29 | 54.99 | 55.69 | 56.39 | 57.09 | 57.79 | 58.49 | 59.19 | 59.89 | 60.59 |
| 7.1 | 50.82 | 51.53 | 52.24 | 52.95 | 53.66 | 54.37 | 55.08 | 55.79 | 56.50 | 57.21 | 57.92 | 58.63 | 59.34 | 60.05 | 60.76 | 61.47 |
| 7.2 | 51.55 | 52.27 | 52.99 | 53.71 | 54.43 | 55.15 | 55.87 | 56.59 | 57.31 | 58.03 | 58.75 | 59.47 | 60.19 | 60.91 | 61.63 | 62.35 |
| 7.3 | 52.29 | 53.02 | 53.75 | 54.48 | 55.21 | 55.94 | 56.67 | 57.40 | 58.13 | 58.86 | 59.59 | 60.32 | 61.05 | 61.78 | 62.51 | 63.24 |
| 7.4 | 53.03 | 53.77 | 54.51 | 55.25 | 55.99 | 56.73 | 57.47 | 58.21 | 58.95 | 59.69 | 60.43 | 61.17 | 61.91 | 62.65 | 63.39 | 64.13 |
| 7.5 | 53.78 | 54.53 | 55.28 | 56.03 | 56.78 | 57.53 | 58.28 | 59.03 | 59.78 | 60.53 | 61.28 | 62.03 | 62.78 | 63.53 | 64.28 | 65.03 |

续表

| 高度/m | 宽度/m | | | | | | | | | | | | | | | |
|---|---|---|---|---|---|---|---|---|---|---|---|---|---|---|---|---|
| | 2.6 | 2.7 | 2.8 | 2.9 | 3.0 | 3.1 | 3.2 | 3.3 | 3.4 | 3.5 | 3.6 | 3.7 | 3.8 | 3.9 | 4.0 | 4.1 |
| 7.6 | 54.54 | 55.30 | 56.06 | 56.82 | 57.58 | 58.34 | 59.10 | 59.86 | 60.62 | 61.38 | 62.14 | 62.90 | 63.66 | 64.42 | 65.18 | 65.94 |
| 7.7 | 55.31 | 56.08 | 56.85 | 57.62 | 58.39 | 59.16 | 59.93 | 60.70 | 61.47 | 62.24 | 63.01 | 63.78 | 64.55 | 65.32 | 66.09 | 66.86 |
| 7.8 | 56.08 | 56.86 | 57.64 | 58.42 | 59.20 | 59.98 | 60.76 | 61.54 | 62.32 | 63.10 | 63.88 | 64.66 | 65.44 | 66.22 | 67.00 | 67.78 |
| 7.9 | 56.86 | 57.65 | 58.44 | 59.23 | 60.02 | 60.81 | 61.60 | 62.39 | 63.18 | 63.97 | 64.76 | 65.55 | 66.34 | 67.13 | 67.92 | 68.71 |
| 8.0 | 57.64 | 58.44 | 59.24 | 60.04 | 60.84 | 61.64 | 62.44 | 63.24 | 64.04 | 64.84 | 65.64 | 66.44 | 67.24 | 68.04 | 68.84 | 69.64 |
| 8.1 | 58.43 | 59.24 | 60.05 | 60.86 | 61.67 | 62.48 | 63.29 | 64.10 | 64.91 | 65.72 | 66.53 | 67.34 | 68.15 | 68.96 | 69.77 | 70.58 |
| 8.2 | 59.23 | 60.05 | 60.87 | 61.69 | 62.51 | 63.33 | 64.15 | 64.97 | 65.79 | 66.61 | 67.43 | 68.25 | 69.07 | 69.98 | 70.71 | 71.53 |
| 8.3 | 60.03 | 60.86 | 61.69 | 62.52 | 63.35 | 64.18 | 65.01 | 65.84 | 66.67 | 67.50 | 68.33 | 69.16 | 69.99 | 70.82 | 71.65 | 72.48 |
| 8.4 | 60.84 | 61.68 | 62.52 | 63.36 | 64.20 | 65.04 | 65.88 | 66.72 | 67.56 | 68.40 | 69.24 | 70.08 | 70.92 | 71.76 | 72.60 | 73.44 |
| 8.5 | 61.66 | 62.51 | 63.36 | 64.21 | 65.06 | 65.91 | 66.76 | 67.61 | 68.46 | 69.31 | 70.16 | 71.01 | 71.86 | 72.71 | 73.56 | 74.41 |

续表

| 高度/m | 宽度/m | | | | | | | | | | | | | | | |
|---|---|---|---|---|---|---|---|---|---|---|---|---|---|---|---|---|
| | 2.6 | 2.7 | 2.8 | 2.9 | 3.0 | 3.1 | 3.2 | 3.3 | 3.4 | 3.5 | 3.6 | 3.7 | 3.8 | 3.9 | 4.0 | 4.1 |
| 8.6 | 62.49 | 63.35 | 64.21 | 65.07 | 65.93 | 66.79 | 67.65 | 68.51 | 69.37 | 70.23 | 71.09 | 71.95 | 72.81 | 73.67 | 74.53 | 75.39 |
| 8.7 | 63.32 | 64.19 | 65.06 | 65.93 | 66.80 | 67.67 | 68.54 | 69.41 | 70.28 | 71.15 | 72.02 | 72.89 | 73.76 | 74.63 | 75.50 | 76.37 |
| 8.8 | 64.16 | 65.04 | 65.92 | 66.80 | 67.68 | 68.56 | 69.44 | 70.32 | 71.20 | 72.08 | 72.96 | 73.84 | 74.72 | 75.60 | 76.48 | 77.36 |
| 8.9 | 65.00 | 65.89 | 66.78 | 67.67 | 68.56 | 69.45 | 70.34 | 71.23 | 72.12 | 73.01 | 73.90 | 74.79 | 75.68 | 76.57 | 77.46 | 78.35 |
| 9.0 | 65.85 | 66.75 | 67.65 | 68.55 | 69.45 | 70.35 | 71.25 | 72.15 | 73.05 | 73.95 | 74.85 | 75.75 | 76.65 | 77.55 | 78.45 | 79.35 |

## 六、模板、钢筋常用数据

### 1. 模板的一次使用量表

（1）现浇混凝土构件模板使用量（每 100m$^2$ 模板接触面积）见表 4-65。

**现浇混凝土构件模板使用量（每 100m² 模板接触面积）　　表 4-65**

| 定额编号 | 项　目 | 模板支撑种类 | 钢模板 | 复合木模板 | | 模板木材 | 钢支撑 | 零星卡具 | 木支撑 |
|---|---|---|---|---|---|---|---|---|---|
| | | | | 钢框肋 | 面板 | | | | |
| | | | kg | kg | $m^2$ | $m^3$ | kg | kg | $m^3$ |
| 6-1251 | 混凝土基础垫层 | 木模木撑 | — | — | — | 5.853 | — | — | — |
| 6-1252 | 杯形基础 | 钢模钢撑 | 3129.00 | — | — | 0.885 | 3538.40 | 657.00 | 0.292 |
| 6-1253 | 杯形基础 | 复合木模木撑 | 98.50 | 1410.50 | 77.00 | 0.885 | — | 361.80 | 6.486 |
| 6-1254 | 设备基础 $5m^3$ 以外 | 钢模钢撑 | 3392.50 | — | — | 0.57 | — | 692.80 | 4.975 |
| 6-1255 | 设备基础 $5m^3$ 以外 | 复合木模木撑 | 88.00 | 1536.00 | 93.50 | 0.57 | 3667.20 | 639.80 | 2.05 |

续表

| 定额编号 | 项目 | | 模板支撑种类 | 钢模板 | 复合木模板 | | 模板木材 | 钢支撑 | 零星卡具 | 木支撑 |
|---|---|---|---|---|---|---|---|---|---|---|
| | | | | | 钢框肋 | 面板 | | | | |
| | | | | kg | kg | $m^2$ | $m^3$ | kg | kg | $m^3$ |
| 6-1256 | 设备基础 $5m^3$ 以内 | | 钢模钢撑 | 3368.00 | — | — | 0.425 | 3667.20 | 639.80 | 2.05 |
| 6-1257 | 设备基础 $5m^3$ 以内 | | 复合木模木撑 | 75.00 | 1471.50 | 93.50 | 0.425 | — | 540.60 | 3.29 |
| 6-1258 | 螺栓套 | 0.5m内 | 木模木撑 | — | — | — | 0.045 | — | — | 0.017 |
| 6-1259 | 螺栓套 | 1.0m内 | 木模木撑 | — | — | — | 0.142 | — | — | 0.021 |
| 6-1260 | 螺栓套 | 1.0m外 | 木模木撑 | — | — | — | 0.235 | — | — | 0.065 |
| 6-1262 | 平池底 | | 钢模钢撑 | 3503.00 | — | — | 0.06 | — | 374.00 | 2.874 |
| 6-1263 | 平池底 | | 木模木撑 | — | — | — | 3.064 | — | — | 2.559 |

续表

| 定额编号 | 项　目 | 模板支撑种类 | 钢模板 | 复合木模板 | | 模板木材 | 钢支撑 | 零星卡具 | 木支撑 |
|---|---|---|---|---|---|---|---|---|---|
| | | | | 钢框肋 | 面板 | | | | |
| | | | kg | kg | $m^2$ | $m^3$ | kg | kg | $m^3$ |
| 6-1264 | 锥坡池底 | 木模木撑 | — | — | — | 9.914 | — | — | — |
| 6-1265 | 矩形池底 | 钢模钢撑 | 3556.50 | — | — | 0.02 | 3408.00 | 1036.6 | — |
| 6-1266 | 矩形池壁 | 木模木撑 | — | — | — | 2.519 | — | — | 6.023 |
| 6-1267 | 圆形池壁 | 木模木撑 | — | — | — | 3.289 | — | — | 4.269 |
| 6-1268 | 支模高度超过3.6m，每增加1m | 钢撑 | — | — | — | — | 220.80 | — | 0.005 |
| 6-1269 | | 木撑 | — | — | — | — | — | — | 0.445 |
| 6-1270 | 无梁池盖 | 木模木掌 | — | — | — | 3.076 | — | — | 4.981 |

续表

| 定额编号 | 项目 | 模板支撑种类 | 钢模板 | 复合木模板 | | 模板木材 | 钢支撑 | 零星卡具 | 木支撑 |
|---|---|---|---|---|---|---|---|---|---|
| | | | | 钢框肋 | 面板 | | | | |
| | | | kg | kg | $m^2$ | $m^3$ | kg | kg | $m^3$ |
| 6-1271 | 无梁池盖 | 复合木模木撑 | — | 1410.50 | 95.00 | 0.226 | 6453.60 | 348.80 | 1.75 |
| 6-1272 | 肋形池盖 | 木模木撑 | — | — | — | 4.91 | — | — | 4.981 |
| 6-1275 | 无梁盖柱 | 钢模钢撑 | 3380.00 | — | — | 1.56 | 3970.10 | 1035.2 | 2.545 |
| 6-1276 | 无梁盖柱 | 木模木撑 | — | — | — | 4.749 | — | — | 7.128 |
| 6-1277 | 矩形柱 | 钢模钢撑 | 3866.00 | — | — | 0.305 | 5458.80 | 1308.6 | 1.73 |
| 6-1278 | 矩形柱 | 复合木模木撑 | 512.00 | 1515.00 | 87.50 | 0.305 | — | 1186.2 | 5.05 |

续表

| 定额编号 | 项目 | 模板支撑种类 | 钢模板 | 复合木模板 | | 模板木材 | 钢支撑 | 零星卡具 | 木支撑 |
|---|---|---|---|---|---|---|---|---|---|
| | | | | 钢框肋 | 面板 | | | | |
| | | | kg | kg | $m^2$ | $m^3$ | kg | kg | $m^3$ |
| 6-1279 | 圆（异）形柱 | 木模木撑 | — | — | — | 5.296 | — | — | 5.131 |
| 6-1280 | 支模高度超过 3.6m，每增加 1m | 钢撑 | — | — | — | — | 400.80 | — | 0.70 |
| 6-1281 | | 木撑 | — | — | — | — | — | — | 0.52 |
| 6-1282 | 连续梁单梁 | 钢模钢撑 | 3828.50 | — | — | 0.08 | 9535.70 | 806.00 | 0.29 |
| 6-1283 | | 复合木模木撑 | 358.00 | 1541.50 | 98.00 | 0.08 | — | 716.60 | 4.562 |

续表

| 定额编号 | 项目 | 模板支撑种类 | 钢模板 | 复合木模板 | | 模板木材 | 钢支撑 | 零星卡具 | 木支撑 |
|---|---|---|---|---|---|---|---|---|---|
| | | | | 钢框肋 | 面板 | | | | |
| | | | kg | kg | $m^2$ | $m^3$ | kg | kg | $m^3$ |
| 6-1284 | 沉淀池壁基梁 | 木模木撑 | — | — | — | 2.94 | — | — | 7.30 |
| 6-1285 | 异形梁 | 木模木撑 | — | — | — | 3.689 | — | — | 7.603 |
| 6-1286 | 支模高度超过3.6m，每增加1m | 钢撑 | — | — | — | — | 1424.40 | — | — |
| 6-1287 | | 木撑 | — | — | — | — | — | — | 1.66 |
| 6-1288 | 平板走道板 | 钢模钢撑 | 3380.00 | — | — | 0.217 | 5704.80 | 542.40 | 1.448 |
| 6-1289 | | 复合木模木撑 | — | 1482.50 | 96.50 | 0.217 | — | 542.40 | 8.996 |

续表

| 定额编号 | 项目 | 模板支撑种类 | 钢模板 | 复合木模板 | | 模板木材 | 钢支撑 | 零星卡具 | 木支撑 |
|---|---|---|---|---|---|---|---|---|---|
| | | | | 钢框肋 | 面板 | | | | |
| | | | kg | kg | $m^2$ | $m^3$ | kg | kg | $m^3$ |
| 6-1290 | 悬空板 | 钢模钢撑 | 2807.50 | — | — | 0.822 | 4128.00 | 511.60 | 2.135 |
| 6-1291 | 悬空板 | 复合木模木撑 | — | 1386.50 | 80.50 | 0.822 | — | 511.60 | 6.97 |
| 6-1292 | 挡水板 | 木模木撑 | — | — | — | 4.591 | — | 49.52 | 5.998 |
| 6-1293 | 支模高度超过 3.6m，每增加 1m | 钢撑 | — | — | — | — | 1225.20 | — | — |
| 6-1294 | 支模高度超过 3.6m，每增加 1m | 木撑 | — | — | — | — | — | — | 2.00 |
| 6-1295 | 配出水模 | 木模木撑 | — | — | — | 2.743 | — | — | 2.328 |

续表

| 定额编号 | 项目 | 模板支撑种类 | 钢模板 | 复合木模板 | | 模板木材 | 钢支撑 | 零星卡具 | 木支撑 |
|---|---|---|---|---|---|---|---|---|---|
| | | | | 钢框肋 | 面板 | | | | |
| | | | kg | kg | $m^2$ | $m^3$ | kg | kg | $m^3$ |
| 6-1296 | 沉淀池水槽 | 木模木撑 | — | — | — | 4.455 | — | — | 10.169 |
| 6-1297 | 澄清池反座筒壁 | 钢模钢撑 | 3255.50 | — | — | 0.705 | 2356.80 | 764.60 | — |
| 6-1298 | | 复合木模木撑 | — | 1495.00 | 89.50 | 0.705 | — | 599.40 | 2.835 |
| 6-1299 | 导流墙筒 | 木模木撑 | — | — | — | 4.828 | — | 29.60 | 1.481 |
| 6-1300 | 小型池槽 | 木模木撑 | — | — | — | 4.33 | — | — | 1.86 |
| 6-1301 | 带形基础 | 钢模钢撑 | 3146.00 | — | — | 0.69 | 2250.00 | 582.00 | 1.858 |
| 6-1302 | | 复合木模木撑 | 45.00 | 1397.07 | 98.00 | 0.69 | — | 423.06 | 5.318 |

续表

| 定额编号 | 项目 | 模板支撑种类 | 钢模板 | 复合木模板 | | 模板木材 | 钢支撑 | 零星卡具 | 木支撑 |
|---|---|---|---|---|---|---|---|---|---|
| | | | | 钢框肋 | 面板 | | | | |
| | | | kg | kg | $m^2$ | $m^3$ | kg | kg | $m^3$ |
| 6-1303 | 混凝土管座 | 钢模钢撑 | 3146.00 | — | — | 0.69 | 2250.00 | 582.00 | 1.858 |
| 6-1304 | | 复合木模木撑 | 45.00 | 1397.07 | 98.00 | 0.69 | — | 432.06 | 5.318 |
| 6-1305 | 渠（涵）直墙 | 钢模钢撑 | 3556.00 | — | — | 0.14 | 2920.80 | 863.40 | 0.155 |
| 6-1306 | | 复合木模木撑 | 249.50 | 1498.00 | 96.50 | 0.14 | — | 712.00 | 5.81 |

续表

| 定额编号 | 项　目 | 模板支撑种类 | 钢模板 | 复合木模板 | | 模板木材 | 钢支撑 | 零星卡具 | 木支撑 |
|---|---|---|---|---|---|---|---|---|---|
| | | | | 钢框肋 | 面板 | | | | |
| | | | kg | kg | $m^2$ | $m^3$ | kg | kg | $m^3$ |
| 6-1307 | 顶板 | 钢模钢撑 | 3380.00 | — | — | 0.217 | 5704.80 | 542.40 | 1.448 |
| 6-1308 | | 复合木模木撑 | — | 1482.50 | 96.50 | 0.217 | — | 542.40 | 8.996 |
| 6-1309 | 井底流槽 | 木模木撑 | — | — | — | 4.746 | — | — | — |
| 6-1310 | 小型构件 | 木模木撑 | — | — | — | 5.67 | — | — | 3.254 |

注：6-1300 小型池槽项目单位为每 $10m^3$ 外形体积。

（2）预制混凝土构件模板使用量（每 $10m^3$ 构件体积）见表 4-66。

预制混凝土构件模板使用量（每 $10m^3$ 构件体积）　　表 4-66

| 定额编号 | 项目 | 模板支撑种类 | 钢模板 | 复合木模板 | | 模板木材 | 钢支撑 | 零星卡具 | 木支撑 |
|---|---|---|---|---|---|---|---|---|---|
| | | | | 钢框肋 | 面板 | | | | |
| | | | kg | kg | $m^2$ | $m^3$ | kg | kg | $m^3$ |
| 6-1311 | 平板 | 定型钢模钢撑 | 7833.96 | — | — | — | — | — | — |
| 6-1312 | 平板 | 木模木撑 | — | — | — | 5.76 | — | — | — |
| 6-1313 | 滤板穿孔板 | 木模木撑 | — | — | — | 89.06 | — | — | — |
| 6-1314 | 稳流板 | 木模木撑 | — | — | — | 9.46 | — | — | — |
| 6-1315 | 隔(壁)板 | 木模木撑 | — | — | — | 10.344 | — | — | — |
| 6-1316 | 挡水板 | 木模木撑 | — | — | — | 2.604 | — | — | — |
| 6-1317 | 矩形柱 | 钢模钢撑 | 1698.67 | — | — | 0.46 | 587.16 | 236.40 | 0.86 |

续表

| 定额编号 | 项目 | 模板支撑种类 | 钢模板 | 复合木模板 | | 模板木材 | 钢支撑 | 零星卡具 | 木支撑 |
|---|---|---|---|---|---|---|---|---|---|
| | | | | 钢框肋 | 面板 | | | | |
| | | | kg | kg | $m^2$ | $m^3$ | kg | kg | $m^3$ |
| 6-1318 | 矩形柱 | 复合木模木撑 | 141.82 | 683.01 | 44.24 | 0.46 | 587.16 | 236.40 | 0.86 |
| 6-1319 | 矩形梁 | 钢模钢撑 | 4734.42 | — | — | 0.38 | 55 | 836.67 | 8.165 |
| 6-1320 | 矩形梁 | 复合木模木撑 | 739.18 | 1758.88 | 111.75 | 0.38 | 559.30 | 836.67 | 8.165 |
| 6-1321 | 异形梁 | 木模木撑 | — | — | — | 12.532 | — | — | — |
| 6-1322 | 集水槽、辐射 | 木模木撑 | — | — | — | 5.17 | — | — | — |

续表

| 定额编号 | 项目 | 模板支撑种类 | 钢模板 | 复合木模板 | | 模板木材 | 钢支撑 | 零星卡具 | 木支撑 |
|---|---|---|---|---|---|---|---|---|---|
| | | | | 钢框肋 | 面板 | | | | |
| | | | kg | kg | $m^2$ | $m^3$ | kg | kg | $m^3$ |
| 6-1323 | 小型池槽 | 木模木撑 | — | — | — | 15.96 | — | — | — |
| 6-1324 | 槽形板 | 定型钢撑 | 55895.92 | — | — | — | — | — | — |
| 6-1325 | 槽形板 | 木模木撑 | — | — | — | 3.56 | — | — | 4.34 |
| 6-1326 | 地沟盖板 | 木模木撑 | — | — | — | 5.687 | — | — | — |
| 6-1327 | 井盖板 | 木模木撑 | — | — | — | 15.74 | — | — | — |
| 6-1328 | 井圈 | 木模木撑 | — | — | — | 30.30 | — | — | — |
| 6-1329 | 混凝土拱块 | 木模木撑 | — | — | — | 13.65 | — | — | — |
| 6-1330 | 小型构件 | 木模木撑 | — | — | — | 12.428 | — | — | — |

续表

| 定额编号 | 项目 | 材质 | 定额单位 | 钢管 $\phi$ 48×3.5 | 扣件 | 木脚手杆 $\phi8\sim\phi10$ | 木脚手板 | 锯材 | 铁皮 $\delta=0.5$ | 钢板 |
|---|---|---|---|---|---|---|---|---|---|---|
| | | | | kg | kg | $m^3$ | $m^3$ | $m^3$ | | kg |
| 6-1346 | 井字脚手架 2m | 木制 | 座 | | | 0.421 | 0.272 | | | |
| 6-1347 | 井字脚手架 4m | 木制 | 座 | | | 0.867 | 0.272 | | | |
| 6-1348 | 井字脚手架 6m | 木制 | 座 | | | 1.211 | 0.272 | | | |
| 6-1349 | 井字脚手架 8m | 木制 | 座 | | | 1.64 | 0.272 | | | |
| 6-1350 | 井字脚手架 10m | 木制 | 座 | | | 2.082 | 0.272 | | | |
| 6-1351 | 井字脚手架 2m | 钢管 | 座 | 208.13 | 49.84 | | | | | |
| 6-1352 | 井字脚手架 4m | 钢管 | 座 | 339.07 | 80.84 | | | | | |
| 6-1353 | 井字脚手架 6m | 钢管 | 座 | 557.88 | 93.34 | | | | | |
| 6-1354 | 井字脚手架 8m | 钢管 | 座 | 737.28 | 117.84 | | | | | |
| 6-1355 | 井字脚手架 10m | 钢管 | 座 | 920.06 | 162.04 | | | | | |

2. 模板的周转使用次数、施工损耗的补损率

（1）现浇构件组合钢模、复合木模见表4-67。

**现浇构件组合钢模、复合木模的周转使用次数、施工损耗的补损率** **表4-67**

| 名　称 | 周转次数 | 施工损耗/% | 包括范围 |
|---|---|---|---|
| 组合钢模板复合木模板 | 50 | 1 | 梁卡具等 |
| 钢支撑系统 | 120 | 1 | 钢管、连杆、钢管扣件 |
| 零星卡具 | 20 | 2 | U形卡具、L形插销、钩头螺栓等 |
| 木模 | 5 | 5 | — |
| 木支撑 | 10 | 5 | — |
| 木楔 | 2 | 5 | — |
| 圆钉、钢丝 | 1 | 2 | — |
| 尼龙帽 | 1 | 5 | — |

计算式为：

$$钢模板摊销量=\frac{一次使用量\times(1+施工损耗)}{周转次数}$$

一次使用量＝每 100m$^2$ 构件一次净用量

(2)现浇构件木模板见表 4-68。

**现浇构件木模板的周转使用次数、施工损耗的补损率　　表 4-68**

| 名　称 | 周转次数 | 补损率/% | 系数 $K$ | 施工损耗/% | 回收折价率/% |
|---|---|---|---|---|---|
| 圆形柱 | 3 | 15 | 0.2917 | 5 | 50 |
| 异形梁 | 5 | 15 | 0.2350 | 5 | 50 |
| 悬空板、挡水板等 | 4 | 15 | 0.2563 | 5 | 50 |
| 小型构件 | 3 | 15 | 0.2917 | 5 | 50 |

续表

| 名　称 | 周转次数 | 补损率/% | 系数 $K$ | 施工损耗/% | 回收折价率/% |
|---|---|---|---|---|---|
| 木支撑材 | 15 | 10 | 0.13 | 5 | 50 |
| 木楔 | 2 | — | — | 5 | 50 |

计算式为：

木模板一次使用量＝每 100$m^2$ 构件一次模板净用量

$$周转用量=一次使用量\times(1+施工损耗)\times\left[1+\frac{(周转次数-1)\times补损率}{周转次数}\right]$$

$$摊销量=一次使用量\times(1+施工损耗)\times\left[1+\frac{(周转次数-1)\times补损率}{周转次数}-\frac{1-补损率}{周转次数}\right]$$

$$=一次使用量\times(1+施工损耗)\times K$$

（3）预制构件木模板见表4-69。

**预制构件木模板的周转使用次数、施工损耗的补损率　　表4-69**

| 定额编号 | 项目 | 模板支撑种类 | 钢模板 | 复合木模板 | | 模板木材 | 钢支撑 | 零星卡具 | 木支撑 |
|---|---|---|---|---|---|---|---|---|---|
| | | | | 钢框肋 | 面板 | | | | |
| | | | kg | kg | $m^2$ | $m^3$ | kg | kg | $m^3$ |
| 6-1282 | 连续梁单梁 | 钢模钢撑 | 3828.50 | — | — | 0.08 | 9535.70 | 806.00 | 0.29 |
| 6-1283 | 连续梁单梁 | 复合木模木撑 | 358.00 | 1541.50 | 98.00 | 0.08 | — | 716.60 | 4.562 |
| 6-1284 | 沉淀池壁基梁 | 木模木撑 | — | — | — | 2.94 | — | — | 7.30 |
| 6-1285 | 异形梁 | 木模木撑 | — | — | — | 3.689 | — | — | 7.603 |

续表

| 定额编号 | 项目 | 模板支撑种类 | 钢模板 | 复合木模板 | | 模板木材 | 钢支撑 | 零星卡具 | 木支撑 |
|---|---|---|---|---|---|---|---|---|---|
| | | | | 钢框肋 | 面板 | | | | |
| | | | kg | kg | $m^2$ | $m^3$ | kg | kg | $m^3$ |
| 6-1286 | 支模高度超过3.6m，每增加1m | 钢撑 | — | — | — | — | 1424.40 | — | — |
| 6-1287 | 支模高度超过3.6m，每增加1m | 木撑 | — | — | — | — | — | — | 1.66 |
| 6-1288 | 平板走道板 | 钢模钢撑 | 3380.00 | — | — | 0.217 | 5704.80 | 542.40 | 1.448 |
| 6-1289 | 平板走道板 | 复合木模木撑 | — | 1482.50 | 96.50 | 0.217 | — | 542.40 | 8.996 |

计算式为：

组合钢模板摊销量＝一次使用量/周转次数

配合组合钢模板使用的木模板、木支撑、木楔摊销量＝一次使用量/周转次数

一次使用量＝每 $10m^3$ 混凝土模板接触面积净用量×(1－施工损耗率)

## 第六节　土壤及岩石（普氏）分类表

土壤及岩石（普氏）分类表见表 4-70。

土壤及岩石（普氏）分类表　　表 4-70

| 定额分类 | 普氏分类 | 土壤及岩石名称 | 天然湿度下平均密度/($kg/m^3$) | 极限压碎强度/($kg/cm^2$) | 用轻钻孔机钻进 1m 耗时/min | 开挖方法及工具 | 紧固系数 $f$ |
|---|---|---|---|---|---|---|---|
| 一、二类土壤 | Ⅰ | 砂<br>砂壤土<br>腐殖土<br>泥炭 | 1500<br>1600<br>1200<br>600 | | | 用尖锹开挖 | 0.5～0.6 |

续表

| 定额分类 | 普氏分类 | 土壤及岩石名称 | 天然湿度下平均密度/（kg/m³） | 极限压碎强度/（kg/cm²） | 用轻钻孔机钻进1m耗时/min | 开挖方法及工具 | 紧固系数 $f$ |
|---|---|---|---|---|---|---|---|
| 一、二类土壤 | Ⅱ | 轻壤土和黄土类土 | 1600 | | | 用锹开挖并少数用镐开挖 | 0.6～0.8 |
| | | 潮湿而松散的黄土，软的盐渍土和碱土 | 1600 | | | | |
| | | 平均15mm以内的松散而软的砾石 | 1700 | | | | |
| | | 含有草根的密实腐殖土 | 1400 | | | | |
| | | 含有直径在30mm以内根类的泥炭和腐殖土 | 1100 | | | | |
| | | 掺有卵石、碎石和石屑的砂和腐殖土 | 1650 | | | | |
| | | 含有卵石或碎石杂质的胶结成块的填土 | 1750 | | | | |
| | | 含有卵石、碎石和建筑料杂质的砂壤土 | 1900 | | | | |

续表

| 定额分类 | 普氏分类 | 土壤及岩石名称 | 天然湿度下平均密度/($kg/m^3$) | 极限压碎强度/($kg/cm^2$) | 用轻钻孔机钻进1m耗时/min | 开挖方法及工具 | 紧固系数 $f$ |
|---|---|---|---|---|---|---|---|
| 三类土壤 | Ⅲ | 肥黏土其中包括石炭纪和侏罗纪的黏土和冰黏土 | 1800 | | | 用尖锹并同时用镐开挖(30%) | 0.81～1.0 |
| | | 重壤土、粗砾石、粒径为15～40mm的碎石和卵石 | 1750 | | | | |
| | | 干黄土和掺有碎石和卵石的自然含水量黄土 | 1790 | | | | |
| | | 含有直径大于30mm根类的腐殖土或泥炭 | 1400 | | | | |
| | | 掺有碎石或卵石和建筑碎料的土壤 | 1900 | | | | |

续表

| 定额分类 | 普氏分类 | 土壤及岩石名称 | 天然湿度下平均密度/(kg/m³) | 极限压碎强度/(kg/cm²) | 用轻钻孔机钻进1m耗时/min | 开挖方法及工具 | 紧固系数 $f$ |
|---|---|---|---|---|---|---|---|
| 四类土壤 | Ⅳ | 含碎石重黏土，其中包括侏罗纪和石炭纪的硬黏土 | 1950 | | | 用尖锹并同时用镐和撬棍开挖(30%) | 1.0～1.5 |
| | | 含有碎石、卵石、建筑碎料和重达25kg的顽石（总体积10%以内）等杂质的肥黏土和重壤土 | 1950 | | | | |
| | | 冰碛黏土，含有重量在50kg以内的巨砾，其含量为总体积10%以内 | 2000 | | | | |
| | | 泥板岩 | 2000 | | | | |
| | | 不含或含有重量达10kg的顽石 | 1950 | | | | |

续表

| 定额分类 | 普氏分类 | 土壤及岩石名称 | 天然湿度下平均密度/(kg/m³) | 极限压碎强度/(kg/cm²) | 用轻钻孔机钻进1m耗时/1min | 开挖方法及工具 | 紧固系数 $f$ |
|---|---|---|---|---|---|---|---|
| 松石 | V | 含有重量在50kg以内的巨砾（占体积10%以上）的冰碛石 | 2100 | 小于200 | 小于3.5 | 部分用手凿工具，部分用爆破开挖 | 1.5～2.0 |
| | | 矽藻岩和软白垩岩 | 1800 | | | | |
| | | 胶结力弱的砾岩 | 1900 | | | | |
| | | 各种不坚实的片岩 | 2600 | | | | |
| | | 石膏 | 2200 | | | | |
| 次坚石 | Ⅵ | 凝灰岩和浮石 | 1100 | 200～400 | 3.5 | 用风镐和爆破法开挖 | 2～4 |
| | | 松软多孔和裂隙严重的石灰炭和介质石灰岩 | 1200 | | | | |
| | | 中等硬变的片岩 | 2700 | | | | |
| | | 中等硬变的泥灰岩 | 2300 | | | | |

续表

| 定额分类 | 普氏分类 | 土壤及岩石名称 | 天然湿度下平均密度/(kg/m³) | 极限压碎强度/(kg/cm²) | 用轻钻孔机钻进1m耗时/min | 开挖方法及工具 | 紧固系数 $f$ |
|---|---|---|---|---|---|---|---|
| 次坚石 | Ⅶ | 石灰石胶结的带有卵石和沉积岩的砾石 | 2200 | 400～600 | 6.0 | 用爆破方法开挖 | 4～6 |
| | | 风化的和有大裂缝的黏土质砂岩 | 2000 | | | | |
| | | 坚实的泥板岩 | 2800 | | | | |
| | | 坚实的泥灰岩 | 2500 | | | | |
| | Ⅷ | 砾质花岗石 | 2300 | 600～800 | 8.5 | 用爆破方法开挖 | 6～8 |
| | | 泥灰质石灰岩 | 2300 | | | | |
| | | 黏土质砂岩 | 2200 | | | | |
| | | 砂质云片石 | 2300 | | | | |
| | | 硬石膏 | 2900 | | | | |

续表

| 定额分类 | 普氏分类 | 土壤及岩石名称 | 天然湿度下平均密度/(kg/m³) | 极限压碎强度/(kg/cm²) | 用轻钻孔机钻进1m耗时/min | 开挖方法及工具 | 紧固系数 $f$ |
|---|---|---|---|---|---|---|---|
| 普坚石 | Ⅸ | 严重风化的软弱的花岗岩、片麻岩和正长岩 | 2500 | 800～1000 | 11.5 | 用爆破法开挖 | 8～10 |
| | | 滑石化的蛇纹岩 | 2400 | | | | |
| | | 致密的石灰岩 | 2500 | | | | |
| | | 含有卵石、沉积岩的碴质胶结和砾石 | 2500 | | | | |
| | | 砂岩 | 2500 | | | | |
| | | 砂质石灰质片岩 | 2500 | | | | |
| | | 菱镁矿 | 3000 | | | | |

续表

| 定额分类 | 普氏分类 | 土壤及岩石名称 | 天然湿度下平均密度/($kg/m^3$) | 极限压碎强度/($kg/cm^2$) | 用轻钻孔机钻进1m耗时/min | 开挖方法及工具 | 紧固系数 $f$ |
|---|---|---|---|---|---|---|---|
| 普坚石 | Ⅹ | 白云岩<br>坚固的石灰岩<br>大理岩<br>石灰岩质胶结的致密砾石<br>坚固砂质片岩 | 2700<br>2700<br>2700<br>2600<br>2600 | 1000～1200 | 15.0 | 用爆破方法开挖 | 10～12 |
| 特坚石 | Ⅺ | 粗花岗岩<br>非常坚硬的白云岩<br>蛇纹岩<br>石灰质胶结的含有火成岩之卵石的砾石<br>石英胶结的坚固砂岩<br>粗粒正长岩 | 2800<br>2900<br>2600<br>2800<br>2700<br>2700 | 1200～1400 | 18.5 | 用爆破方法开挖 | 12～14 |

续表

| 定额分类 | 普氏分类 | 土壤及岩石名称 | 天然湿度下平均密度/(kg/m³) | 极限压碎强度/(kg/cm²) | 用轻钻孔机钻进1m耗时/min | 开挖方法及工具 | 紧固系数 f |
|---|---|---|---|---|---|---|---|
| 特坚石 | Ⅻ | 具有风化痕迹的安山岩和玄武岩<br>片麻岩<br>非常坚固的石灰岩<br>硅质胶结的含有火成岩之卵石的砾岩<br>粗石岩 | 2700<br>2600<br>2900<br>2900<br>2600 | 1400～1600 | 22.0 | 用爆破法开挖 | 10～16 |
| | ⅩⅢ | 中粒花岗岩<br>坚固的片麻岩<br>辉绿岩<br>玢岩<br>坚固的粗石岩<br>中粒正长岩 | 3100<br>2800<br>2700<br>2500<br>2800<br>2800 | 1600～1801<br>1600～1800 | 27.5 | 用爆破方法开挖 | 16～18 |

续表

| 定额分类 | 普氏分类 | 土壤及岩石名称 | 天然湿度下平均密度/($kg/m^3$) | 极限压碎强度/($kg/cm^2$) | 用轻钻孔机钻进1m耗时/min | 开挖方法及工具 | 紧固系数 $f$ |
|---|---|---|---|---|---|---|---|
| 特坚石 | XIV | 非常坚固的细粒花岗岩<br>花岗岩麻岩<br>闪长岩<br>高硬高的石灰岩<br>坚固的玢岩 | 3300<br>2900<br>2900<br>3100<br>2700 | 1800～2000 | 32.5 | 用爆破方法开挖 | 18～20 |
| | XV | 安山岩，玄武岩，坚固的角页岩<br>高硬度的辉绿岩和闪长岩<br>坚固的辉长岩和石英岩 | 3100<br>2900<br>2800 | 2000～2500 | 46.0 | 用爆破法开挖 | 20～25 |
| | XVI | 拉长玄武岩和橄榄玄武岩<br>特别坚固的辉长辉绿岩，石英石和玢岩 | 3300<br>3000 | ＞2500 | ＞60 | 用爆破法开挖 | ＞25 |

## 第七节　打拔桩土壤级别划分表

打拔桩土壤级别划分表见表 4-71。

打拔桩土壤级别划分表　　表 4-71

| 土壤级别 | 鉴别方法 | | | | | | | | | 说明 |
|---|---|---|---|---|---|---|---|---|---|---|
| | 砂夹层情况 | | | 土壤物理，力学性能 | | | | | 每 10m 纯平均沉桩时间/min | |
| | 砂层连续厚度/m | 砂粒种类 | 砂层中卵石含量/% | 孔隙比 | 天然含水量/% | 压缩系数 | 静力触探值 | 动力触探击数 | | |
| 甲级土 | | | | >0.8 | >30 | >0.03 | <30 | <7 | 15 以内 | 桩经机械作用易沉入的土 |

续表

| 土壤级别 | 鉴别方法 | | | | | | | | | 说明 |
|---|---|---|---|---|---|---|---|---|---|---|
| | 砂夹层情况 | | | 土壤物理，力学性能 | | | | | 每10m纯平均沉桩时间/min | |
| | 砂层连续厚度/m | 砂粒种类 | 砂层中卵石含量/% | 孔隙比 | 天然含水量/% | 压缩系数 | 静力触探值 | 动力触探击数 | | |
| 乙级土 | <2 | 粉细砂 | | 0.6～0.8 | 25～30 | 0.02～0.03 | 30～60 | 7～15 | 25以内 | 土壤中夹有较薄的细砂层，桩经机械作用易沉入的土 |
| 丙级土 | >2 | 中粗砂 | >15 | <0.6 | | <0.02 | >60 | <15 | 25以外 | 土壤中夹有较厚的粗砂层或卵石层，桩经机械作用较难沉入的土 |

注：如遇丙级土时，按乙级土的人工及机械乘以系数1.43。

# 第八节　钢筋理论重量表

钢筋理论重量表见表4-72。

钢筋理论重量表　　表4-72

| 规格 | | 理论重量/(kg/m) |
|---|---|---|
| 直径/mm | 截面面积/$cm^2$ | |
| 3 | 0.0707 | 0.056 |
| 4 | 0.1257 | 0.099 |
| 4.5 | 0.1590 | 0.125 |
| 5 | 0.1963 | 0.154 |
| 5.5 | 0.2375 | 0.186 |
| 6 | 0.2827 | 0.222 |
| 6.5 | 0.3318 | 0.261 |
| 7 | 0.3848 | 0.302 |
| 7.5 | 0.4418 | 0.347 |
| 8 | 0.5027 | 0.395 |
| 8.5 | 0.5675 | 0.445 |
| 9 | 0.6362 | 0.499 |
| 9.5 | 0.7080 | 0.556 |
| 10 | 0.7854 | 0.617 |
| 10.5 | 0.8659 | 0.680 |

续表

| 规格 | | 理论重量/(kg/m) |
|---|---|---|
| 直径/mm | 截面面积/$cm^2$ | |
| 11 | 0.9503 | 0.746 |
| 11.5 | 1.039 | 0.815 |
| 12 | 1.131 | 0.888 |
| 13 | 1.327 | 1.040 |
| 14 | 1.539 | 1.21 |
| 15 | 1.767 | 1.39 |
| 16 | 2.011 | 1.58 |
| 17 | 2.270 | 1.78 |
| 18 | 2.545 | 2.00 |
| 19 | 2.853 | 2.23 |
| 20 | 3.142 | 2.47 |
| 21 | 3.464 | 2.72 |
| 22 | 3.801 | 2.98 |
| *23 | 4.155 | 2.26 |
| 24 | 1.524 | 3.55 |
| 1.25 | 4.909 | 3.85 |
| 26 | 5.309 | 4.17 |

续表

| 规格 | | 理论重量/(kg/m) |
|---|---|---|
| 直径/mm | 截面面积/$cm^2$ | |
| 28 | 6.158 | 4.83 |
| 30 | 7.069 | 5.55 |
| 32 | 8.042 | 6.31 |
| 34 | 9.079 | 7.13 |
| 36 | 10.18 | 7.99 |
| 38 | 11.34 | 8.90 |
| 40 | 12.57 | 9.86 |
| 42 | 13.85 | 10.9 |
| 45 | 15.90 | 12.50 |
| 48 | 48.10 | 14.20 |
| 50 | 19.64 | 15.40 |
| 53 | 22.06 | 17.30 |
| 60 | 28.27 | 22.20 |

# 第五章　工程计价常用表格

## 第一节　计价表格名称及适用范围

《建设工程工程量清单计价规范》GB 50500—2013 中规定的工程计价表格的名称及其适用范围见表 5-1 所示。

**工程计价表格名称及其适用范围** **表 5-1**

| 表格编号 | 表格名称 | | 工程量清单 | 招标控制价 | 投标报价 | 竣工结算 | 工程造价鉴定 |
|---|---|---|---|---|---|---|---|
| 封-1 | 封面 | 招标工程量清单 | ● | | | | |
| 封-2 | | 招标控制价 | | ● | | | |

续表

| 表格编号 | 表格名称 | | 工程量清单 | 招标控制价 | 投标报价 | 竣工结算 | 工程造价鉴定 |
|---|---|---|---|---|---|---|---|
| 封-3 | 封面 | 投标总价 | | | ● | | |
| 封-4 | | 竣工结算书 | | | | ● | |
| 封-5 | | 工程造价鉴定意见书 | | | | | ● |
| 扉-1 | 扉页 | 招标工程量清单 | ● | | | | |
| 扉-2 | | 招标控制价 | | ● | | | |
| 扉-3 | | 投标总价 | | | ● | | |
| 扉-4 | | 竣工结算总价 | | | | ● | |
| 扉-5 | | 工程造价鉴定意见书 | | | | | ● |
| 表-01 | 总说明 | | ● | ● | ● | ● | ● |
| 表-02 | 工程计价汇总表 | 建设项目招标控制价/投标报价汇总表 | | ● | ● | | |
| 表-03 | | 单项工程招标控制价/投标报价汇总表 | | ● | ● | | |

续表

| 表格编号 | 表格名称 | | 工程量清单 | 招标控制价 | 投标报价 | 竣工结算 | 工程造价鉴定 |
|---|---|---|---|---|---|---|---|
| 表-04 | 工程计价汇总表 | 单位工程招标控制价/投标报价汇总表 | | ● | ● | | |
| 表-05 | | 建设项目竣工结算汇总表 | | | | ● | ● |
| 表-06 | | 单项工程竣工结算汇总表 | | | | ● | ● |
| 表-07 | | 单位工程竣工结算汇总表 | | | | ● | ● |
| 表-08 | 分部分项工程和措施项目计价表 | 分部分项工程和单价措施项目清单与计价表 | ● | ● | ● | ● | ● |
| 表-09 | | 综合单价分析表 | | ● | ● | ● | ● |

续表

| 表格编号 | 表格名称 | | 工程量清单 | 招标控制价 | 投标报价 | 竣工结算 | 工程造价鉴定 |
|---|---|---|---|---|---|---|---|
| 表-10 | 分部分项工程和措施项目计价表 | 综合单价调整表 | | | | ● | ● |
| 表-11 | | 总价调整项目清单与计价表 | ● | ● | ● | ● | ● |
| 表-12 | 其他项目计价表 | 其他项目清单与计价汇总表 | ● | ● | ● | ● | ● |
| 表-12-1 | | 暂列金额明细表 | ● | ● | ● | ● | ● |
| 表-12-2 | | 材料（工程设备）暂估单价及调整表 | ● | ● | ● | ● | ● |
| 表-12-3 | | 专业工程暂估价及结算价表 | ● | ● | ● | ● | ● |
| 表-12-4 | | 计日工表 | ● | ● | ● | ● | ● |
| 表-12-5 | | 总承包服务费计价表 | ● | ● | ● | ● | ● |

续表

| 表格编号 | 表格名称 | | 工程量清单 | 招标控制价 | 投标报价 | 竣工结算 | 工程造价鉴定 |
|---|---|---|---|---|---|---|---|
| 表-12-6 | 其他项目计价表 | 索赔与现场签证计价汇总表 | | | | ● | ● |
| 表-12-7 | | 费用索赔申请（核准）表 | | | | ● | ● |
| 表-12-8 | | 现场签证表 | | | | ● | ● |
| 表-13 | 规费、税金项目计价表 | | ● | ● | ● | ● | ● |
| 表-14 | 工程计量申请（核准）表 | | | | | ● | ● |
| 表-15 | 合同价款支付申请（核准）表 | 预付款支付申请（核准）表 | | | | ● | ● |
| 表-16 | | 总价项目进度款支付分解表 | | | ● | ● | ● |
| 表-17 | | 进度款支付申请（核准）表 | | | | ● | ● |

续表

| 表格编号 | 表格名称 | | 工程量清单 | 招标控制价 | 投标报价 | 竣工结算 | 工程造价鉴定 |
|---|---|---|---|---|---|---|---|
| 表-18 | 合同价款支付申请（核准）表 | 竣工结算款支付申请（核准）表 | | | | ● | ● |
| 表-19 | | 最终结算支付申请（核准）表 | | | | ● | ● |
| 表-20 | 主要材料、工程设备一览表 | 发包人提供材料和工程设备一览表 | ● | ● | ● | ● | ● |
| 表-21 | | 承包人提供主要材料和工程设备一览表（适用于造价信息差额调整法） | ● | ● | ● | ● | ● |
| 表-22 | | 承包人提供主要材料和工程设备一览表（适用于价格指数差额调整法） | ● | ● | ● | ● | ● |

注：为方便读者查阅，本章所列工程计价表格编号与《建设工程工程量清单计价规范》GB 50500—2013 相一致。

# 第二节　工程计价表格的形式

## 一、工程计价文件封面

### 1. 招标工程量清单封面（封-1）

____________________工程

**招标工程量清单**

招　标　人：____________________
（单位盖章）

造价咨询人：____________________
（单位盖章）

年　月　日

## 2. 招标控制价封面（封-2）

______________________________工程

**招标控制价**

招　标　人：______________________
（单位盖章）

造价咨询人：______________________
（单位盖章）

年　月　日

3. 投标总价封面（封-3）

______________________________工程

**投 标 总 价**

投　标　人：______________________
（单位盖章）

年　月　日

## 4. 竣工结算书封面（封-4）

______________________________工程

**竣工结算书**

发　包　人：____________________
（单位盖章）

承　包　人：____________________
（单位盖章）

造价咨询人：____________________
（单位盖章）

年　月　日

## 5. 工程造价鉴定意见书封面（封-5）

________________________________工程

编号：×××[2×××]××号

**工程造价鉴定意见书**

造价咨询人：____________________

（单位盖章）

年　月　日

## 二、工程计价文件扉页

### 1. 招标工程量清单扉页（扉-1）

____________________工程

**招标工程量清单**

招　标　人：____________　　造价咨询人：____________
（单位盖章）　　（单位资质专用章）

法定代表人
或其授权人：____________　　法定代表人
或其授权人：____________
（签字或盖章）　　（签字或盖章）

编　制　人：____________　　复　核　人：____________
（造价人员签字盖专用章）　　（造价工程师签字盖专用章）

编制时间：　年　月　日　复核时间：　年　月　日

## 2. 招标控制价扉页（扉-2）

______________________________工程

**招标控制价**

招标控制价(小写)：______________________

(大写)：______________________

招　标　人：____________（单位盖章）　　造价咨询人：____________（单位资质专用章）

法定代表人<br>或其授权人：____________（签字或盖章）　　法定代表人<br>或其授权人：____________（签字或盖章）

编　制　人：____________（造价人员签字盖专用章）　　复　核　人：____________（造价工程师签字盖专用章）

编制时间：　年　月　日　复核时间：　年　月　日

## 3. 投标总价扉页（扉-3）

**投　标　总　价**

招　标　人：____________________

工 程 名 称：____________________

投标总价(小写)：____________________

　　　　(大写)：____________________

投　标　人：____________________
(单位盖章)

法定代表人
或其授权人：____________________
(签字或盖章)

编　制　人：____________________
(造价人员签字盖专用章)

时　　间：　年　月　日

## 4. 竣工结算总价扉页（扉-4）

______________________工程

**竣工结算总价**

签约合同价(小写)：__________ （大写）：__________

竣工结算价(小写)：__________ （大写）：__________

发 包 人：__________ 承 包 人：__________
（单位盖章） （单位盖章）

造价咨询人：__________ 法定代表人
（单位资质专用章） 或其授权人：__________
（签字或盖章）

法定代表人 法定代表人
或其授权人：__________ 或其授权人：__________
（签字或盖章） （签字或盖章）

编 制 人：__________ 核 对 人：__________
（造价人员签字盖专用章） （造价工程师签字盖专用章）

编制时间： 年 月 日 核对时间： 年 月 日

## 5. 工程造价鉴定意见书扉页(扉-5)

____________________________工程

**工程造价鉴定意见书**

鉴定结论：

造价咨询人：__________________________________

（盖单位章及资质专用章）

法定代表人：__________________________________

（签字或盖章）

造价工程师：__________________________________

（签字盖专用章）

年　月　日

## 三、工程计价总说明（表-01）

**总　说　明**

工程名称：　　　　　　　　　　　　　第　页共　页

|  |
| --- |
|  |

## 四、工程计价汇总表

### 1. 建设项目招标控制价/投标报价汇总表（表-02）

**建设项目招标控制价/投标报价汇总表**

工程名称：　　　　　　　　　　　　第　页共　页

| 序号 | 单项工程名称 | 金额（元） | 其中：（元） | | |
|---|---|---|---|---|---|
| | | | 暂估价 | 安全文明施工费 | 规费 |
| | | | | | |
| 合计 | | | | | |

注：本表适用于建设项目招标控制价或投标报价的汇总。

2. 单项工程招标控制价/投标报价汇总表（表-03）

**单项工程招标控制价/投标报价汇总表**

工程名称：　　　　　　　　　　第　页共　页

<table>
<tr><th rowspan="2">序号</th><th rowspan="2">单项工程名称</th><th rowspan="2">金额（元）</th><th colspan="3">其中：（元）</th></tr>
<tr><th>暂估价</th><th>安全文明施工费</th><th>规费</th></tr>
<tr><td></td><td></td><td></td><td></td><td></td><td></td></tr>
<tr><td colspan="2">合计</td><td></td><td></td><td></td><td></td></tr>
</table>

注：本表适用于单项工程招标控制价或投标报价的汇总。暂估价包括分部分项工程中的暂估价和专业工程暂估价。

3. 单位工程招标控制价/投标报价汇总表（表-04）

单位工程招标控制价/投标报价汇总表

工程名称：　　　　标段：　　　　第　页共　页

| 序号 | 汇总内容 | 金额（元） | 其中：暂估价（元） |
|---|---|---|---|
| 1 | 分部分项工程 | | |
| 1.1 | | | |
| 1.2 | | | |
| 1.3 | | | |
| 1.4 | | | |
| 1.5 | | | |
| | | | |
| | | | |
| | | | |
| | | | |
| | | | |
| | | | |
| | | | |

续表

| 序号 | 汇总内容 | 金额（元） | 其中：暂估价（元） |
|---|---|---|---|
| 2 | 措施项目 | | — |
| 2.1 | 其中：安全文明施工费 | | — |
| 3 | 其他项目 | | — |
| 3.1 | 其中：暂列金额 | | — |
| 3.2 | 其中：专业工程暂估价 | | — |
| 3.3 | 其中：计日工 | | — |
| 3.4 | 其中：总承包服务费 | | — |
| 4 | 规费 | | — |
| 5 | 税金 | | — |
| 招标控制价合计＝1＋2＋3＋4＋5 | | | |

注：本表适用于单位工程招标控制价或投标报价的汇总，如无单位工程划分，单项工程也使用本表汇总。

## 4. 建设项目竣工结算汇总表（表-05）

### 建设项目竣工结算汇总表

工程名称：　　　　　　　　　　　　第　页共　页

| 序号 | 单项工程名称 | 金额（元） | 其中：（元） | |
|---|---|---|---|---|
| | | | 安全文明施工费 | 规费 |
| | | | | |
| 合　计 | | | | |

## 5. 单项工程竣工结算汇总表（表-06）

**单项工程竣工结算汇总表**

工程名称：　　　　　　　　　　　　第　页共　页

| 序号 | 单项工程名称 | 金额（元） | 其中：（元） | |
|---|---|---|---|---|
| | | | 安全文明施工费 | 规费 |
| | | | | |
| 合　计 | | | | |

## 6. 单位工程竣工结算汇总表（表-07）

**单位工程竣工结算汇总表**

工程名称： 标段： 第 页共 页

| 序号 | 汇 总 内 容 | 金额（元） |
| --- | --- | --- |
| 1 | 分部分项工程 | |
| 1.1 | | |
| 1.2 | | |
| 1.3 | | |
| 1.4 | | |
| 1.5 | | |
| | | |
| | | |
| | | |
| | | |
| | | |
| | | |
| 2 | 措施项目 | |
| 2.1 | 其中：安全文明施工费 | |
| 3 | 其他项目 | |
| 3.1 | 其中：专业工程结算价 | |
| 3.2 | 其中：计日工 | |
| 3.3 | 其中：总承包服务费 | |
| 3.4 | 其中：索赔与现场签证 | |
| 4 | 规费 | |
| 5 | 税金 | |
| 竣工结算总价合计＝1＋2＋3＋4＋5 | | |

注：如无单位工程划分，单项工程也使用本表汇总。

## 五、分部分项工程和措施项目计价表

1. 分部分项工程和单价措施项目清单与计价表（表-08）

**分部分项工程和单价措施项目清单与计价表**

工程名称：　　　　标段：　　　　第　页共　页

| 序号 | 项目编码 | 项目名称 | 项目特征描述 | 计量单位 | 工程量 | 金额（元） | | |
|---|---|---|---|---|---|---|---|---|
| | | | | | | 综合单价 | 合价 | 其中 |
| | | | | | | | | 暂估价 |
| | | | | | | | | |
| | | | | | | | | |
| | | | | | | | | |
| | | | | | | | | |
| | | | | | | | | |
| | | | | | | | | |
| | | | | | | | | |
| | | | | | | | | |
| | | | | | | | | |
| | | | | | | | | |
| 本页小计 | | | | | | | | |
| 合计 | | | | | | | | |

注：为计取规费等的使用，可在表中增设其中：“定额人工费”。

## 2. 综合单价分析表（表-09）

### 综合单价分析表

工程名称　　　　　　　　　标段：　　　　　　　　　第　页共　页

<table>
<tr><td>项目编码</td><td colspan="2"></td><td>项目名称</td><td colspan="2"></td><td>计量单位</td><td colspan="2"></td><td>工程量</td><td colspan="2"></td></tr>
<tr><td colspan="12">清单综合单价组成明细</td></tr>
<tr><td rowspan="2">定额编号</td><td rowspan="2">定额项目名称</td><td rowspan="2">定额单位</td><td rowspan="2">数量</td><td colspan="4">单　价</td><td colspan="4">合　价</td></tr>
<tr><td>人工费</td><td>材料费</td><td>机械费</td><td>管理费和利润</td><td>人工费</td><td>材料费</td><td>机械费</td><td>管理费和利润</td></tr>
<tr><td></td><td></td><td></td><td></td><td></td><td></td><td></td><td></td><td></td><td></td><td></td><td></td></tr>
<tr><td></td><td></td><td></td><td></td><td></td><td></td><td></td><td></td><td></td><td></td><td></td><td></td></tr>
<tr><td></td><td></td><td></td><td></td><td></td><td></td><td></td><td></td><td></td><td></td><td></td><td></td></tr>
<tr><td></td><td></td><td></td><td></td><td></td><td></td><td></td><td></td><td></td><td></td><td></td><td></td></tr>
<tr><td colspan="2">人工单价</td><td colspan="6">小计</td><td></td><td></td><td></td><td></td></tr>
<tr><td colspan="2">元/工日</td><td colspan="6">未计价材料费</td><td colspan="4"></td></tr>
<tr><td colspan="8">清单项目综合单价</td><td colspan="4"></td></tr>
</table>

续表

| 材料费明细 | 主要材料名称、规格、型号 | 单位 | 数量 | 单价（元） | 合价（元） | 暂估单价（元） | 暂估合价（元） |
|---|---|---|---|---|---|---|---|
| | | | | | | | |
| | | | | | | | |
| | | | | | | | |
| | | | | | | | |
| | | | | | | | |
| | 其他材料费 | | | — | | — | |
| | 材料费小计 | | | — | | — | |

注：1. 如不使用省级或行业建设主管部门发布的计价依据，可不填定额编号、名称等。

2. 招标文件提供了暂估单价的材料，按暂估的单价填入表内“暂估单价”栏及“暂估合价”栏。

3. 综合单价调整表（表-10）

**综合单价调整表**

工程名称　　　　标段：　　　　第　页共　页

<table>
<tr><td rowspan="3">序号</td><td rowspan="3">项目编码</td><td rowspan="3">项目名称</td><td colspan="5">已标价清单综合单价（元）</td><td colspan="5">调整后综合单价（元）</td></tr>
<tr><td rowspan="2">综合单价</td><td colspan="4">其　中</td><td rowspan="2">综合单价</td><td colspan="4">其　中</td></tr>
<tr><td>人工费</td><td>材料费</td><td>机械费</td><td>管理费和利润</td><td>人工费</td><td>材料费</td><td>机械费</td><td>管理费和利润</td></tr>
<tr><td></td><td></td><td></td><td></td><td></td><td></td><td></td><td></td><td></td><td></td><td></td><td></td><td></td></tr>
<tr><td></td><td></td><td></td><td></td><td></td><td></td><td></td><td></td><td></td><td></td><td></td><td></td><td></td></tr>
<tr><td></td><td></td><td></td><td></td><td></td><td></td><td></td><td></td><td></td><td></td><td></td><td></td><td></td></tr>
<tr><td></td><td></td><td></td><td></td><td></td><td></td><td></td><td></td><td></td><td></td><td></td><td></td><td></td></tr>
<tr><td></td><td></td><td></td><td></td><td></td><td></td><td></td><td></td><td></td><td></td><td></td><td></td><td></td></tr>
<tr><td colspan="7">造价工程师（签章）：<br>发包人代表（签章）：<br>日期：</td><td colspan="6">造价人员（签章）：<br>承包人代表（签章）：<br>日期：</td></tr>
</table>

注：综合单价调整应附调整依据。

## 4. 总价措施项目清单与计价表（表-11）

### 总价措施项目清单与计价表

工程名称：　　　　标段：　　　　第　页共　页

| 序号 | 项目编码 | 项目名称 | 计算基础 | 费率（%） | 金额（元） | 调整费率（%） | 调整后金额（元） | 备注 |
|---|---|---|---|---|---|---|---|---|
| | | 安全文明施工费 | | | | | | |
| | | 夜间施工增加费 | | | | | | |
| | | 二次搬运费 | | | | | | |
| | | 冬雨季施工增加费 | | | | | | |
| | | 已完工程及设备保护费 | | | | | | |
| | | | | | | | | |
| | | | | | | | | |
| 合　计 | | | | | | | | |

编制人（造价人员）：　　　　复核人（造价工程师）：

注：1. “计算基础”中安全文明施工费可为“定额基价”、“定额人工费”或“定额人工费＋定额机械费”，其他项目可为“定额人工费”或“定额人工费＋定额机械费”。

2. 按施工方案计算的措施费，若无“计算基础”和“费率”的数值，也可只填“定额”数值，但应在备注栏说明施工方案出处或计算方法。

## 六、其他项目计价表

### 1. 其他项目清单与计价汇总表（表-12）

**其他项目清单与计价汇总表**

工程名称：　　　　标段：　　　第　页共　页

| 序号 | 项目名称 | 金额（元） | 结算金额（元） | 备注 |
| --- | --- | --- | --- | --- |
| 1 | 暂列金额 | | | 明细详见表-12-1 |
| 2 | 暂估价 | | | |
| 2.1 | 材料（工程设备）暂估价/结算价 | — | | 明细详见表-12-2 |
| 2.2 | 专业工程暂估价/结算价 | | | 明细详见表-12-3 |
| 3 | 计日工 | | | 明细详见表-12-4 |
| 4 | 总承包服务费 | | | 明细详见表-12-5 |
| 5 | 索赔与现场签证 | — | | 明细详见表-12-6 |
| | | | | |
| | | | | |
| 合计 | | | | — |

注：材料（工程设备）暂估单价进入清单项目综合单价，此处不汇总。

## 2. 暂列金额明细表（表-12-1）

**暂列金额明细表**

工程名称： 标段： 第 页共 页

| 序号 | 项目名称 | 计量单位 | 暂定金额（元） | 备注 |
|---|---|---|---|---|
| 1 | | | | |
| 2 | | | | |
| 3 | | | | |
| 4 | | | | |
| 5 | | | | |
| 6 | | | | |
| 7 | | | | |
| 8 | | | | |
| 9 | | | | |
| 10 | | | | |
| 11 | | | | |
| 合计 | | | | — |

注：此表由招标人填写，如不能详列，也可只列暂定金额总额，投标人应将上述暂列金额计入投标总价中。

3. 材料（工程设备）暂估单价及调整表（表-12-2）

**材料（工程设备）暂估单价及调整表**

工程名称：　　　　标段：　　　　第　页共　页

| 序号 | 材料（工程设备）名称、规格、型号 | 计量单位 | 数量 | | 暂估（元） | | 确认（元） | | 差额±（元） | | 备注 |
|---|---|---|---|---|---|---|---|---|---|---|---|
| | | | 暂估 | 确认 | 单价 | 合价 | 单价 | 合价 | 单价 | 合价 | |
| | | | | | | | | | | | |
| | | | | | | | | | | | |
| | | | | | | | | | | | |
| | | | | | | | | | | | |
| | | | | | | | | | | | |
| | | | | | | | | | | | |
| | | | | | | | | | | | |
| | | | | | | | | | | | |
| 合计 | | | | | | | | | | | |

注：此表由招标人填写“暂估单价”，并在备注栏说明暂估价的材料、工程设备拟用在哪些清单项目上，投标人应将上述材料，工程设备暂估单价计入工程量清单综合单价报价中。

## 4. 专业工程暂估价及结算价表（表-12-3）

**专业工程暂估价及结算价表**

工程名称：　　　　标段：　　第　页共　页

| 序号 | 工程名称 | 工程内容 | 暂估金额（元） | 结算金额（元） | 差额±（元） | 备注 |
| --- | --- | --- | --- | --- | --- | --- |
| | | | | | | |
| | | | | | | |
| | | | | | | |
| | | | | | | |
| | | | | | | |
| | | | | | | |
| | | | | | | |
| | | | | | | |
| | | | | | | |
| | | | | | | |
| 合计 | | | | | | |

注：此表“暂估金额”由招标人填写，投标人应将“暂估金额”计入投标总价中。结算时按合同约定结算金额填写。

5. 计日工表（表-12-4）

计 日 工 表

工程名称：　　　标段：　　　第　页共　页

| 编号 | 项目名称 | 单位 | 暂定数量 | 实际数量 | 综合单价（元） | 合价（元） | |
|---|---|---|---|---|---|---|---|
| | | | | | | 暂定 | 实际 |
| 一 | 人工 | | | | | | |
| 1 | | | | | | | |
| 2 | | | | | | | |
| 3 | | | | | | | |
| 4 | | | | | | | |
| 人工小计 | | | | | | | |
| 二 | 材料 | | | | | | |
| 1 | | | | | | | |
| 2 | | | | | | | |
| 3 | | | | | | | |
| 4 | | | | | | | |
| 5 | | | | | | | |
| 6 | | | | | | | |
| 材料小计 | | | | | | | |

续表

| 编号 | 项目名称 | 单位 | 暂定数量 | 实际数量 | 综合单价（元） | 合价（元） | |
|---|---|---|---|---|---|---|---|
| | | | | | | 暂定 | 实际 |
| 三 | 施工机械 | | | | | | |
| 1 | | | | | | | |
| 2 | | | | | | | |
| 3 | | | | | | | |
| 4 | | | | | | | |
| 施工机械小计 | | | | | | | |
| 四、企业管理费和利润 | | | | | | | |
| 合计 | | | | | | | |

注：此表项目名称、暂定数量由招标人填写，编制招标控制价时，单价由招标人按有关计价规定确定；投标时，单价由投标人自主报价，按暂定数量计算合价计入投标总价中。结算时，按发承包双方确认的实际数量计算合价。

## 6. 总承包服务费计价表（表-12-5）

### 总承包服务费计价表

工程名称：　　　　标段：　　　第　页共　页

| 序号 | 项目名称 | 项目价值（元） | 服务内容 | 计算基础 | 费率（%） | 金额（元） |
|---|---|---|---|---|---|---|
| 1 | 发包人发包专业工程 | | | | | |
| 2 | 发包人提供材料 | | | | | |
| | | | | | | |
| | | | | | | |
| | | | | | | |
| | | | | | | |
| | | | | | | |
| | 合计 | — | — | | — | |

注：此表项目名称、服务内容由招标人填写，编制招标控制价时，费率及金额由招标人按有关计价规定确定；投标时，费率及金额由投标人自主报价，计入投标总价中。

## 7. 索赔与现场签证计价汇总表（表-12-6）

### 索赔与现场签证计价汇总表

工程名称：　　　　标段：　　　第　页共　页

| 序号 | 签证及索赔项目名称 | 计量单位 | 数量 | 单价（元） | 合价（元） | 索赔及签证依据 |
| --- | --- | --- | --- | --- | --- | --- |
| | | | | | | |
| | | | | | | |
| | | | | | | |
| | | | | | | |
| | | | | | | |
| | | | | | | |
| | | | | | | |
| | | | | | | |
| | | | | | | |
| | | | | | | |
| | | | | | | |
| — | 本页小计 | — | — | — | | — |
| — | 合计 | — | — | — | | — |

注：签证及索赔依据是指经双方认可的签证单和索赔依据的编号。

## 8. 费用索赔申请（核准）表（表-12-7）

**费用索赔申请（核准）表**

工程名称：　　　　标段：　　　　编号：

<table>
<tr><td>
致：________________________（发包人全称）<br>
根据施工合同条款____条的约定，由于______原因，我方要求索赔金额（大写）____（小写______），请予核准。<br>
附：1. 费用索赔的详细理由和依据；<br>
2. 索赔金额的计算；<br>
3. 证明材料；<br>
<br>
承包人（章）<br>
造价人员______　承包人代表______　日期______
</td></tr>
</table>

续表

<table>
<tr>
<td>复核意见：<br>根据施工合同条款____条的约定，你方提出的费用索赔申请经复核：<br>□不同意此项索赔，具体意见见附件。<br>□同意此项索赔，索赔金额的计算，由造价工程师复核。<br><br>监理工程师______<br>日　　期______</td>
<td>复核意见：<br>根据施工合同条款__条的约定，你方提出的费用索赔申请经复核，索赔金额为（大写）______（小写______）。<br><br>造价工程师______<br>日　　期______</td>
</tr>
<tr>
<td colspan="2">审核意见：<br>□不同意此项索赔。<br>□同意此项索赔，与本期进度款同期支付。<br><br>发包人（章）<br>发包人代表______<br>日　　期______</td>
</tr>
</table>

注：1. 在选择栏中的“□”内作标识“√”。
2. 本表一式四份，由承包人填报，发包人、监理人、造价咨询人、承包人各存一份。

9. 现场签证表（表-12-8）

现场签证表

工程名称：　　　　标段：　　　　　编号：

| 施工部位 | | 日期 | |
|---|---|---|---|
| 致：______________________________（发包人全称）<br>根据______（指令人姓名）　年　月　日的口头指令或你方______（或监理人）　年　月　日的书面通知，我方要求完成此项工作应支付价款金额为（大写）________（小写__________），请予核准。<br>附：1. 签证事由及原因：<br>2. 附图及计算式：<br><br>承包人（章）<br>造价人员______　承包人代表______　日期______ | | | |

续表

<table>
<tr>
<td>复核意见：<br>你方提出的此项签证申请经复核：<br>□不同意此项签证，具体意见见附件。<br>□同意此项签证，签证金额的计算，由造价工程师复核。<br><br>监理工程师______<br>日　　期______</td>
<td>复核意见：<br>□此项签证按承包人中标的计日工单价计算，金额为（大写）______元，（小写______元）<br>□此项签证因无计日工单价，金额为（大写）______元，（小写______）。<br><br>造价工程师______<br>日　　期______</td>
</tr>
<tr>
<td colspan="2">审核意见：<br>□不同意此项签证。<br>□同意此项签证，价款与本期进度款同期支付。<br><br>发包人（章）<br>发包人代表______<br>日　　期______</td>
</tr>
</table>

注：1. 在选择栏中的“□”内作标识“√”。
2. 本表一式四份，由承包人在收到发包人（监理人）的口头或书面通知后填写，发包人、监理人、造价咨询人、承包人各存一份。

## 七、规费、税金项目计价表（表-13）

### 规费、税金项目计价表

工程名称：　　　　　标段：　　　　第　页共　页

| 序号 | 项目名称 | 计算基础 | 计算基数 | 计算费率（%） | 金额（元） |
|---|---|---|---|---|---|
| 1 | 规费 | 定额人工费 | | | |
| 1.1 | 社会保险费 | 定额人工费 | | | |
| (1) | 养老保险费 | 定额人工费 | | | |
| (2) | 失业保险费 | 定额人工费 | | | |
| (3) | 医疗保险费 | 定额人工费 | | | |
| (4) | 工伤保险费 | 定额人工费 | | | |
| (5) | 生育保险费 | 定额人工费 | | | |
| 1.2 | 住房公积金 | 定额人工费 | | | |
| 1.3 | 工程排污费 | 按工程所在地环境保护部门收取标准，按实计入 | | | |
| | | | | | |
| 2 | 税金 | 分部分项工程费＋措施项目费＋其他项目费＋规费－按规定不计税的工程设备金额 | | | |
| 合计 | | | | | |

编制人（造价人员）：　　　　复核人（造价工程师）：

## 八、工程计量申请（核准）表（表-14）

### 工程计量申请（核准）表

工程名称：　　　　标段：　　　　第　页共　页

| 序号 | 项目编号 | 项目名称 | 计量单位 | 承包人申报数量 | 发包人核实数量 | 发承包人确认数量 | 备注 |
|---|---|---|---|---|---|---|---|
| | | | | | | | |
| | | | | | | | |
| | | | | | | | |
| | | | | | | | |
| | | | | | | | |
| | | | | | | | |
| | | | | | | | |
| | | | | | | | |
| | | | | | | | |
| | | | | | | | |

| 承包人代表： | 监理工程师： | 造价工程师： | 发包人代表： |
|---|---|---|---|
| 日期： | 日期： | 日期： | 日期： |

## 九、工程价款支付申请（核准）表

### 1. 预付款支付申请（核准）表（表-15）

**预付款支付申请（核准）表**

工程名称：　　　　标段：　　　　编号：

致：＿＿＿＿＿＿＿＿＿＿（发包人全称）

我方根据施工合同的约定，现申请支付工程预付款额为（大写）＿＿＿＿（小写＿＿＿＿），请予核准。

| 序号 | 名称 | 申请金额（元） | 复核金额（元） | 备注 |
|---|---|---|---|---|
| 1 | 已签约合同价款金额 | | | |
| 2 | 其中：安全文明施工费 | | | |
| 3 | 应支付的预付款 | | | |
| 4 | 应支付的安全文明施工费 | | | |
| 5 | 合计应支付的预付款 | | | |
| | | | | |
| | | | | |
| | | | | |
| | | | | |

承包人（章）

造价人员＿＿＿　承包人代表＿＿＿　日期＿＿＿

续表

<table>
<tr>
<td>复核意见：<br>□与合同约定不相符，修改意见见附件。<br>□与合同约定相符，具体金额由造价工程师复核。<br><br>监理工程师______<br>日　　期______</td>
<td>复核意见：<br>你方提出的支付申请经复核，应支付预付款金额为（大写）________（小写________）。<br><br>造价工程师______<br>日　　期______</td>
</tr>
<tr>
<td colspan="2">审核意见：<br>□不同意。<br>□同意，支付时间为本表签发后的15天内。<br><br>发包人（章）<br>发包人代表______<br>日　　期______</td>
</tr>
</table>

注：1. 在选择栏中的"□"内作标识"√"。
2. 本表一式四份，由承包人填报，发包人、监理人、造价咨询人、承包人各存一份。

## 2. 总价项目进度款支付分解表（表-16）

**总价项目进度款支付分解表**

工程名称　　　　　　标段：　　　　　　单位：元

| 序号 | 项目名称 | 总价金额 | 首次支付 | 二次支付 | 三次支付 | 四次支付 | 五次支付 | |
|---|---|---|---|---|---|---|---|---|
| | 安全文明施工费 | | | | | | | |
| | 夜间施工增加费 | | | | | | | |
| | 二次搬运费 | | | | | | | |
| | | | | | | | | |
| | | | | | | | | |
| | 社会保险费 | | | | | | | |
| | 住房公积金 | | | | | | | |
| | | | | | | | | |
| | | | | | | | | |
| 合计 | | | | | | | | |

编制人（造价人员）：　　　　　复核人（造价工程师）：

注：1　本表应由承包人在投标报价时根据发包人在招标文件明确的进度款支付周期与报价填写，签订合同时，发承包双方可就支付分解协商调整后作为合同附件。

2　单价合同使用本表，“支付”栏时间应与单价项目进度款支付周期相同。

3　总价合同使用本表，“支付”栏时间应与约定的工程计量周期相同。

## 3. 进度款支付申请（核准）表（表-17）

**进度款支付申请（核准）表**

工程名称：　　　　标段：　　　　编号：

致：____________________（发包人全称）

我方于______至______期间已完成了________工作，根据施工合同的约定，现申请支付本周期的合同款额为（大写）______（小写______），请予核准。

| 序号 | 名　称 | 实际金额（元） | 申请金额（元） | 复核金额（元） | 备注 |
|---|---|---|---|---|---|
| 1 | 累计已完成的合同价款 | | — | | |
| 2 | 累计已实际支付的合同价款 | | — | | |
| 3 | 本周期合计完成的合同价款 | | | | |
| 3.1 | 本周期已完成单价项目的金额 | | | | |
| 3.2 | 本周期应支付的总价项目的金额 | | | | |
| 3.3 | 本周期已完成的计日工价款 | | | | |
| 3.4 | 本周期应支付的安全文明施工费 | | | | |
| 3.5 | 本周期应增加的合同价款 | | | | |
| 4 | 本周期合计应扣减的金额 | | | | |
| 4.1 | 本周期应抵扣的预付款 | | | | |
| 4.2 | 本周期应扣减的金额 | | | | |
| 5 | 本周期应支付的合同价款 | | | | |

附：上述3、4详见附件清单。

承包人（章）

造价人员______　承包人代表______　日期______

续表

<table>
<tr>
<td>复核意见：<br>□与实际施工情况不相符，修改意见见附件。<br>□与实际施工情况相符，具体金额由造价工程师复核。<br><br>监理工程师______<br>日　　期______</td>
<td>复核意见：<br>你方提出的支付申请经复核，本周期已完成合同款额为（大写）______（小写______），本周期应支付金额为（大写）______（小写______）。<br><br>造价工程师______<br>日　　期______</td>
</tr>
<tr>
<td colspan="2">审核意见：<br>□不同意。<br>□同意，支付时间为本表签发后的15天内。<br><br>发包人(章)<br>发包人代表______<br>日　　期______</td>
</tr>
</table>

注：1. 在选择栏中的“□”内作标识“√”。
2. 本表一式四份，由承包人填报，发包人、监理人、造价咨询人、承包人各存一份。

4. 竣工结算款支付申请（核准）表（表-18）

**竣工结算款支付申请（核准）表**

工程名称： 标段： 编号：

致：______________________________（发包人全称）

我方于______至______期间已完成合同约定的工作，工程已经完工，根据施工合同的约定，现申请支付竣工结算合同款额为（大写）______（小写______），请予核准。

| 序号 | 名称 | 申请金额（元） | 复核金额（元） | 备注 |
|---|---|---|---|---|
| 1 | 竣工结算合同价款总额 | | | |
| 2 | 累计已实际支付的合同价款 | | | |
| 3 | 应预留的质量保证金 | | | |
| 4 | 应支付的竣工结算款金额 | | | |
| | | | | |
| | | | | |
| | | | | |

承包人（章）

造价人员______ 承包人代表______ 日期______

续表

<table>
<tr>
<td>复核意见：<br>□与实际施工情况不相符，修改意见见附件。<br>□与实际施工情况相符，具体金额由造价工程师复核。<br><br>监理工程师______<br>日　　期______</td>
<td>复核意见：<br>你方提出的竣工结算款支付申请经复核，竣工结算款总额为（大写）______（小写______），扣除前期支付以及质量保证金后应支付金额为（大写）______（小写______）。<br><br>造价工程师______<br>日　　期______</td>
</tr>
<tr>
<td colspan="2">审核意见：<br>□不同意。<br>□同意，支付时间为本表签发后的 15 天内。<br><br>发包人（章）<br>发包人代表______<br>日　　期______</td>
</tr>
</table>

注：1. 在选择栏中的“□”内作标识“√”。
2. 本表一式四份，由承包人填报，发包人、监理人、造价咨询人、承包人各存一份。

## 5. 最终结清支付申请（核准）表（表-19）

**最终结清支付申请（核准）表**

工程名称：　　　　标段：　　　　编号：

致：________________（发包人全称）

我方于______至______期间已完成了缺陷修复工作，根据施工合同的约定，现申请支付最终结清合同款额为（大写）______（小写____），请予核准。

| 序号 | 名称 | 申请金额（元） | 复核金额（元） | 备注 |
| --- | --- | --- | --- | --- |
| 1 | 已预留的质量保证金 | | | |
| 2 | 应增加因发包人原因造成缺陷的修复金额 | | | |
| 3 | 应扣减承包人不修复缺陷，发包人组织修复的金额 | | | |
| 4 | 最终应支付的合同价款 | | | |
| | | | | |
| | | | | |
| | | | | |

上述3、4详见附件清单。

承包人（章）

造价人员______　承包人代表______　日期______

续表

<table>
<tr>
<td>复核意见：<br>□与实际施工情况不相符，修改意见见附件。<br>□与实际施工情况相符，具体金额由造价工程师复核。<br><br>监理工程师______<br>日　　期______</td>
<td>复核意见：<br>你方提出的支付申请经复核，最终应支付金额为（大写）______（小写____）。<br><br>造价工程师______<br>日　　期______</td>
</tr>
<tr>
<td colspan="2">审核意见：<br>□不同意。<br>□同意，支付时间为本表签发后的 15 天内。<br><br>发包人(章)<br>发包人代表______<br>日　　期______</td>
</tr>
</table>

注：1. 在选择栏中的“□”内作标识“√”。如监理人已退场，监理工程师栏可空缺。
2. 本表一式四份，由承包人填报，发包人、监理人、造价咨询人、承包人各存一份。

## 十、主要材料、工程设备一览表

1. 发包人提供材料和工程设备一览表（表-20）

**发包人提供材料和工程设备一览表**

工程名称：　　　　标段：　　第　页共　页

| 序号 | 材料（工程设备）名称、规格、型号 | 单位 | 数量 | 单价（元） | 交货方式 | 送达地点 | 备注 |
|---|---|---|---|---|---|---|---|
| | | | | | | | |
| | | | | | | | |
| | | | | | | | |
| | | | | | | | |
| | | | | | | | |
| | | | | | | | |
| | | | | | | | |
| | | | | | | | |
| | | | | | | | |
| | | | | | | | |

注：此表由招标人填写，供投标人在投标报价、确定总承包服务费时参考。

2. 承包人提供主要材料和工程设备一览表（表-21）

## 承包人提供主要材料和工程设备一览表

（适用于造价信息差额调整法）

工程名称：　　　　标段：　　　　第　页共　页

| 序号 | 名称、规格、型号 | 单位 | 数量 | 风险系数（%） | 基准单价（元） | 投标单价（元） | 发承包人确认单价（元） | 备注 |
|---|---|---|---|---|---|---|---|---|
| | | | | | | | | |
| | | | | | | | | |
| | | | | | | | | |
| | | | | | | | | |
| | | | | | | | | |
| | | | | | | | | |
| | | | | | | | | |
| | | | | | | | | |

注：1　此表由招标人填写除“投标单价”栏的内容，投标人在投标时自主确定投标单价。

2　招标人应优先采用工程造价管理机构发布的单价作为基准单价，未发布的，通过市场调查确定其基准单价。

3. 承包人提供主要材料和工程设备一览表（表-22）

**承包人提供主要材料和工程设备一览表**

（适用于价格指数差额调整法）

工程名称：　　　　标段：　　　第　页共　页

| 序号 | 名称、规格、型号 | 变值权重 $B$ | 基本价格指数 $F_0$ | 现行价格指数 $F_1$ | 备注 |
|---|---|---|---|---|---|
| | | | | | |
| | | | | | |
| | | | | | |
| | | | | | |
| | | | | | |
| | | | | | |
| | | | | | |
| | | | | | |
| | | | | | |
| | 定值权重 A | | — | — | |
| | 合计 | 1 | — | — | |

注：1 “名称、规格、型号”、“基本价格指数”栏由招标人填写，基本价格指数应首先采用工程造价管理机构发布的价格指数，没有时，可采用发布的价格代替。如人工、机械费也采用本法调整，由招标人在“名称”栏填写。

2 “变值权重”栏由投标人根据该项人工、机械费和材料、工程设备价值在投标总报价中所占的比例填写，1 减去其比例为定值权重。

3 “现行价格指数”按约定的付款证书相关周期最后一天的前 42 天的各项价格指数填写，该指数应首先采用工程造价管理机构发布的价格指数，没有时，可采用发布的价格代替。

# 第六章　常用图例及符号汇总

## 第一节　一 般 规 定

### 一、图纸幅面及图框尺寸

图幅及图框尺寸应符合表 6-1 的规定（图 6-1）。

图幅及图框尺寸（mm）　　表 6-1

| 尺寸代号＼幅面代号 | $A_0$ | $A_1$ | $A_2$ | $A_3$ | $A_4$ |
|---|---|---|---|---|---|
| $B\times L$ | 841×1189 | 594×841 | 420×594 | 297×420 | 220×297 |
| $a$ | 35 | 35 | 35 | 30 | 25 |
| $c$ | 10 | 10 | 10 | 10 | 10 |

注：$B$、$L$、$a$、$c$ 的意义见图 6-1。

图幅的短边不得加长，长边加长的长度，图幅 $A_0$、$A_2$、$A_4$ 应为 150mm 的整倍数；图幅 $A_1$、$A_3$ 应为 210mm 的整倍数。

## 二、图框格式

需要缩微后存档或复制的图纸，图框四边均应具有位于图幅长边、短边中点的对中标志（见图 6-1），并应在下图框线的外侧，绘制一段长 100mm 标尺，其分格为 10mm。对中标志的线宽宜采用大于或等于 0.5mm、标尺线的线宽宜采用 0.25mm 的实线绘制。

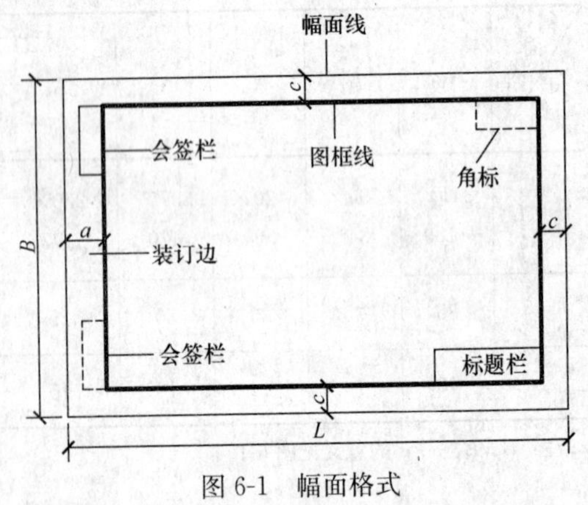


图 6-1　幅面格式

### 三、图纸比例

1. 绘图的比例，应为图形线性尺寸与相应实物实际尺寸之比。比例大小即为比值大小，如1∶50大于1∶100。

2. 绘图的比例，应根据图面布置合理、匀称、美观的原则，按图形大小及图面复杂程度确定。

3. 比例应采用阿拉伯数字表示，宜标注在视图图名的右侧或下方，字高可为视图图名字高的0.7倍，见图6-2（*a*）。

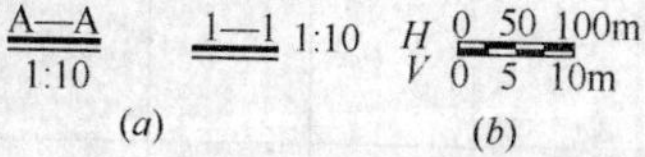

A—A
1:10
1—1 1:10
(*a*)

*H* 0 50 100m
*V* 0 5 10m
(*b*)

图6-2　比例的标注

（*a*）比例标注于图名右侧或下方；

（*b*）标尺标注比例

当同一张图纸中的比例完全相同时，可在图标中注明，也可在图纸中适当位置采用标尺标注。当竖直方向与水平方向的比例不同时，可用*V*表示竖直方向比例，用*H*表示水平方向比例，见图6-2（*b*）。

## 四、图线

1. 图线的宽度（$b$）应从 2.4、2.0、0.7、0.5、0.35、0.25、0.28、0.23mm 中选取。

2. 每张图上的图线线宽不宜超过 3 种。基本线宽（$b$）应根据图样比例和复杂程度确定。线宽组合宜符合表 6-2 的规定。

**线宽组合** **表 6-2**

| 线宽类别 | 线宽系列（mm） | | | | |
|---|---|---|---|---|---|
| $b$ | 2.4 | 2.0 | 0.7 | 0.5 | 0.35 |
| $0.5b$ | 0.7 | 0.5 | 0.35 | 0.25 | 0.25 |
| $0.25b$ | 0.35 | 0.25 | 0.28<br>(0.2) | 0.23<br>(0.25) | 0.23<br>(0.25) |

注：表中括号内的数字为代用的线宽。

3. 图纸中常用线型及线宽应符合表 6-3 的规定。

常用线型及线宽　　表 6-3

| 名称 | 线型 | 线宽 |
| --- | --- | --- |
| 加粗粗实线 | ———— | 1.42$b$～2.0$b$ |
| 粗实线 | ———— | $b$ |
| 中粗实线 | ———— | 0.5$b$ |
| 细实线 | ———— | 0.25$b$ |
| 粗虚线 | — — — — | $b$ |
| 中粗虚线 | — — — — | 0.5$b$ |
| 细虚线 | — — — — | 0.25$b$ |
| 粗点画线 | —·—·— | $b$ |
| 中粗点画线 | —·—·— | 0.5$b$ |
| 细点画线 | —·—·— | 0.25$b$ |
| 粗双点画线 | —··—··— | $b$ |
| 中粗双点画线 | —··—··— | 0.5$b$ |
| 细双点画线 | —··—··— | 0.25$b$ |
| 折断线 | ——∧/—— | 0.25$b$ |
| 波浪线 | ～～～ | 0.25$b$ |

## 五、尺寸标注

1. 尺寸应标注在视图醒目的位置。计量时，应以标注的尺寸数字为准，不得用量尺直接从图中读取。尺寸应由尺寸界线、尺寸线、尺寸起止符和尺寸数字组成。

2. 尺寸界线与尺寸线均应采用细实线。尺寸起止符宜采用单边箭头表示，箭头在尺寸界线的右边时，应标注在尺寸线之上；反之，应标注在尺寸线之下。箭头大小可按绘图比例取值。

尺寸起止符也可采用斜短线表示。把尺寸界限按顺时针转45°，作为斜短线的倾斜方向。在连续表示的小尺寸中，也可在尺寸界线同一水平的位置，用黑圆点表示尺寸起止符。尺寸数字宜标注在尺寸线上方中部。当标注位置不足时，可采用反向箭头。最外边的尺寸数字，可标注在尺寸界线外侧箭头的上方，中部相邻的尺寸数字，可错开标注，见图6-3。

3. 尺寸界线的一端应靠近所标注的图形轮廓线，另一端宜超尺寸线1～3mm。图形轮廓线、中心线也可作为尺寸界线。尺寸界线宜与被标注长度垂直；当标注困难时，也可不垂直，但尺寸界线应相互平行，见图6-4。

4. 尺寸线必须与被标注长度平行，不应超出尺寸界线，任何其他图线均不得作为尺寸

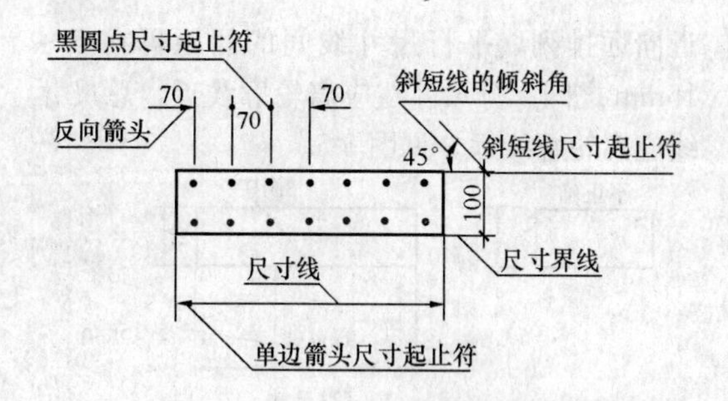


图 6-3　尺寸要素的标注

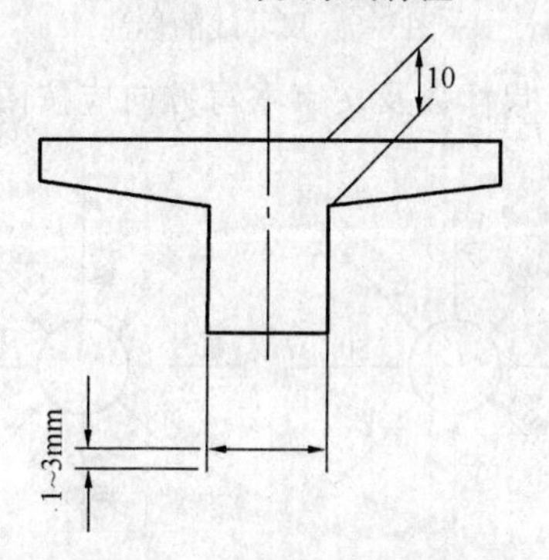


图 6-4　尺寸界线的标注

线。在任何情况下，图线不得穿过尺寸数字。相互平行的尺寸线应从被标注的图形轮廓线由近向远排列，平行尺寸线间的间距可在 5～15mm 之间。分尺寸线应离轮廓线近，总尺寸线应离轮廓线远，见图 6-5。

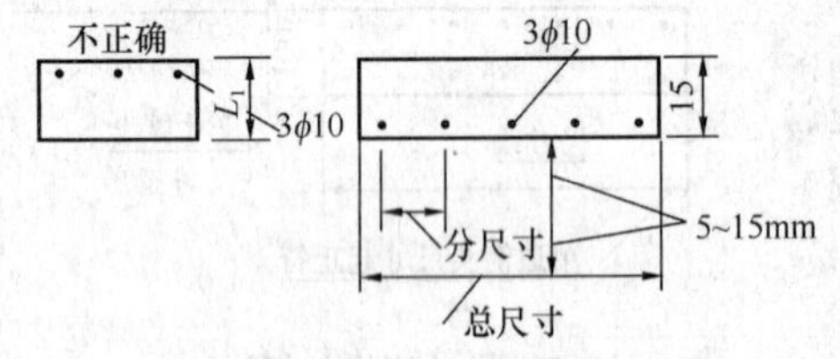


图 6-5　尺寸线的标注

5. 尺寸数及文字书写方向应按图 6-6 标注。

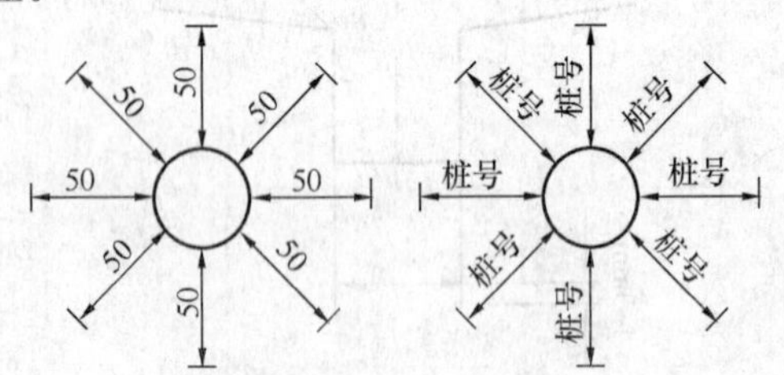


图 6-6　尺寸数字、文字的标注

6. 当用大样图表示较小且复杂的图形时，其放大范围，应在原图中采用细实线绘制圆形或较规则的图形圈出，并用引出线标注，见图6-7。

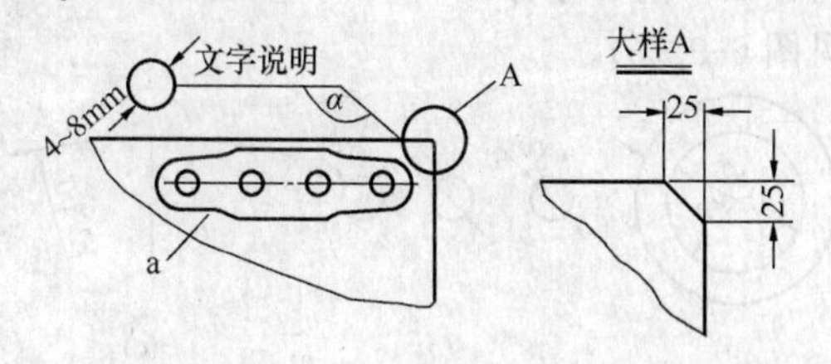


图 6-7　大样图范围的标注

7. 引出线的斜线与水平线应采用细实线，其交角 α 可按 90°、120°、135°、150°绘制。当视图需要文字说明时，可将文字说明标注在引出线的水平线下，见图 6-8。当斜线在一条以上时，各斜线宜平行或交于一点，见图 6-8。

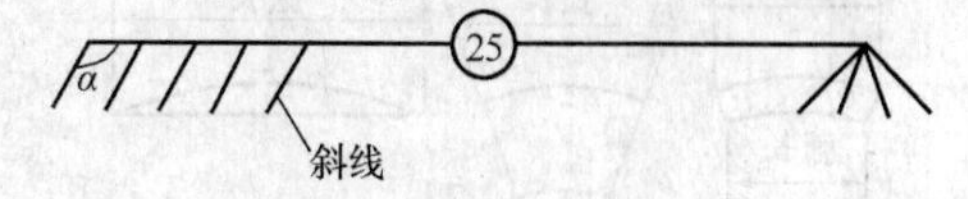


图 6-8　引出线的标注

8. 半径与直径可按图 6-9（*a*）标注。当圆的直径较小时，半径与直径可按图 6-9（*b*）标注；当圆的半径较大时，半径尺寸的起点可不从圆心开始，见图 6-9（$c$）。半径和直径的尺寸数字前，应标注“$r$（$R$）”或“$d$（$D$）”，见图 6-9（$b$）。

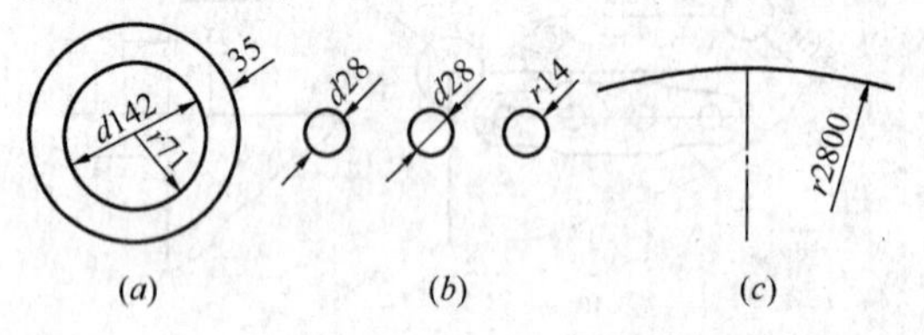


图 6-9　半径与直径的标注

9. 圆弧尺寸宜按图 6-10（$a$）标注，当弧线分为数段标注时，尺寸界线也可沿径向引出，见图 6-10（$b$）。弦长的尺寸界线应垂直该圆弧的弦，见图 6-10（$c$）。

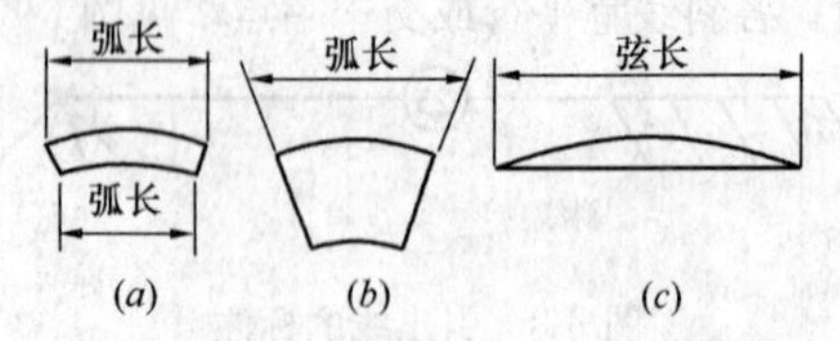


图 6-10　弧、弦的尺寸标注

10. 角度尺寸线应以圆弧表示。角的两边为尺寸界线。角度数值宜写在尺寸线上方中部。当角度太小时，可将尺寸线标注在角的两边的外侧。角度数字宜按图 6-11 标注。

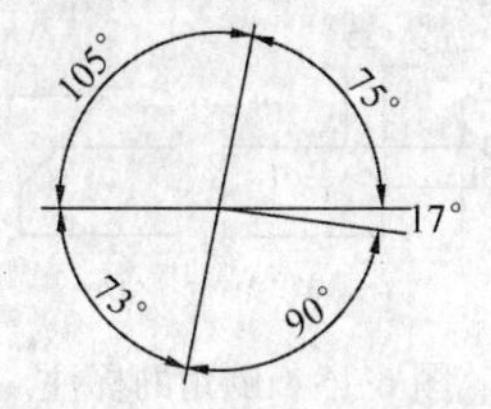


图 6-11　角度的标注

11. 尺寸的简化画法应符合下列规定：

（1）连续排列的等长尺寸可采用“间距数乘间距尺寸”的形式标注，见图 6-12。

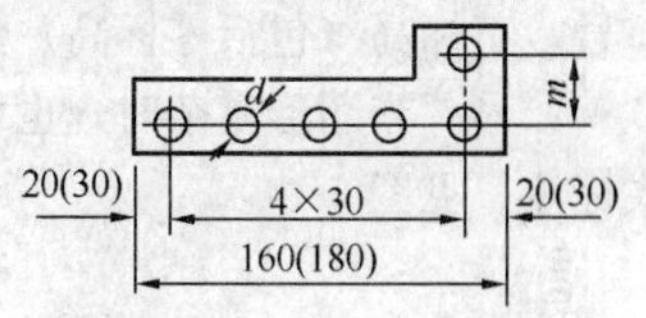


图 6-12　相似图形的标注

（2）两个相似图形可仅绘制一个。未示出图形的尺寸数字可用括号表示。如有数个相似图形，当尺寸数值各不相同时，可用字母表示，其尺寸数值应在图中适当位置列表示出。

12. 倒角尺寸可按图 6-13（*a*）标注，当倒角为 45°时，也可按图 6-13（*b*）标注。

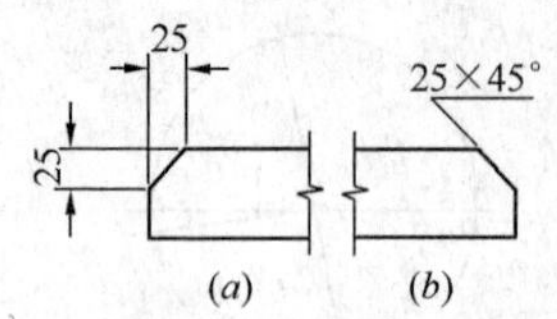


图 6-13　倒角的标注

13. 标高符号应采用细实线绘制的等腰三角形表示。高为 2～3mm，底角为 45°。等角应指至被标注的高度，顶高向上、向下均可。标高数字宜标注在三角形的右边。负标高应冠以“－”号，正标高（包括零标高）数字前不应冠以“＋”号。当图形复杂时，也可采用引出线形式标注，见图 6-14。

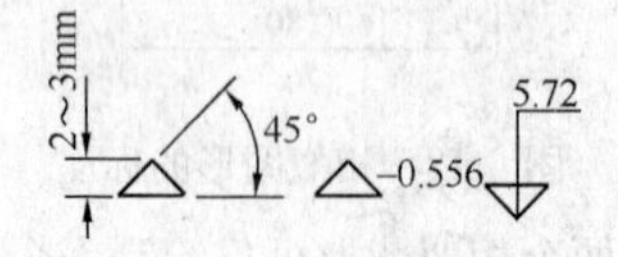


图 6-14　标高的标注

14. 当坡度值较小时，坡度的标注宜用百分率表示，并应标注坡度符号。坡度符号应由细实线、单边箭头以及在其上标注百分数组成。坡度符号的箭头应指向下坡。当坡度值较大时，坡度的标注宜用比例的形式表示，例如1∶$n$，见图6-15。

15. 水位符号应由数条上长下短的细实线及标号符号组成。细实线间的间距宜为1mm，见图6-16，其标高的标注应符合规定。

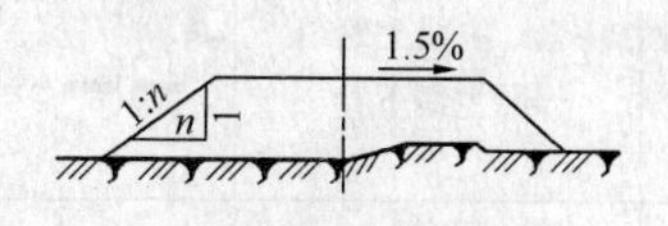


图6-15　坡度的标高

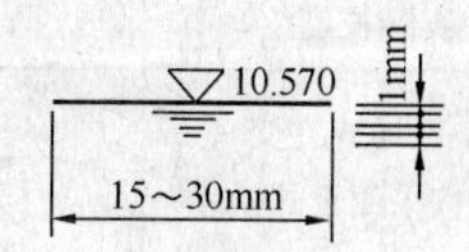


图6-16　水位的标注

## 第二节　常用总平面图图例

### 一、一般市政工程制图常用图例

一般市政工程制图常用图例见表6-4。

市政工程常用图例　　表 6-4

| 项目 | 序号 | 名　称 | 图　例 |
|---|---|---|---|
| 平面 | 1 | 涵　洞 | |
| | 2 | 通　道 | |
| | 3 | 分离式立交<br>a. 主线上跨<br>b. 主线下穿 | |
| | 4 | 桥　梁<br>（大、中桥按实际长度绘） | |
| | 5 | 互通式立交<br>（按采用形式绘） | |
| | 6 | 隧道 | |
| | 7 | 养护机构 | |
| | 8 | 管理机构 | |

续表

| 项目 | 序号 | 名　称 | 图　例 |
|---|---|---|---|
| 平面 | 9 | 防护网 | |
| | 10 | 防护栏 | |
| | 11 | 隔离墩 | |
| 纵断 | 12 | 箱　涵 | |
| | 13 | 管　涵 | |
| | 14 | 盖板涵 | |
| | 15 | 拱　涵 | |
| | 16 | 箱型通道 | |
| | 17 | 桥　梁 | |
| | 18 | 分离式立交<br>a. 主线上跨<br>b. 主线下穿 | |
| | 19 | 互通式立交<br>a. 主线上跨<br>b. 主线下穿 | |

续表

| 项目 | 序号 | 名称 | 图例 |
|---|---|---|---|
| 材料 | 20 | 细粒式沥青混凝土 | 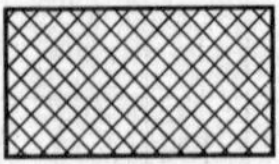 |
| | 21 | 中粒式沥青混凝土 |  |
| | 22 | 粗粒式沥青混凝土 | 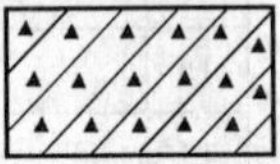 |
| | 23 | 沥青碎石 | 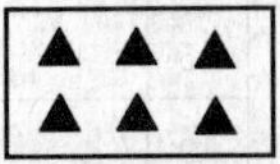 |
| | 24 | 沥青贯入碎砾石 | 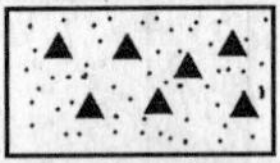 |
| | 25 | 沥青表面处置 | |
| | 26 | 水泥混凝土 | 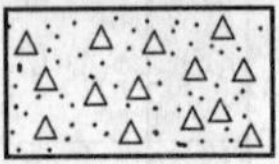 |
| | 27 | 钢筋混凝土 | 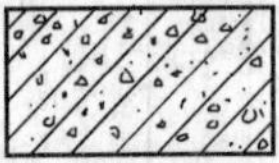 |

续表

| 项目 | 序号 | 名称 | 图例 |
| --- | --- | --- | --- |
| 材料 | 28 | 水泥稳定土 | |
| | 29 | 水泥稳定砂砾 | |
| | 30 | 水泥稳定碎砾石 | |
| | 31 | 石灰土 | |
| | 32 | 石灰粉煤灰 | |
| | 33 | 石灰粉煤灰土 | |
| | 34 | 石灰粉煤灰砂砾 | |
| | 35 | 石灰粉煤灰碎砾石 | |

续表

| 项目 | 序号 | 名　　称 | 图　　例 |
| --- | --- | --- | --- |
| 材料 | 36 | 泥结碎砾石 | 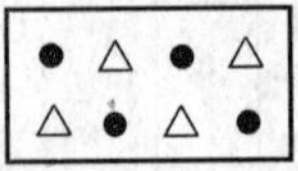 |
| | 37 | 泥灰结碎砾石 |  |
| | 38 | 级配碎砾石 | 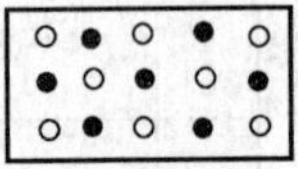 |
| | 39 | 填隙碎石 | 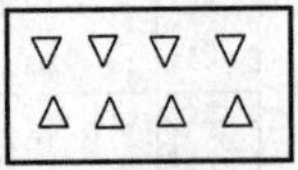 |
| | 40 | 天然砂砾 | 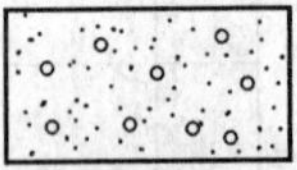 |
| | 41 | 干砌片石 | 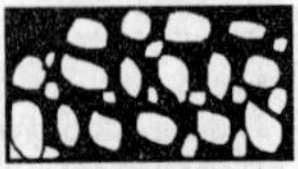 |
| | 42 | 浆砌片石 | 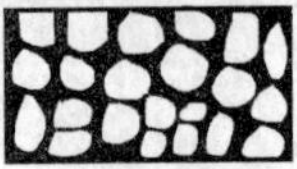 |

续表

| 项目 | 序号 | 名称 | | 图例 |
|---|---|---|---|---|
| 材料 | 43 | 浆砌块石 | | |
| | 44 | 木材 | 横 | |
| | | | 纵 | |
| | 45 | 金　属 | | |
| | 46 | 橡　胶 | | |
| | 47 | 自然土 | | |
| | 48 | 夯实土 | | |

## 二、市政工程平面设计图图例

市政工程平面设计图常用图例见表 6-5。

市政工程平面设计图图例　　表 6-5

| 图例 | 名称 |
|---|---|
| 3mm　6　n×3　2 | 平箅式雨水口（单、双、多箅） |
|  | 偏沟式雨水口（单、双、多箅） |
|  | 联合式雨水口（单、双、多箅） |
| DN××　L=××m | 雨水支管 |
| 4　4　1mm | 标　柱 |
| 1　10　10　1mm | 护　栏 |
| 实际长度　实际宽度　≥4mm | 台阶、礓礤、坡道 |
| 1.5mm | 盲　沟 |

续表

| 图例 | 名称 | |
|---|---|---|
| 3mm | 护坡<br>边坡加固 | |
| 6 2mm | 边沟过道（长度超过规定时按实际长度绘） | |
| 实际长度 实际宽度 | 大、中小桥（大比例尺时绘双线） | |
| 2mm | 涵洞（一字洞口） | （需绘洞口具体做法及导流措施时宽度按实际宽度绘制） |
| 2mm | 涵洞（八字洞口） | |
| 4mm 实际长度 4 1 2 | 倒虹吸 | |
| 实际宽度 实际长度 实际净跨 | 过水路面<br>混合式过水路面 | |
| 1.5mm 实际宽度 1.5 | 铁路道口 | |

续表

| 图例 | 名称 |
|---|---|
| 2mm 实际长度 5 5 | 渡　槽 |
| 4mm 实际长度 按管道图例 | 管道加固 |
| 1.5mm 实际长度 | 水簸箕、跌水 |
| 1.5mm | 挡土墙、挡水墙 |
|  | 铁路立交<br>（长、宽角按实际绘） |
|  | 边沟、排水沟<br>及地区排水方向 |
|  | 干浆<br>砌片石（大面积） |
|  | 拆房<br>（拆除其他建筑物及<br>刨除旧路面相同） |

续表

| 图例 | 名称 |
| --- | --- |
| 2mm 起止桩号 | 隧道 |
| 实际长度 2mm 起止桩号 | 明洞 |
| 实际长度 | 栈桥（大比例尺时绘双线） |
| 雨 升降标高 | 迁杆、伐树、迁移、升降雨水口、探井等 |
|  | 迁坟、收井等（加粗） |
| 12k $d$=10mm | 整公里桩号 |
|  | 街道及公路立交按设计实际形状（绘制各部组成）参用有关图例 |

## 三、市政路面结构材料断面图图例

市政路面结构材料断面图常用图例见表6-6。

市政路面结构材料断面图例　　表 6-6

| 图　　例 | 名　　称 |
|---|---|
| | 单层式<br>沥青表面处理 |
| | 双层式沥青表面处理 |
| | 沥青砂黑色石屑（封面） |
| | 黑色石屑碎石 |
| | 沥青碎石 |
| | 沥青混凝土 |
| | 水泥混凝土 |
| | 加筋水泥混凝土 |
| | 级配砾石 |

续表

| 图例 | 名称 |
| --- | --- |
| 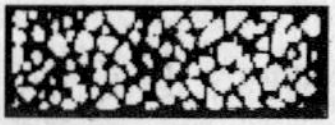  | 碎石、破碎砾石 |
| 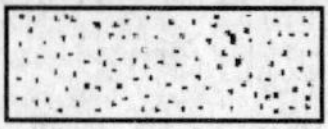  | 粗砂 |
| 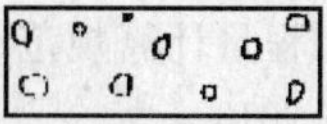  | 焦渣 |
|   | 石灰土 |
|   | 石灰焦渣土 |
| 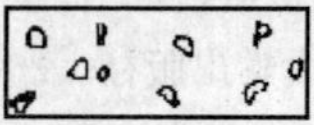  | 矿渣 |
|   | 级配砂石 |
|   | 水泥稳定土或其他加固土 |
| 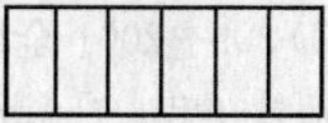  | 浆砌块石 |

# 参考文献

[1] 中华人民共和国住房和城乡建设部. GB 50500—2013 建设工程工程量清单计价规范[S]. 北京：中国计划出版社，2013.

[2] 中华人民共和国住房和城乡建设部. GB 50857—2013 市政工程工程量计算规范[S]. 北京：中国计划出版社，2013.

[3] 王燕. 市政工程预决算快学快用[M]. 北京：中国建材工业出版社，2010.

[4] 杜贵成. 市政工程通用项目造价细节解析与示例[M]. 北京：机械工业出版社，2007.

[5] 高正军. 市政工程概预算手册(含工程量清单计价)[M]. 长沙：湖南大学出版社，2008.

[6] 许焕兴. 新编市政与园林工程预算 [M]. 北京：中国建材工业出版社，2005.

[7] 中华人民共和国建设部. GYD-301—1999～GYD-308—1999 全国统一市政工程预算定额[S]. 北京：中国计划出版社，1999.

[8] 北京市建设委员会. GYD-309—2001 全国统一市政工程预算定额：地铁工程[S]. 北京：

中国计划出版社，2002.
[9] 韩轩. 市政工程工程量清单计价全程解析——从招标投标到竣工结算[M]. 长沙：湖南大学出版社，2009.
[10] 陈明德. 市政工程工程量清单常用数据手册[M]. 北京：中国建筑工业出版社，2008.
[11] 宋丽华. 市政工程识图与工程量清单计价一本通[M]. 北京：中国建材工业出版社，2009.
[12] 宋金英. 市政工程[M]. 天津：天津大学出版社，2009.
[13] 邝森栋. 市政工程工程量清单编制及应用实务[M]. 北京：中国建筑工业出版社，2008.
[14] 王云江. 市政工程预算与工程量清单计价[M]. 北京：中国建材工业出版社，2006.
[15] 李翠梅，徐乐中，费忠民等. 市政与环境工程工程量清单计价[M]. 北京：化学工业出版社，2006.